广州市医学伦理学重点研究基地成果

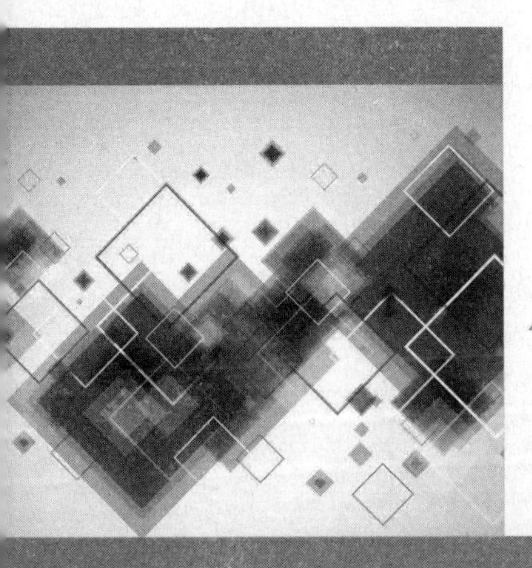

ZIZUZHI LILUN SHIYEXIA
DE QIYE HUANJING
GUANLI YANJIU

自组织理论视野下的企业环境管理研究

范阳东 / 著

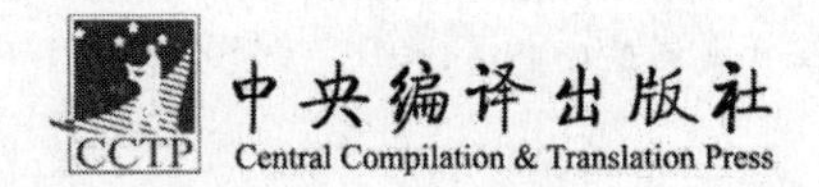

图书在版编目（CIP）数据

自组织理论视野下的企业环境管理研究 / 范阳东著
. — 北京：中央编译出版社，2014.3
ISBN 978-7-5117-2054-2

Ⅰ.①自… Ⅱ.①范… Ⅲ.①企业环境管理—研究
Ⅳ.①X322

中国版本图书馆 CIP 数据核字（2014）第 020871 号

自组织理论视野下的企业环境管理研究

出 版 人：刘明清
出版统筹：董　巍
责任编辑：郑　锦
责任印制：尹　珺
出版发行：中央编译出版社
地　　址：北京市西城区车公庄大街乙 5 号鸿儒大厦 B 座(100044)
电　　话：(010) 52612345（总编室）　(010) 52612363（编辑室）
(010) 52612316（发行部）　(010) 52612315（网络销售）
(010) 52612346（馆配部）　(010) 66509618（读者服务部）
传　　真：(010) 66515838
经　　销：全国新华书店
印　　刷：三河市天润建兴印务有限公司
开　　本：710 毫米×1000 毫米　1/16
字　　数：252 千字
印　　张：17
版　　次：2014 年 3 月第 1 版第 1 次印刷
定　　价：48.00 元

网　　址：www.cctphome.com　**邮　　箱**：cctp@cctphome.com
新浪微博：@中央编译出版社　**微　　信**：中央编译出版社（ID:cctphome）
淘宝网店：编译出版社书店(http://shop108367160.taobao.com/)

本社常年法律顾问：北京市吴栾赵阎律师事务所律师　闫军　梁勤
凡有印装质量问题，本社负责调换。电话：010—66509618

序

范阳东博士的《自组织理论视野下的企业环境管理研究》研究专著将要问世了，他让我给他的这本书写序，由于我们之间的师生之谊，我欣然答应了。由于近来忙于工作，我一直没有能兑现承诺。虽然我不是第一次为我弟子的著作写序言，但还是为弟子们能够出版学术著作，能够在研究上有所收获而感到欢欣鼓舞。看到他们的成长，看到他们有所成就，我有一份特别的喜悦与高兴。

阳东博士是我众多弟子中最为勤勉的学生之一，虽然他已经博士毕业三年多了，但他刻苦努力的身影一直在我的印象中挥之不去。为了完成博士研究，他刻苦努力、精心钻研。在攻读博士的最后一年多时间里，他每天背着双肩包，一如一名本科生徜徉在暨南大学的图书馆里，查找资料、推演公式。为了解答一个个困惑——他虚心与同学、与老师们讨论和学习，最终完成了博士论文的写作，在答辩中也获得了较好的成绩。这本近20万字专著的出版，是他博士毕业之后持续努力的结果。可以说，为了完成这个研究他倾注了大量的心血、牺牲了很多的节假日。现在他已经是广州医科大学的一名副教授了，但他仍然保持着经常返回到母校图书馆读书查找资料的习惯，依旧与我保持着紧密的联系，常常一起讨论热点的学术与社会问题，他给师弟师妹们做出了表率。

这个研究的选题，源于范博士对环境问题与企业环境管理的关注，在他大量的查阅资料和书籍以及和我反复讨论的基础上选定的。他在论文写作的过程中也有过彷徨，特别是在理论部分的研究上遇到了不小的挑战。

面对挑战他没有退缩，而是积极进取，努力攻关，选择了以演化经济学和现代系统理论为基础，自组织理论为核心理论，别出心裁。在理论框架的构筑过程中，对于自组织视角下企业环境管理机制的探讨是本研究的核心理论部分。这个理论的构架由企业管理与复杂的环境系统及他组织与自组织的环境管理机制组成。这个理论及其深入浅出的推演，揭示了企业环境管理机制动态演化的过程，也为下面的企业环境管理自组织机制培育的研究打下了基础。本研究还通过进一步对企业环境自组织机制的外部协同演化的讨论完善了其理论体系，解释了企业的环境管理自组织机理。范博士针对案例企业，进行了深入的实地考察，也走访了相关行政部门，获得了真实而全面的数据资料。本书的最后两章分别通过实证和政策研究，使得纯粹的理论研究落地生根，为培育和发展企业环境管理自组织机制做了有意义的探索。虽然本研究还存在着许多需要深入探讨的问题，但范博士的研究也为这个研究领域的花园里增添了一朵小花。我相信随着研究的不断深入，这朵小花会成长为艳丽夺目的奇葩。

研究无止境，当这本书奉献给读者时，更多的研究成果也会涌现出来。我也衷心的希望，范阳东博士永葆勤奋之精神，永葆进取之斗志，在今后的科研道路上取得更多更好的研究成果。这算是我给本书写的序言，更是我的希望与祝福。

梅林海

于暨南大学明湖苑

2013 年 8 月末

摘要

环境是人类生存和发展的前提和保证，当前人类却面临着生态退化和环境污染的困局，环境问题成为当前全球所面临的最大挑战之一。企业是社会经济系统最为活跃的组分，是社会经济发展的最重要力量，但也是生态破坏和环境污染的主要制造者。如此，环境宏观困局的破解需要立足微观企业主体，研究企业环境管理问题，寻找企业环境问题的解决之道。

本研究从非主流经济学出发，基于企业环境问题的复杂性和模糊性特征，以演化经济学为理论基础，结合现代系统科学，运用自组织理论与方法，研究企业环境管理机制的运作机理，寻求内化企业环境外部性问题，实现企业环境、社会与经济绩优的基本路径，以破解环境问题的宏观困局。

首先，本研究在综述和梳理已有研究成果与相关理论的基础上，从自组织理论视角，定义了企业环境管理自组织机制的基本概念，对比分析了他组织与自组织状态下的企业环境管理机制，并通过对案例企业环境管理机制由他组织向自组织转换过程的实证分析，深入揭示了企业环境管理自组织机制创建的基本过程。其次，就驱动企业环境管理自组织机制培育的内外驱动因素展开全面、系统的分析，并构建了企业环境管理自组织动力理论模型。该模型以竞争与协同作为自组织机制培育的源动力，以企业内部四大动力子系统（具体包括有：可持续发展文化动力子系统、制度创新动力子系统、技术创新动力子系统和环境因素经济动力子系统）为内部驱动力，融合严格政府管制、金融与风险管理市场、投资者及供应链相关者、消费者与环境主义者、人力资本市场等外部驱动因素综合构建。第三，应用超循环与超系统理论，进一步探讨企业环境管理自组织机制的外部协同演化，并考察了其主要实践方式——生态工业园。通过以上系统研究，得到内化企业环境外部性问题，实现企业环境、社会与经济绩优的基本路径是：培育企业环境管理自组织机制。

本研究进一步考察了我国企业环境管理自组织机制培育的现状，发现我国企业环境管理自组织机制培育的整体水平远滞后于环境绩优国家。我国的企业环境管理整体组织状态为背向自组织，朝向他组织，而环境绩优国家的企业环境管理整体组织状态是朝向自组织，背向他组织。这一现状决定了两者出现不同的生态与环境结果。为此，本研究从不同层面进一步对我国目前的现状进行了深入探讨，并以国内企业的案例事实，证实培育企业环境管理自组织机制是企业内化环境外部性问题，实现环境、社会与经济绩优的基本路径在我国也是可行的。最后，本研究从培育适宜企业环境管理自组织机制创建和发展的宏观环境、行业环境的角度，提出了政策建议；同时也从构建企业内部动力各子系统的角度，给出了具体的对策。

Abstract

Environment is a prerequisite and guarantee for the survival and development of human beings. But now human beings are facing the ecological degradation and environmental pollution dilemma. Corporates are the most active components of the socio-economic system and the main trouble of ecological destruction and environmental pollution. So the solution of the macro environmental problem needs to be based on the micro-corporate. We need to study the environmental management of corporates and seek the solutions to the environmental problems of corporate.

This study starts from the fringe economics, characteristic with the complexity and ambiguity of the environmental problems of corporate and theoretically basis on the evolutionary economics. Being combined with modern system science and utilizing self-organization theories and methods, through studying from the operation mechanism for environmental management of corporate, the paper seeks to internalize the externality of corporate environmental problems and finds the basic path to fulfill the best performances of corporate environment, society and economy, and also solves the macro dilemma of environmental problems.

First, this study reviews the existing research results and theories and comparatively analyses the environmental management mechanism of corporate under other-organization and self-organization from self-organization theories perspective. Through empirical analysis of the process that the case corporates transform their environmental management mechanism form other-organization to self-organization, the paper reveals the basic process that the self-organization mechanism of environmental management is created in depth.

Second, the paper comprehensively and systematically analyses the internal and external factors that drive the self-organization mechanism of corporate environmental management and constructs the theoretical model for the self-organization drives of corporate environmental management. The model takes competition and cooperation as original power for fostering the self-organization mechanism, regards the four internal power as the internal drives and integrate external drive factors such as strict government regulation, finance and risk management markets, investors and supply chain stakeholders, consumers and environmentalists, human capital market and so on.

Third, through applying the super-cycle and super-system theory, the study further explores corporate environmental management and the external evolution of corporate self-organization mechanism and examines the main practical way- Eco-Industrial Park.

From the systematic analysis above, we can see that the basic path for internalizing the externality environment and fulfilling the best performances of corporate environment, society, economy that cultivate the self-organization mechanism of corporate environmental management.

This study further investigates China's current state of cultivating the self-organization mechanism of corporate environmental management, and finds out our overall level is far lagging behind the environmental merit countries. For this reason, this research applies various research methods, discuses China's current the status from different levels in depth, and proves that using the self-organization mechanism of corporate environ-

mental management to internalize the externality of the enterprises and fulfill the best performances of corporate environmental management, society and economy in China.

Finally, this paper makes policy recommendations from the perspective of cultivating appropriate macro and industry environment for the foundations and developments of the self-organization mechanism of corporate environmental management, and at the same time, gives specific measures from the perspective of constructing various internal power subsystems.

Key words: Evolutionary Economics, Self-Organization, Corporate Environmental Management, Environmental Problem, Externality

目录
CONTENTS

一 导 论

当前，人类正面临生态退化和环境污染加剧的严重困局。企业是社会经济系统最为活跃的组分，但也是生态破坏和环境污染的主要制造者，是联结其他社会主体最为重要的纽带。当前宏观困局的破解需要立足微观企业主体，研究企业环境管理机制，寻找企业环境问题的解决之道。本章以本研究的宏观背景为起点，进一步阐述研究的目的与意义、研究的方法与可能创新，最后，简要归纳本研究的基本思路与研究的主要内容。

（一）研究背景

在社会经济全球化、一体化快速发展的特定时期，全球环境正面临着日益严重的挑战。环境问题也因为新技术的广泛应用，跨行业、跨区域、跨国境、全球化而日益复杂。各国环境政策试图为强化对复杂化环境问题的有效治理而变得日益综合和多样化，并一直主要针对企业环境问题安排其环境政策。现实问题的复杂化，推动了学科的快速发展，以更好地解释现实和指导实践，演化经济学与系统科学获得了较快发展，自组织理论与方法在各个领域得到了广泛应用。

1. 全球环境问题回顾

梅尔维尔（Melville，2010）指出，全球现在面临的最大挑战问题之一就是环境保护问题。环境是人类生存和发展的前提和保证，“人类既是其环境的创造物，又是其环境的塑造者，环境给予人以维持生存的东西，并给其提供了在智力、道德、社会和精神等方面获得发展的机会”①。但至工业社会以来，由于人类在生产活动中无限制地、大规模地开发和滥用资源，并随意向外界环境排放污染物，导致生态退化的同时，环境也不断地恶化。历史记录了人类在工业化发展过程中所经历的惨痛教训。从上个世纪比利时所发生的马斯河谷烟雾事件、美国洛杉矶光化学烟雾事件、日本汞中毒事件、英国伦敦烟雾事件等举世闻名的“八大公害”②，到当前人类所面临的一系列全球性环境问题：①“温室气体”排放引起的全球变暖，海平面上升问题；②平流层臭氧损耗问题；③森林锐减和生物物种加速灭绝问题；④土地荒漠化问题；⑤淡水资源短缺、海洋生物资源过度利用与海洋污染问题；⑥酸雨污染问题等。

表 1-1　人类活动引起的生态与环境退化的统计

1. 世界上一半的湿地在 20 世纪已经消失；
2. 砍伐森林使世界上的森林面积缩小了一半；
3. 世界上约有 9%的树木物种濒临灭绝，热带雨林以每年 13 万 km^2 的速度减少；
4. 捕鱼能力超过海洋能维持的 40%；
5. 世界上近 70%的主要海洋鱼类过量捕捞或接近生物极限；
6. 在过去的 50 年内，世界上 2/3 农业土地发生土壤退化；
7. 世界上大约 30%的原始森林被转换为农业用地；
8. 自 1980 年，全球经济增长三倍，人口增长了 30%，达到了 60 多亿。

资料来源：引自联合国开发署研究报告（2000 年）

---

① 万以诚、万岍选编：《人类环境宣言》，载《新文明的路标—人类绿色运动史上的经典文献》. 吉林人民出版社 2000 年 1 月版，第 1 页。

② 20 世纪世界著名的“八大公害”事件：1. 马斯河谷烟雾事件；2. 美国多诺拉烟雾事件；3. 美国洛杉矶光化学烟雾事件；4. 英国伦敦烟雾事件；5. 日本水俣病事件；6. 日本富士山骨痛病事件；7. 日本四日市哮喘病事件；8. 日本米糠油事件。

联合国开发署针对人类活动所引起的全球生态与环境退化进行了详细统计（见表1-1）。也有学者对当前世界遭受环境灾难所造成的严重后果进行了数字化计算（见表1-2）。史嘉柏、亨赛尔（Schaberg、Hounsell，2000）等认为，在人口剧增的压力下，引发人类大肆开发资源，使大量土地转换为农业用地，既增加了环境压力，引起气候变化、营养循环改变，以及新疾病出现等问题；又降低了生物响应，侵害了动植物的免疫系统，威胁着生物与基因的多样性；结果增加了对生态系统健康和人类健康的威胁。[①] 环境问题已成为世界性课题，成为社会各界关注的焦点。

表 1-2 目前世界遭受环境灾难造成的严重后果

	每分钟	每年
1. 耕地损失	40 公顷	2100 万公顷
2. 森林损失	21 公顷	1100 万公顷
3. 土地沙漠化	11 公顷	600 万公顷
4. 泥沙流入江河大海	4.8 万吨	250 亿吨
5. 污水流入江河大海	85 万吨	4500 亿吨
6. 人类因环境污染而丧生	28 人	1500 万人

资料来源：引自舒辉：《可持续发展的战略选择：ISO14000》，中国标准化［J］，1998，4：15—22。

我国至改革开放以来，GDP 年均增长率约 9%，但该增长是以对资源的过度开发和利用为代价的，是典型的高投入、高消耗、高污染、低效益的粗放型经济发展模式，发达国家上百年工业化过程中分阶段出现的环境问题已在我国集中出现。据《中国生物多样性国情研究报告》，近年来我国每年生态破坏和环境污染造成的经济损失值约占当年 GNP 的 14%，几乎达到了国际通行（8%—15%）的最高点。据《2012 年中国环境状况公

① 该观点是史嘉柏（Schaberg）、亨赛尔（Hounsell）等于 2000 年 6 月参加在加拿大新思科舍省的哈利法克斯举行的第二次生态峰会上提出的。罗伯特·科斯坦萨（Robert Costanza）和斯文·约根森（Sven Erik Jorgensen）将该峰会与会论文汇编出版。我国学者徐中民、张志强等于 2004 年将其翻译，由黄河水利出版社出版，书名为《理解和解决 21 世纪的环境问题—面向一个新的、集成的硬问题科学》。

报》，2012 年全国化学需氧量排放量为 2423.7 万吨，氨氮排放量为 253.6 万吨，分别比上年减少 3.05％、2.62％；废气中二氧化硫排放量为 2117.6 万吨，氮氧化物排放量为 2337.8 万吨，分别比上年减少 4.52％、2.77％。我国城市空气质量仍不乐观，2012 年，325 个地级及以上城市环境空气质量按《环境空气质量标准》（GB3095－2012）执行，达标城市比例仅为 40.9％，113 个环境保护重点城市环境空气质量达标城市比例仅为 23.9％。在对酸雨进行监测的城市（县）中，2008 年出现酸雨的城市占 52.8％，2009 年占 52.9％，2010 年占 50.4；其中酸雨发生频率在 75％以上的城市，2008 年占 11.5％，2009 年占 10.9％，2010 年占 11.0％。我国农村环境问题日益显现，全国 798 个村庄的农村环境质量试点监测结果表明，试点村庄空气质量总体较好，但农村饮用水源和地表水受到不同程度污染，农村环境保护形势严峻。在近年环境保护部处理的来信中，反映农村环境问题的占 70％，来访中，占 80％。这充分说明了农村环境污染严重的现实。

2005 年对全国七大水系 175 条河流，345 个断面的监测显示，一至三类水质只占 46.7％。其中，一类水质占 9％，二类水质占 17.7％，三类水质占 20％，四类水质占 16.2％，五类水质占 8.7％，劣五类水质所占比例最高，为 28.4％。同期全国 52 个主要湖泊，5 个受到污染，26 个受到严重污染，75％的湖泊不同程度存在富营养化现象。东海和渤海近岸污染严重，赤潮屡有发生。[①]《2012 中国环境状况公报》显示，长江、黄河、珠江、松花江、淮河、海河、辽河等十大流域的国控断面中，Ⅰ－Ⅲ类、Ⅳ－Ⅴ类和劣Ⅴ类水质的断面比例分别为 68.9％、20.9％和 10.2％；珠江流域、西南诸河和西北诸河水质较好，长江和浙闽片河流水质保持良好，黄河、松花江、淮河和辽河为轻度污染，海河为中度污染；在监测的 60 个湖泊（水库）中，富营养化状态的湖泊（水库）占 25.0％，在 198 个城市 4929 个地下水监测点位中，较差—极差水质的监测点比例为

① 转引自钟水映、简新华主编：《人口、资源与环境经济学》，科学出版社 2005 年，第 329—330 页。

57.3%。2008年，我国地表水746个国控断面，Ⅰ—Ⅲ类水的比例为47.7%，Ⅴ类或劣Ⅴ类水占23%，且人口密集地区作为饮用水源的水体环境质量没有得到显著改善。与此同时，我国荒漠化土地已达262万km^2，并且每年还以2460 km^2的速度扩展。黄河、长江、澜沧江的发源地三江源已成为青海省草地退化最严重的地区。沙尘暴源头的阿拉善地区荒漠化面积占80%，沙漠每年以1000 km^2的面积扩展。全国90%以上的天然草原不同程度地在退化，草原退化、沙化和碱化面积达1.35亿ha，占草地总面积的1/3，并仍以每年200万ha的速度增加，全国已有15%—20%的动植物受到灭绝的威胁。[①]

开发海洋资源，发展海洋经济已成为我国当前非常重要的战略之一。但我国海洋生态环境污染同样很严重。据国家海洋局发布的《中国海洋发展报告（2011）》显示，我国海洋生态环境保护形势严峻，面临的主要问题包括：首先，近岸海洋环境污染呈立体、复合污染新趋势，对生态系统安全、食品安全、经济社会发展产生威胁；其次，陆源污染物排海对海洋生态环境的影响严重，个别排污口及河口邻近海域出现"荒漠化"现象；第三，近岸海域营养盐结构失衡，直接影响我国海洋渔业可持续发展；第四，近岸海域污染严重地区主要分布在大中城市和我国主要经济区域邻近海域，沿海地区经济可持续发展受到制约。

近年来，我国因环境问题引发的群体性事件以年均29%的速度递增，2005年全国发生环境污染纠纷5.1万起，2006年全国各类突发性环境污染事件平均每两天就发生一起。[②] 2010年全国发生的环境污染纠纷急剧上升到67.7万件。四川沱江特大污染事件、松花江水体污染事件，以及淮河水污染事件等特大环境事件的接连发生，突出地反映了当前我国环境问题严重，环境保护形势日益严峻。

---

① 数据来源于国家环境保护总局自然保护司编著：《中国生态问题报告》，中国环境科学出版社1999年版。

② 自然之友编.《2006年：中国环境的转型与博弈》，社会科学文献出版社2007年版。

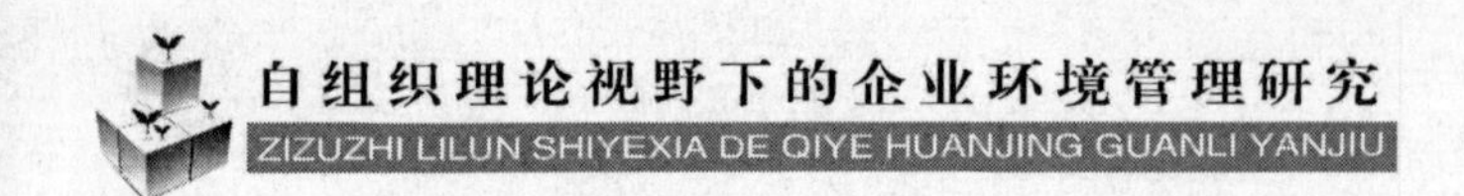

2. 环境问题日益复杂化

复杂、多元和快速是当前社会演化发展过程中的显著特点。在此过程中所引发的一系列社会问题都与社会演化发展的特征紧密相关。环境问题经历了“早期破坏”、“公害显现”和“全球环境问题”三个阶段后，已从区域或局部问题演变为全球性问题，从简单问题（可分类、可定量、易解决、低风险、近期可见性）发展成复杂问题（不可分类、不可量化、不易解决、高风险、长期性）。凯特尔（Kettle，1993）认为，治理是政府与社会力量通过面对面的合作方式组成的网状管理系统。而由政府、市场与第三部门所构成的公共治理系统，在治理环境问题方面，深受学者们推崇。[①] 但环境问题日益复杂与模糊，使得环境经济与环境治理理论面临严峻的现实挑战。

美国学者 J. L. 萨克斯于 20 世纪 70 年代初从公共产权理论的角度，提出环境管理公共信托理论，将本应由全体公民行使保护和管理生态环境资源的权利委托给政府，由其作为代理人进行照顾。事实上，无论是发达国家，还是发展中国家，政府对环境问题的干预都存在着“政府失灵”问题。环境问题上的“政府失灵”，既包括有政府环境政策的失灵，也包括政府环境管理的失灵。魏玉平（2010）依照失灵成因将我国环境管制失灵分为内生性环境管管制失灵、外生性环境管制失灵和体制性环境管制失灵。内生性环境管制失灵是指我国政府部门在公共利益、长远利益和自身利益发生碰撞的时，且自身利益占上风或对管制者缺乏有效监督和约束时，对应当进行的环境管制采取放任不管而形成的环境管制失灵。外生性环境管制失灵则是指因管制者的官僚主义倾向，且掌握的环境信息不完全和管制能力有限等原因而引发的环境管制失灵。体制性环境管制失灵是指由于环境管制体制方面的原因使环境立法管制、环境执法管制和环境司法

① 例如我国学者姚从容博士就针对我国公共环境物品供给不足，造成环境问题日趋严重的现状，提出了构建公共环境物品供给的政府、市场与第三部门角色互动机制，以弥补公共环境物品供给不足，有效治理环境问题。

管制难以发挥作用的环境管制失灵。当然，政府干预失灵可归因于诸多因素，而环境问题日趋复杂与模糊，政府难以有效对其进行控制与管理是其中一个关键原因。

自由市场环保主义者安德森，唐纳德·利尔（Anderson，Donald R. Leal，1997）在其《从相克到相生：经济与环保的共生策略》一书中，强调了市场机制在环保中的突出作用，突破了经济与环保相悖，彼此难以共生的原有观念。尽管市场机制在环境治理与保护方面正发挥着日益突出的作用，也有着较大的应用空间，但环境问题上的“市场失灵”依然严重，如何避免环境治理中的“市场失灵”依然是学者们研究的焦点。排污权交易一直为学者们所推崇，但在现实中，因为交易主体、中介组织和交易市场等培育的不足，使得该市场机制仍未得到较为广泛的应用。对于跨企业、跨区域、跨国境的环境问题，其复杂而又模糊，市场失灵问题更突出。的确，环境问题日益复杂与模糊的特征，抑制了市场机制的有效发挥，是造成市场失灵的重要原因之一。

非政府组织与非营利性组织、民间组织等一起被称为“第三部门”，特指在官僚体制的政府体系和利润导向的企业部门之外的社会组织。在环境保护与治理领域，非政府组织正发挥着越来越重要的作用，例如在保护巴西热带雨林方面，非政府组织就有着突出贡献。但环境问题的日益复杂与模糊，使得非政府组织面临严重的信息与知识的不对称，影响其作用的进一步发挥，继而产生自愿失灵问题。

3. 环境政策综合化及政策工具多样化，企业仍是政策作用的主要对象

环境政策演化变迁的过程，就是环境政策综合化，政策工具多样化的过程。环境问题日益复杂与模糊，企业自身的异质性，以及社会大环境的动态演进等诸多因素，共同推进了环境政策的演化变迁，促成了环境政策综合化与政策工具多样化的世界趋同。蒂斯·克斯廷，布什·梅奥洛夫和乔真·赫尔吉（Tews Kerstin，Busch Per－olof，Jorgens Helge，2003）专门考察了新的环境政策工具（NEPIS）在 OECD 国家的传播与扩散情况，研究发现：尽管新的环境政策工具在OECD国家出现的时间和主导的政策工具存在差异，但经过一段时间后，新的环境政策工具都在OECD国家演化生成，政策综合与趋同之势相当明显。

此外，环境政策演化变迁的过程，也是政府与企业在环境治理过程中，相互关系不断互动演化的过程。20世纪50至70年代，发达国家的环境政策处于强化环境法制阶段，政府全面介入，以命令与控制为主（Tietenmadakis，1992）。其政策工具有：政府通过法律与条例，设置市场准入与退出规制；实施产品标准与产品禁令；设定技术规范与技术标准，以及排放绩效标准；规制生产工艺与其他强制性准则。在这个阶段，政府在环境保护中的角色发生了深刻变化，逐渐将污染治理的责任交还给污染者，其自身主要从事环境管制，管制的目的为责任企业治理污染，救济环境损害，清除环境污染对人类健康的风险，改善环境质量。20世纪70至90年代，发达国家的环境政策处于强化市场驱动阶段，以开拓市场调控机制为主，注重管制成本和效率（Tietenberg，1992）。其政策工具有：污染税（费）、可交易许可证、环境补贴、押金－返还制度、执行鼓励金制度、生产者责任延伸制，以及其他经济手段。在这个阶段，政府进一步调整角色，从一个高高在上、包揽一切的权威，到主动寻求专家、公众和企业界的支持，与社会各界积极建立合作型伙伴关系，建立能容纳多主体的政策制定和执行框架，形成共同分担环境责任的管理机制。20世纪90年代至今，发达国家的环境政策处于强化环境自约束管理阶段，倡导广泛参与、共同合作和手段多元化，以强化自愿协商机制为主（John F. Tomer，Thomas R. Sadler，2007）。其政策工具有：信息披露制度、自愿协议、环境标志与环境管理体系、技术条约、环境网络，以及其他沟通类手段等。在这个阶段，政府的环境保护职能和对环境事务的管理持续发生深刻变化。政府、企业与社会公众的互动，管制手段与市场机制、公众参与机制的融合成为当前环保的主旋律。发达国家环境政策的演进表明，尽管不同时期其环境政策有不同的主导机制，但它们之间并不是相互否定，而是互相补充，不断综合与丰富，以应对日益复杂与模糊的环境问题。

企业是社会经济系统中最为活跃的组分，但也是社会经济系统中的主要污染源，一直是环境政策作用的主要对象。环境政策及其工具能否对企业的污染行为产生约束，对其环境治理与保护行为产生激励，涉及政策实施的有效性，一直是政府当局与学者们关注的焦点（托马斯·思德纳，2005）。

4. 演化经济学与系统科学发展迅速，自组织理论与方法的应用广泛

1982年纳尔逊和温特共同出版了《经济变迁的演化理论》，该书的出版被认为是演化经济学形成的标志。随后，有关演化经济学的著作和论文大量出现。演化方法和演化思想在2000年6月发端于法国的“后我向思维经济学改革运动”中发挥了重要作用，凸显了它向主流的新古典经济学挑战的历史特征。

目前，依据不同的方法渊源和学术传统，形成了演化方法和演化经济学的不同流派：制度主义——注重生物类比方法和制度历史演变分析，反对数理分析方法的运用；熊彼特主义——注重生物类比和数理方法，形成了完善的企业惯例与创新行为、产业和技术演变的分析以及国家创新体系的理论体系；奥地利主义——注重个人目的性行为和市场过程的分析，强调经济过程中分散知识的发现和利用；法国调节学派——注重将马克思主义的制度分析和凯恩斯的宏观分析方法相结合的宏观制度历史分析方法和资本主义不同历史发展阶段的制度特征分析；演化博弈分析——注重生物学和博弈论方法的结合以及对制度演化过程的分析；复杂性经济学派或非线性经济学派——将经济作为一个复杂的演化系统，注重物理学和数学方法的应用以及系统结构的生成过程和演变过程的分析。①

我国学者陈平从复杂性科学的角度研究演化经济学，对主流经济学的均衡方法进行了彻底的批判，并将之用于研究劳动分工、经济混沌、经济

① 关于演化经济学迅速发展的描述，宋胜洲在其著作《基于知识的演化经济学——对基于理性的主流经济学的挑战》中进行了较为详细的阐述。该书由上海人民出版社2008年版。

波动等现象，取得了一系列研究成果。[①] 成思危、方福康、李红刚等学者都对复杂性经济学进行了较为深入的研究，收获了一系列研究成果。沈华嵩的《经济系统的自组织理论——现代科学与经济学方法论》（1991）是我国对演化方法研究的早期重要成果。贾根良是国内研究演化经济学的主要代表人物，发表了一系列的论文，其研究成果内容集中体现在《演化经济学——经济学革命的策源地》（2004）一书中。同时，他也牵头翻译了一批国外有关演化经济学的前沿书籍，对我国演化经济学的研究起到了极大的推动作用。

盛昭翰、蒋德鹏的《演化经济学》（2002）是国内出版的第一部介绍演化经济学的著作，主要阐述了演化经济学的方法基础和企业行为、技术变迁、制度、产业和增长等理论以及相关的演化博弈论和实验经济学，还初步介绍了主流经济学的理论危机和演化方法的革命意义。李桂花的专著《自组织经济理论：和谐理性与循环累积增长》（2007）以自组织经济理论为框架，勾勒在和谐理性基础上的可持续发展的经济理论。她的自组织经济理论分理性研究、微观交易理论和宏观增长理论三部分，并分别进行了研究。此外，还有一系列博士论文是围绕演化经济学的相关专题展开研究的。[②]

---

① 陈平教授的一系列成果汇编于《文明分岔、经济混沌和演化经济动力学》一书，该书由北京大学出版社 2004 年出版，之前已出版过两个较早的版本。

② 近年来以演化经济学发展作为其学位论文展开研究的有：上海财经大学博士研究生蒋道红（2002）的《演化经济学和经济学的演化：生物学思想、方法在经济学中的应用》；浙江大学博士研究生章华（2002）的《嵌入性与制度演化》；厦门大学博士研究生顾自安（2006）的《制度演化的逻辑：基于认知进化与主体间性的考察》；南开大学博士研究生赵凯（2006）的《规则、知识与互动——演化经济政策分析的结构——过程框架初构及其启示》；中国人民大学博士研究生宋胜洲（2006）的《演化经济学研究——行为、结构、秩序及协同演化》；中国人民大学博士研究生陈放鸣（2002）的《企业理论的进化经济学研究》；浙江大学博士研究生陶海清（2002）的《基于知识的企业组织结构演化：演化经济学的分析》；中国人民大学博士研究生刘刚（2003）的《企业的异质性假设—对企业本质和行为的演化经济学解释》；中国人民大学博士研究生周庆杰（2004）的《知识、能力与演化：动态企业理论研究》；南开大学博士研究生项后军（2005）的《奥地理学派企业理论研究》；南开大学博士研究生刘辉锋（2006）的《知识协调、动态能力与企业组织的演化——基于演化经济学的企业理论》等等。这说明演化经济学确实在我国获得了迅速发展，这自然有利于推动自组织理论与方法的广泛应用。

系统科学包括复杂性系统科学自产生半个多世纪以来，也取得迅速发展，新的系统理论不断涌现，新的应用领域不断拓展。诺贝尔奖获得者西蒙将系统科学和复杂性科学的发展历程概括为“三次浪潮”。20 世纪 20 至 60 年代，是系统科学的形成与发展阶段，其代表性理论为一般系统理论、控制论、信息论等，代表人物有波格丹诺夫、贝塔朗菲、维纳、奥多布莱扎、申龙等。20 世纪 70 至 80 年代，是自组织理论建立与应用阶段，其代表理论为耗散结构理论、协同学理论、超循环理论等，代表人物有普利高津、哈肯、艾根等。20 世纪 80 年代至今，是复杂系统科学广泛应用阶段，其代表理论为混沌理论、分形理论、复杂适应系统理论等，代表人物有洛伦兹、李天岩、蒙德布罗、霍兰等。[①] 在演化经济学与系统科学的相互融合与共同推动下，自组织理论与方法早已广泛应用于社会科学领域，以一种全新的思维方式探索着社会经济热点与难点问题。当前，自组织理论与方法正被学者们用以关注和解决当今人类普遍关心的一系列发展中的难题。可持续发展问题，人口、资源、环境与生态问题早已进入自组织理论与方法的研究视阈。

环境经济学家戴利（Daly，1992）曾如此表述：“现在我们已经从这一相对‘空的世界’进入到了一个相对‘满的世界’。”在这“满的世界”，人类的影响更全球化和更深远，当前的重点必须从孤立地处理问题转变为研究整个复杂系统和系统间动态的相互作用上来。复杂系统具有非线性、自催化、复杂性、不可逆性、突变现象和混沌行为等特征（Costanza 等，1993；Kauffman，1993；Patten，1995；Jorgensen，etc，2004），而企业本身就是一个复杂适应系统，企业的环境管理系统是复杂适应系统的次级系统。针对日益复杂和模糊的环境问题，以主要污染源——企业的环境管理问题为对象，以寻找内化企业环境外部性问题，实现企业环境、社会与经济绩优的基本路径为目标，运用演化经济学与系统科学的最新理论与方法——自组织理论与方法，从一个新的视角，研究企业环境管理自组织机

① 这是颜泽贤、范冬萍、张华夏等在其著作《系统科学导论—复杂性探索》一书中对系统科学产生意义的简要评价，见该书第 9—10 页。

制，则非常值得去探索与尝试。

（二）研究目的与意义

环境问题是挑战当前社会最为严重的问题之一，企业是环境问题的主要制造者。针对企业环境管理问题的研究很多，也取得了较好的成果，本研究试图从一个新的理论视角，展开该问题的研究，作出自己的一些探索。

1. 研究目的

环境问题已成为困扰一个国家或地区，乃至全球的一个宏观性问题。本研究试图从这一宏观性问题出发，立足于微观主体——企业，寻求问题的解决之道，以实现宏观困局的破解。综合当前的研究，主流经济学理论框架下关于企业环境问题、企业环境管理与环境政策的研究较为丰富，学者们基于环境的稀缺性、外部性和公共品属性等三大特征。由此提出了环境资源价值理论、环境外部性理论和环境公共产权等理论，开出了三类“药方”，即以市场机制凸现环境资源的价值，依靠价格杠杆调控环境的稀缺程度；以庇古税（费）内化企业的环境外部性成本；以政府主导，构建环境产权体系，明晰环境产权，实现环境的有效管理。尽管主流经济学理论所提出的政策措施在实际控制生态退化和环境污染的过程中起到了一定的作用，但目前仍面临着现实对理论框架及政策实效的挑战。

当前，存在三个典型事实：一是各国环境政策不断趋同的同时政策日益综合化；二是各国都存在企业超越“标准”执行环境管理的现象；三是各项环境政策有效性的事实检验难以形成统一意见。主流经济学的相关理论对于以上三个典型事实的解释似乎难以令人信服，这需要新的理论给予其更合理的解释。同时，基于企业环境管理驱动因素的研究，理论与实证的研究成果很多，但未能形成统一意见，更多的是基于外部驱动因素，以企业同质性和企业环境问题的单一性和稳定性为假设前提的研究为主。事实上，企业异质性与企业环境问题的复杂性和模糊性的特征是显著的，这使得主流经济学所提出的环境政策面临着实施效率（是否值得的问题）与效果（是否可行的问题）的挑战，难以获得预期的效果。

丹尼尔（Daniel，2007）认为，经济制度和政治制度总是处在变化的过程中，而正式的环境政策是静态的，被人设计的，于是它就不可能随经济和政治环境的演化而进行动态调整。因此，主流经济学所提出的环境政策自然大打折扣，难以真正内化企业环境外部性问题，实现企业环境、社会与经济绩优。基于现实对理论和政策的挑战，有学者开始尝试从多学科角度，综合研究企业环境问题，但尚不系统，需要继续探索。有鉴于此，本研究的目的：

首先，从非主流经济学出发，以演化经济学为基础，结合系统科学，运用自组织理论与方法，从自组织这一新的视角，研究企业环境管理自组织机制及其培育，以内化企业环境外部性问题，实现企业环境、社会与经济绩优，揭示企业环境问题的根本解决应尊重“内因主导—外因推动”这一基本规律。

其次，突破过去诸多研究侧重单一因素、侧重外部驱动因素的局限，综合研究驱动企业环境管理自组织机制培育的内外因素，并初步构建企业环境管理自组织动力模型，以更好地解释企业实施环境管理行为的原因。

第三，基于企业环境管理自组织水平差异与企业环境问题的本质，从新的视角更合理地解释当前存在的三个典型事实，提出要提高环境政策各项工具的效率，应基于企业环境管理自组织水平状况，构建环境政策综合化体系的同时，实施环境政策相机抉择机制。

第四，尝试通过对案例企业环境管理机制由他组织向自组织转换过程的实证分析，打开企业“黑箱”，更好地探究企业环境管理自组织机制培育过程中内外驱动因素的作用机理。

第五，基于对企业环境管理自组织机制培育的理论研究，探讨我国企业环境管理自组织机制的培育现状，并进行深刻反思，以国内企业的案例事实，力证我国企业同样适应这一基本规律：培育企业环境管理自组织机制是企业内化自身环境外部性问题，实现环境、社会与经济绩优的基本路径。

2. 研究意义

首先，通过对企业环境管理自组织机制培育机理的研究，可揭示企业因处于不同的环境管理自组织阶段，从而会对外部环境政策及其外部其他影响因素作出不同的策略性反应。以往研究在解释企业为何会作出不同的策略性反应时，难以形成统一意见，往往各自侧重于某一个因素或某一个方面的探索，尚未真正摸索到决定其不同策略性反应的原因所在。本研究发现，企业自身环境管理自组织水平，决定了企业能而且会作出怎样的策略性反应。这在理论上可以更好地解释“哈里顿悖论”[①]。

其次，通过对企业环境管理自组织机制培育机理的研究，能更好地解释过去诸多环境政策失效的原因，也能更好地解释发达国家环境政策综合化、弹性化、多样化的趋势，同时对指导我国环境政策的改革与创新有积极意义。不同的环境政策对处于不同环境管理自组织阶段的企业，其作用效果是不一样的。对处于环境管理他组织主导的企业，强制管制政策的作用效果会比较明显；对处于环境管理自组织主导的企业，合作管理、自愿协商政策的作用效果会较好一些。由于整个国家和社会存在各种处于不同环境管理自组织阶段的企业，因此，需要不同的环境政策以作用于不同的企业，从而必然需要构建综合化的环境政策体系，这是各国环境政策综合化趋同的根本原因。环境政策综合化理应是我国环境政策改革与创新的发展方向，而构建环境政策相机抉择机制是提高我国政策有效性的关键。

第三，通过本研究，在微观上有利于指导企业加强环境管理的资本投资与实践创新，也明确了企业环境管理的发展方向，坚定了企业强化环境

① 所谓的“哈里顿悖论”是指发达国家监管松散的现状与发达国家企业较高的环境遵守率及较好的环境绩效难以匹配，该概念引自托马斯·斯德纳《环境与自然资源管理的政策工具》一书。

管理的理念。企业要成为具有国际竞争力和生命力的可持续发展企业，就必须培育企业环境管理自组织机制。因为培育和发展企业环境管理自组织机制是内化企业环境外部性问题，实现环境、社会与经济绩优的基本路径。企业环境管理自组织水平越高，则企业环境管理的价值创造能力就越强，企业的环境竞争优势就会越明显，其经济推动力就越大，进一步促使企业环境外部性问题内化效果就会越好。

最后，通过对培育企业环境管理自组织机制内外环境的综合分析，凸显了可持续发展理念和生态与环境价值观塑造的重要性，它是提升企业理性①的关键。这对我国强化可持续发展理念和生态与环境价值观的塑造有着积极的指导意义。一个国家或地区的企业环境管理总体水平是朝向他组织还是自组织，与这个国家或地区可持续发展理念和生态与环境价值观塑造的整体水平密切相关。环境绩优国家的企业环境管理总体水平朝向自组织，是与其国家和社会已具有较强的可持续发展理念和生态与环境价值观密不可分的。因而，无论是对我国企业还是社会来说，积极塑造可持续发展理念和生态与环境价值观都尤显重要。

（三）研究方法与可能创新

在选题确定的前提下，研究方法的选择成为研究能否顺利进行的关键。本研究没有采用目前较流行的计量模型实证法，而是从系统的、演化的角度，采用案例分析、比较分析、事实论证等诸多方法进行尝试性研究，试图取得一些可能的创新。

① 关于提升企业理性，引自李桂花博士研究专著中提出的观点。她认为，企业的行为方式，是由企业的理性水平所决定的。良好的企业行为，必然有较高的企业理性水平。而企业理性的提升，需要企业经营者和全体员工正确价值观的塑造，因此，可持续发展和生态与环境价值观的塑造，必然将提升企业对可持续发展和生态与环境价值的理性认识，从而有利于提升其理性水平。

1. 研究方法[1]

本研究从环境困局这一宏观性问题出发，结合企业环境问题的复杂性与模糊性特征，以演化经济学为主要理论基础，从自组织理论这一新的视角，研究企业环境管理问题。试图通过对培育企业环境管理自组织机制的研究，破解环境困局这一宏观性难题。本研究特别注重从多学科的角度，综合应用多种研究方法，所采用的主要研究方法有：

首先，文献研究法。广泛收集并查阅国内外相关文献、书籍、报告，并对文献资料进行统计整理和分析，在总结、归纳国内外研究成果的基础上，注重借鉴和吸收。

其次，自组织方法。本研究主要是基于自组织理论与方法展开的，而自组织理论和方法是演化经济学最主要的研究方法之一。

第三，系统科学方法。企业是一个复杂适应系统，应用系统科学方法研究企业问题是其使然。

第四，案例分析法。本研究广泛应用案例和事实作为论据，以增强理论分析的说服力。在揭示企业环境管理机制转换的基本过程时，利用案例企业进行了较为详细地过程解剖。在论证我国企业环境管理自组织机制培育是否是我国企业环境管理实现环境、社会与经济绩优的基本路径时，同样也是用国内企业案例来进行论证。

第五，比较分析法。在研究过程中，运用较多的对比分析。例如，对他组织与自组织状态下政府环境管理政策进行比较，对不同环境政策进行比较等。

---

① 贾根良教授在《演化经济学前沿：竞争、自组织与创新政策》一书的中译本前言中提到，他反对数学的、计量经济学的和计算机模拟的方法在演化经济学中的广泛应用，而提倡以案例或实际经济问题研究为基础的研究方法。森岛通夫也认为，当前经济学的数学化存在“将递增的数学努力花费在递减的经济学意义上”的现象。贾根良教授所提倡的以案例或实际经济问题研究为基础的研究方法在本研究中得到了较好的运用。本研究更多的是运用案例分析、事实分析和对比分析方面，通过大量的、丰富的素材支撑本研究的观点，而没有运用计量和模型等数学方法。

2. 可能的创新

本研究选择应用演化经济学的自组织理论和方法分析企业环境管理问题，提出企业要具有强大的竞争力，实现环境、社会与经济绩优，实现持续发展，就必须培育企业环境管理自组织机制，这是企业内化环境外部性问题，实现环境、社会与经济绩优的基本路径。已有的国内外研究很少将环境问题与自组织理论与方法结合在一起进行探讨，本研究是一次新的尝试，可能的创新有：

首先，主流经济学在内化企业环境外部性问题的路径选择上主要集中在庇古税和科斯法等方面，尽管取得了一定的成绩，但似乎并不是最佳的路径。本研究从非主流经济学出发，以演化经济学为主要理论基础，从自组织理论视角，运用自组织方法，探究内化企业环境外部性问题，实现企业环境、社会与经济绩优的基本路径，这是一种新的研究思路，也是一种研究方法的新应用。

其次，通过对比分析他组织与自组织状态下企业环境管理机制，以及对案例企业环境管理机制由他组织向自组织转换过程的实证探究，继而综合研究驱动企业环境管理的内外因素。本研究发现：培育企业环境管理自组织机制是真正内化企业环境外部性问题，实现企业环境、社会与经济绩优的基本路径。凡是试图成为具有国际竞争力并可持续发展，实现环境、社会与经济绩优的企业，都应遵循这一基本路径。

第三，通过从自组织视角研究企业环境管理机制问题，本研究得出了对三个典型事实不同的解释。本研究认为，环境政策综合化是基于各种处于不同环境管理自组织阶段企业的需要，也是提高环境政策有效性的需要；企业超越“标准”执行环境管理是企业培育环境管理自组织机制的内在需求，是企业进一步增强其环境因素竞争优势的需要；主流经济学的数理方法和计量方法都难以有效处理变量间的非线性相互作用，加之数据自身的误差，要准确计量原本复杂和模糊的企业环境问题是颇为费劲的。因此，对环境政策有效性的事实检验上，必然存在着结论上的差异。

（四）研究思路与内容

企业“超标准”执行环境管理的原因，学者们从外部影响因素进行了较为系统的研究，但多数学者仍认为难以全部用外部环境压力来予以解释。安东、德尔塔斯和卡纳（Anton、Deltas、Khanna，2001；2004）从实证出发，揭示了管制与市场导向压力对有害物的减排没有直接作用，但是对与环境相关的企业管理制度变化有间接鼓励作用。朗格韦格（Langeweg，1998）也认为，来自环境治理与保护的技术潜力非常大，但如果要真正去挖掘这种潜能，则投资于社会制度和人们是必须的。这严厉批判了依靠技术创新即可解决企业环境问题的思想。海因茨、彼得和瓦尔纳（Heinz、Peter、Wallner，1999）认为，企业的环保动力系统不能从外部去构建，而应由企业系统依靠环境管理创新自我发展，才能真正内生于企业，即时处理和预防企业在发展过程中所面临的诸多环境问题。我国学者王红（2008）从系统辩证学的视角，对企业环境责任进行了系统研究。综合已有研究，本研究认为，企业及企业与周围环境诸多因素的互动演化应该是影响企业自身环境问题解决的核心。因此，从演化经济学和系统科学的角度，应用自组织理论与方法，将企业与外部环境的互动演化综合在一起，系统研究企业环境管理自组织机制的形成机理，有其积极意义，值得尝试。

本研究的基本逻辑思路（如图 1-1 所示）：首先，从环境困局这一宏观问题出发，选择企业环境管理问题作为研究对象，综述其相关研究成果，评述其不足，并进一步阐释本研究的理论基础。其次，抓住企业环境问题日益复杂和模糊的特征，结合演化经济学和系统科学的学科特点，尝试从自组织理论与方法的视角，探讨企业环境管理机制，分别对他组织与自组织状态下的企业环境管理机制进行研究，并以案例企业为例，实证探究企业环境管理机制由他组织向自组织转换的基本过程，以更好地揭示企业环

境管理自组织机制培育的机理。第三，在对企业环境管理自组织机制一般研究的基础上，系统研究企业环境管理自组织机制培育的内外驱动因素，并构建企业环境管理自组织动力理论模型。第四，基于超循环理论与超系统理论，继续探讨企业环境管理自组织机制的外部协同演化，寻找企业环境管理自组织机制升级演化的实践路径。第五，基于企业环境管理自组织机制培育及其演化发展研究的基础上，探讨我国企业环境管理自组织机制培育的现状，并深刻反思。同时，以一个企业案例，力证我国企业同样也适应这一基本规律：培育企业环境管理自组织机制是内化企业环境外部性问题，实现企业环境、社会与经济绩优的基本路径。第六，研究培育企业环境管理自组织机制的具体政策。最后，归纳研究结论，总结研究不足。

全文共分八章：第一章，导论。简要阐述研究的背景，研究目的与意义，研究方法与可能的创新，以及研究的基本思路与内容安排。第二章，文献综述与理论基础。在界定几个基本概念后，对已有的国内外相关研究成果进行综述，并梳理本研究所涉及的基本理论，为后面研究的展开奠定基础。第三章，自组织视角下的企业环境管理机制。从演化经济学和系统科学的视角看，企业是一个复杂适应系统，而企业环境管理系统是企业复杂适应系统的一个次级复杂适应系统，因此，从自组织视角研究企业环境管理机制有其合理性。继而对他组织与自组织状态下的企业环境管理机制进行一般研究，结合案例企业，实证分析企业环境管理由他组织向自组织机制转换的基本过程，以更好地揭示企业环境管理自组织机制的培育机理。第四章，企业环境管理自组织机制培育的驱动因素及动力模型。区别已往研究仅仅侧重单个因素或外部因素，本章将系统分析驱动企业环境管理自组织机制培育的外部因素和内部因素，并以此为基础，构建企业环境管理自组织动力理论模型。第五章，企业环境管理自组织机制的外部协同演化。根据超循环理论与超系统论，自组织系统也需要协同演化升级，才能实现系统的持续发展。企业环境管理自组织机制也存在协同演化升级路径，它是系统进一步发展的需要。通过企业环境管理自组织机制的外部协同演化，可更好地内化企业环境外部性问题，实现更好的环境、社会与经济绩优。生态工业园即为企业环境管理自组织系统的共生合作网，是企业环境管理自组织机制外部协同演化的主要实践方式。第六章，我国企业环境管理自组织机制培育的实证研究。分析我国企业环境管理自组织机制培育现状，并对其进行反思的同时，以国内案例企业力证我国企业同样适应企业环境管理自组织机制培育是内化环境外部性问题，实现环境、社会与经济绩优这一基本路径。第七章，培育企业环境管理自组织机制的政策研究。从培育适宜外部环境和构建企业内部动力子系统的角度，提出了多项政策建议。第八章，研究结论与不足。

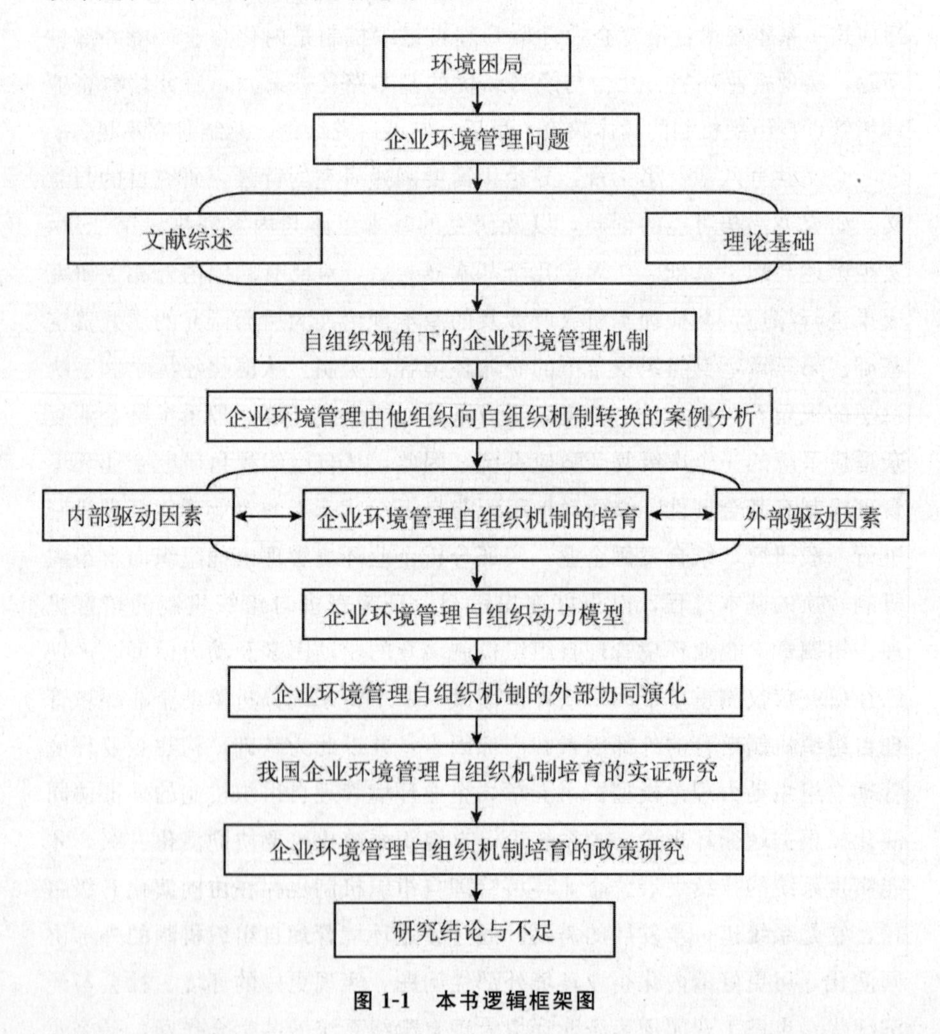

图 1-1　本书逻辑框架图

二　文献综述与理论基础

当生态退化和环境污染日益影响并威胁人类的生存和发展时，生态与环境问题自然就成为人们普遍关注的焦点。企业作为主要污染源，自然备受瞩目。为寻找企业控制和预防污染的解决之道，有关企业的环境管理问题就成为学者们研究的焦点。本章在界定几个基本概念的基础上，对已有的国内外相关研究进行综述，并进一步梳理本研究所涉及的基本理论，为后续的研究奠定基础。

（一）几个概念的界定

概念基本范畴的界定因学科不同，视角不同而会有所差异，正是这些差异可能会对研究的深入产生影响。在进一步开展本研究前，有必要针对企业环境管理的相关概念进行重新界定。

1. 环境的定义

作为开展企业环境管理机制研究的前提，首先应就“环境”的基本范畴进行界定。关于“环境”范畴的界定，有必要把握两个方面：一是环境的空间范畴。古典经济学将环境在很大程度上理解为“土地”，新古典经济学则倾向于将环境抽象到边界并无所确定的“资源”范畴，我们界定环境的空间范畴为有界性。二是环境的时间范畴。经济学甚至环境科学迄今都未对环境的时间界限形成各自明确的意思。环境处于不断动态演化发展中，考虑环境的时间界限是有必要的。[①] 在哲学中，环境是一个相对的概念，是一个相对于主体而言的客体，即组织的外部存在。或者说，相对于某一主体的周围客体因空间分布、相互联系而构成的系统，即为相对该主体的环境。在环境科学中，环境指围绕着人的全部空间以及其中一切可以影响人的生存与发展的各种天然的和人工改造过的自然要素的总称。由此可见，环境是个很大的概念，按要素可分为自然环境与社会环境。自然环境包括大气、水、土壤、地质、矿藏、生物、星球、宇宙等。社会环境包括聚居环境（院落、村镇、城市等）、生产环境（厂矿、农场等）、交通环境（车站、港口等）、文化环境（学校、剧院、风景名胜、自然保护区等）。按环境的功能分有劳动环境、生活环境、生态环境、区域、流域、全球环境等。

根据《环境经济学辞典》[②]，环境经济学关于“环境”的定义是非常宽泛的，它涉及可再生和不可再生的自然资源的数量和质量，由风景、水、空气和大气组成的周围环境。该周围环境在支持人类生命的同时，对人类生活质量水平具有决定性作用。环境的状态对于人类活动的数量、质量和可持续发展度是一个关键的决定因素。从环境的法律定义看，各国在不同时期对它的表述方式有所不同，反映出不同时期人们对环境认识的发展及立法的目的。1989 年 12 月颁布施行的《中华人民共和国环境保护法》的第二条对环境的界定是“本法所称环境是指影响人类生存和发展的各种天然的和经过人工改造的自然因素的总体，包括大气、水、海洋、土地、矿藏、森林、草原、野生生物、自然遗迹、人文遗迹、自然保护区、风景名胜区、城市和乡村等”。可见，法律规定的是一个“大环境”的概

① 关于环境范畴界定，在这里参考了窦学诚的观点，见窦学成著：《环境经济学范式研究》，第 23 页。

② 该《环境经济学辞典》由阿尼尔·马康德雅、雷纳特·帕利特、帕梅拉·梅森、蒂姆·泰勒著，朱启贵译，上海财经大学出版社 2006 年出版。

念，既包括自然环境，也包括人工环境；既包括生活环境，也包括生态环境。生态学则把环境定义为："以整个生物界为中心、为主体，围绕生物界并构成生物生存的必要条件的外部空间和无生命物，如空气、水、土壤、阳光及其无生命物质等，它是生物的生存环境，因而也称为'生境'。"综合来看，环境科学的定义更多地强调"环境"本身的客观存在性，以及基本的范畴。而环境经济学的定义则更多地突出"环境"对于人类的积极意义，从而凸显环境保护的重要性。环境的范畴是随着人类认识的拓展而不断延伸的，本研究从"环境"的基本范畴出发，依据环境的客观存在性，以研究内化企业环境外部性问题，实现企业环境、社会与经济绩优的基本路径为重点，因此，本研究综合考虑后采用了环境科学中关于"环境"的定义。

2. 企业环境管理与企业环境管理机制的定义

(1) 企业环境管理的定义

1972 年联合国环境会议通过的《人类环境宣言》指出："现在已经到达这样一个历史时刻，我们在决定世界各地的行动时，必须更加审慎地考虑它们对环境造成的后果；为当代和将来的世世代代保护和改善人类环境，已经成为人类的一项紧迫的目标。"1974 年，联合国环境规划署（UNEP）和联合国贸易与发展会议（UNCTAD）在墨西哥召开"资源利用、环境与发展战略方针"专题研讨会，会上形成三点共识：一是全人类的一切基本需要应当得到满足；二是要进行发展以满足基本需要，但不能超出生物圈的容许极限；三是协调这两个目标的方法即环境管理。至此，"环境管理"概念首次被正式提出。同年，美国学者休埃尔指出："所谓环境管理是对损害人类自然环境质量的人为活动（特别是损害大气、水和陆地外貌质量的人为活动）施加影响。"显然，环境管理概念受到环境科学、管理理论、经济学理论和法学理论等多门学科不断发展的巨大影响，因而其内涵在不断经历着变化与发展。吴继霞（2003）对环境管理概念进行了归纳，她认为："环境管理是指管理主体运用行政、法律、经济、科技与教育等手段，预防与禁止人们损害环境质量的行为，鼓励人们改善环境质量的活动，通过全面规划，综合决策、制定环境目标、选择行为方案，正确处理发展与环境的关系，实现既满足当代人需求又不危及后代人满足其需求能力的发展。”

企业环境管理是随着企业环境实践行为不断调整而逐渐发展起来的。20世纪70—80年代，发达国家的企业对环境管理持抵制态度。[①] 企业管理中没有考虑环境问题，企业对建立环境领先地位的目标及受制于管制的政策极其抵触（Fischer，Schot，1993），企业将环境外部性问题部分内化，但仍极少建立环境绩效考评体系，更拒绝将环境问题纳入企业总体经营战略中。80年代中晚期以来，环保运动、环境规制趋向成熟，公众环境意识不断增强等一系列环境因素影响到企业绩效时，企业管理者才开始认真考虑环境问题，探讨更为积极的、参与型和反应型战略，环境管理成为某些企业战略管理的一部分（如图2-1）。

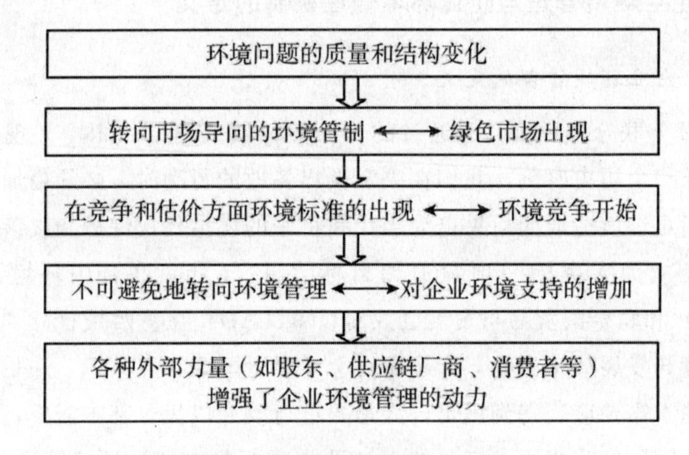

图2-1 企业环境管理产生过程

资料来源：根据Darabaris. John的著作《企业环境管理》整理而得。

美国学者克拉森和麦克劳克林（Klassen、Mclauthlin，1996）首次提出企业环境管理的概念。他们认为，企业环境管理是指企业在产品的整个生命周期内，将其对环境的负面影响减少到最低的努力程度。吴和邓恩

① 默罕·穆纳辛格（Mohan Munasinghe）于1999年对70、80年代发达国家企业环境管理行为进行了归纳与总结。

(Wu、Dunn，1997) 认为，一体化企业环境管理是企业价值链上每个因素，包含产品从开始到生命周期结束过程中环境影响的最小化。蒂明斯 (Timmins，2000) 提出企业环境管理的三个目标：一是最小化环境的生产影响；二是尽可能有效的利用资源；三是建立机制刺激员工努力为环境管理作贡献。这个定义基于产出目标，比较符合企业利益。至此，企业环境管理的含义基本上得到了统一。我国学者贾生华、陈宏辉（2002）将企业环境管理定义为企业所采取的使其经营运作活动对环境的负面影响最小化的努力。他们将企业环境管理归纳为四种模式：一是 NIMBY 管理。NIMBY 是在 20 世纪 30 年代左右流行的企业对环境挑战的回应方法。它是“Not In My Back Yard”的缩略词，原意为“别放在我家后院”。其含义是说人们都愿意享受现代物质文明的成果，却不愿意承担由此造成的环境恶果。二是末端控制型环境管理。在 20 世纪 50 年代末，人们开始认为企业环境管理就是要从控制污染物的排放量入手，采取末端控制的污染治理措施。三是清洁生产型环境管理。20 世纪 70 年代开始人们逐步认识到环境受到污染后再治理需要很长的时间，而且实证研究表明事后治理费用与预防污染费用的比例是 20：1。四是产品生命周期全过程环境管理。经过了 20 世纪 80 年代多家著名企业产品污染问题后，人们进一步认识到企业对生态环境的破坏并不只是体现在生产过程中污染物的排放上。如果与环境联系起来的话，可将企业的产品生命周期氛围材料采掘、原材料投入、产品制造、产品使用和废弃物处理五个阶段，环境管理需要企业在产品生命周期的各个环节上主动管理产品的环境性能。

综合企业环境管理相关定义[①]，结合本研究内容，我们将企业环境管理分为狭义与广义两个范畴。狭义企业环境管理是指企业在经营管理过程中，关注环境因素，把因环境问题造成的损害和风险成本降低到最低限度，使环境管理成为企业总体战略管理一部分而采取的一系列行为措施。

① 我国学者秦颖在其博士论文中将企业环境管理定义为：企业把对环境的关注结合到企业经营管理活动中，把因环境问题（如：污染排放、环境事故、环境罚金、资源浪费等）造成的风险成本降低到最低程度，使环境管理成为企业战略管理的一部分而采取的一系列行为措施。

企业环境管理的目标是改善企业经营行为方式，消除企业对自然环境的不利影响，实现企业与环境的友好与和谐。广义企业环境管理是指政府以各种法律、法规、政策、制度、规则、规范、标准为工具和手段，以调整、控制、引导企业减少环境污染和生态破坏。[①] 关于企业环境管理的特征，叶文虎、张勇（2006）对此进行了归纳（见表 2-1）。

表 2-1　企业环境管理的特征

相关管理主体	政府、企业和公众
管理客体	企业经营行为
管理的具体对象	企业经营行为，以及这些行为所涉及的物质载体和实质内容，如物质流、能量流、资金流、信息流、人口流等
遵循的科学规律	人类行为规律、环境规律
管理目标	改善企业经营行为方式、消除企业对自然环境的不利影响，达到企业与环境的友好与和谐
管理特征	着重于管理可能对生态环境造成不良影响的企业行为
举例	对排放污水、废气、噪音行为的管理
关注焦点	污染治理与预防

资料来源：据叶文虎、张勇：《环境管理学》（高等教育出版社，2006 年版）整理而得。

（2）企业环境管理机制的定义

“机制”的英文表述为 mechanism，《现代汉语词典》解释为：①机器的构造和工作原理；②有机体的构造、功能和相互关系；③某些自然现象的物理与化学规律；④泛指一个工作系统的组织或部分之间相互作用的过程和方式，如市场机制、竞争机制。而《辞海》则将“机制”解释为：“原指机器的构造和动作原理，后来生物学和医学借用了此词，在研究一种生物的功能时常说要分析它的机制，即了解它的内在工作方式，包括有关生物结构组成部分的相互关系及其发生的各种变化过程的物理、化学性

① 这里之所以要分狭义与广义定义，是基于研究需要，在涉及企业本身环境管理时，主要考虑狭义企业环境管理的定义；当涉及环境政策时，则考虑广义企业环境管理的定义。

质和相互关系。”以上两种解释比较侧重于事物（或系统）的运作。“机制”后来继续被应用到经济领域，如经济机制，是指一种由相互联系、相互制约的特定部分所构成的经济活动体系，具有对生产运行的某一或若干方面的调节和控制功能，现已广泛用于管理领域，并成为现代经济学、管理学中一个新的研究领域。如企业经营管理机制，是指构成企业经营的各因素的相互关系及其运行原理。而管理机制则是指一种由相互联系、相互制约的特定部分所构成的管理活动体系，具有对生产运行某一方面的调节和控制功能。管理机制侧重于管理对象间的内在牵制和约束，通过这种机制可以使管理制度、方法、方案等得到很好的执行。

关于企业环境管理机制，学术界并没有统一而权威的界定。有学者认为涉及企业环境管理机制有三个层次：在宏观层次方面表现为以政府为主体的产业环境管理机制；在微观层次方面表现为以企业为主体的企业环境管理机制；在宏观和微观之间的中观层面表现为公众和非政府组织参与的企业环境管理机制。还有学者认为企业环境管理模式包括四种：企业环境管理委员会与环保专门职能部门相结合的管理模式、ISO14000 管理模式、HSE 管理模式、QHSE 管理模式等。[①] 李鸣（2009）认为，企业环境管理机制应该是一种多元性结构管理机制，是由国际社会、各国政府、企业、非政府组织和公众共同参与的，由生态伦理、环境法制、社会发展模式、人类生存理念、模式、生态文化教育、生态环境技术的开发与应用水平和企业管理等多种因子共同作用形成的，以促进企业实现资源节约型、环境友好型企业目标的管理模式和运行机理。综合有关企业环境管理的定义和机制的定义，本研究从狭义的角度将企业环境管理机制定义为，企业根据社会可持续发展的要求，在企业经营管理中，树立生态与环境保护观念，从生产经营的各个环节来控制、预防污染和节约资源，以实现企业经济效益、社会效益和环境效益有机统一的管理模式和运行机理。

---

① IS014000 是国际标准化组织（ISO）推出的一整套新的，国际性的、环境方面的管理性标准。包括环境管理体系、环境审计、环境标志、环境行为评价等多个方面。HSE 是健康（Health）、安全（Safety）和环境（Environment）管理体系的简称。QHSE 则是质量（Quality）、健康（Health）、安全（Safety）和环境（Euvironment）管理体系的简称。

（二）国内外文献综述

针对企业环境管理问题的相关研究国内外成果相当丰富。发达国家因为率先展开工业化进程，而较早地面临环境问题的挑战，因而其研究历史较早，基本理论已经形成，研究体系也较为完善。国内研究在吸收国外相关研究成果的基础上，针对该问题的研究也日益丰富和完善，取得了长足进步，在理论研究和实证研究等方面都取得了较好的成果。

1. 国外文献综述

环境问题虽然自古已有，但造成广泛社会危害，逐步成为一个严重的社会问题则是在工业革命以后，也就是自由资本主义上升时期。现实总是会拷问理论，拷问学术界。一旦环境污染问题成为严重的社会问题时，必然会由此引起学者的密切关注。

（1）关于企业环境问题的基本研究

在企业环境问题的本质与根源方面。国外学者充分认识了环境的本质，探讨了环境问题产生的根源，并提出了多种治理的办法。马尔萨斯的人口论、李嘉图的地租论、约翰·穆勒的“静态经济”及梅多斯等所倡导的极限增长论都从不同角度，阐述了经济活动存在生态边界的观点。无论是资源绝对稀缺论，还是资源相对稀缺论，都论证了环境资源的稀缺性，稀缺性是环境的特征之一。而环境外部性是环境的特征之二，经济学家对“环境外部性”已无异议，但对如何解决这个外部性问题则意见不一。庇古（Pigou，1932）通过对“边际私人纯产值”和“边际社会纯产值”之间的差异进行比较，指出企业在谋求自己最大利益的过程中，通过环境媒介，对外界产生一种外部性，导致“边际社会纯产值”可能为负数，造成社会总福利水平的下降。他将私人厂商所造成的环境破坏使社会福利受到损失的现象称为环境外部不经济性。他提出利用政府干预，通过征税使社

会成本与私人成本一致，以解决企业环境外部性问题。科斯（Coase，1960）把环境问题与整个资源配置体系的必然联系及其制度原因联系起来，提出可依靠市场途径，通过明晰环境资源产权的方式，治理环境外部性问题。他认为，企业的环境问题，可以通过将企业的环境权利逐步明晰而得到有效处理。

戴尔斯（1968）在科斯定理的启发下提出污染权交易理论，其基本思路是：把政府作为公共资源所有者或公众利益代表者，在环境污染可控范围内，在市场上按每单位允许排放量，公开出售一定数量污染权，污染单位以付费方式来解决其对社会的负外部性问题，政府则用污染权所售收入来维护和提高环境质量。环境公共品属性是环境的特征之三。哈丁（Hardin，1968）设想在一个自由使用的公地，每个人利用公地获得的收益全部归自己，施加在整个公地上的负效应则由大家分担；最终结果是使用公地的人数大增，个人产生的负效应累积汇总后对公地造成毁灭性破坏；于是，公地的自由使用权给所有人带来的只是毁灭，是一种公地的悲剧。他指出，环境的不断恶化就是一种“公地悲剧”。企业不断向外界排放污染，正是基于环境的“公地”属性。因此，哈丁认为，基于环境公共品属性基础上，寻找环境治理之道，才能真正解决企业环境问题。

（2）关于环境政策对企业环境管理有效性的研究

现行环境政策及工具可简单谓之为“胡萝卜、大棒、说教”的经济激励、法律工具及信息工具等三类。不同政策工具的选用，其产生的作用效果有所不同。马丁和韦茨曼（Martin L，Weitzman，1977）针对政府利用数量工具与价格工具管制企业进行了探讨，并比较了数量与价格工具对环境外部性问题解决的差异。乔恩·哈福德（Jon D. Harford，1987）基于企业试图逃避污染处罚以求利益最大化的假设前提，分析了政府征收排污税对企业环境绩效的影响，结果显示：企业实际排污水平并不随税率变化，而是取决于企业污染减少的边际成本等于企业污染的单位税收。史蒂芬·林德、马克·麦克·布莱德（Stephen H. Linder，Mark·E.McBride，1984）针对政府管制对企业执行效力不足的问题，模拟了政府对企业的执行过程，发现企业行为的不确定性和隐藏性等特征使政府管制陷入低效处境。布莱恩·比维斯、兰·多布斯（Brian Beavis，Lan Dobbs，1987）指出，由确定的环境管制来约束企业随机性污染排放并不合适，由此造成政府管制失效，因而他强调应采取更加灵活的管制方式来控制企业污染行为。

亨里克斯等（Henriques，etc，1996）学者从政府管制视角，考察政府监督与强制对企业环境管理选择的影响。莱普克等（Lippke，etc，1993）强调政策工具要提高实现目标的弹性，要更多使用环境税、交易许可制度、交易限额制度等市场激励工具。马加特等（Magat，etc，1991）和拉普兰特等（Laplante，etc，1996）分别考察了美国和加拿大政府环保部门执行环境检查对本国纸浆及造纸业生物氧化量（BOD）和总悬浮物（TSS）排放的影响。马加特等（Magat，etc）等人的研究表明，环境检查使企业排污量下降约20%；拉普兰特等（Laplante，etc）等人的研究表明，实际检查行动及检查的威胁促使企业降低了约28%的排污量。这两项研究还发现，政府对企业的环境检查，引起被管制企业对其污染排放情况更频繁的自我报告。

纳多（Nadeau，1997）的研究表明，政府环境检查显著减少了美国纸浆及造纸企业违反大气污染标准的期间。达斯古普塔等（Dasgupta，etc，2000）分析了我国江苏省镇江市环保部门执行环境检查和征收排污收费与该地区企业环境绩效有效性的关系，结果表明环境检查有利于提高企业环境绩效。莫塔（Motta，2006）采用巴西325个大中型工业企业数据，考察了政府环境管制对企业环境绩效的影响，结果表明政府作为控制环境污染的单一主体时，企业服从环境标准的意愿较低。拉塞尔（Russell，1990）认为，监测被管制行为的努力还不够，这是个非常困难的工作，突出的强制实践还不够严密。学者们开始意识到，除了政府管制外，企业环境管理还受到其他因素的影响。

（3）关于其他因素与企业环境管理相关性的研究

阿夫萨等人（Afsah，1995）提出了一个理论与现实的困惑，即所谓的“哈里顿悖论”——理论上普遍认为环境管制不严的发展中国家企业环境绩效应普遍较差，但现实却是在最落后的发展中国家也有一些企业能达

到OECD规定的环境标准，然而环境管制较严的发达国家企业环境绩效水平差异较大。基于这一困惑，他们的研究解释：一是最优环境管制模型的信息完全和零交易成本的基本假设在现实中不一定存在，影响了传统命令控制和经济工具的执行；二是政府不是对企业施加环境压力的唯一主体，当地社区和市场组织也扮演了环境监管的重要角色。阿罗拉，卡森（Arora，Cason，1996）考察了企业展示给消费者绿色印象的欲望。瓦尚，克拉森（Vachon，Klassen，2006）认为，“通过与他们的供应者和消费者的相互作用，制造企业能更有效地解决他们所面临的环境挑战”。朱（Zhu，2007）等发现，市场压力是中国汽车供应链企业采用绿色供应链管理实践的强大推动力。温和常（Wen，Chang，1998）认为，在台湾，来自市场强大需求的动力，促使企业实现更好的环境绩效。

有学者认为，资本市场可能会对不利环境事件的通告产生负面反应，而对良好环境绩效通告作出积极反应。在1984年印度搏帕尔化学事故发生后的5个贸易日中，联合碳化特公司（Union Carbide）的资产价值大约损失其市场总价值的27.9%。亨里克斯（Henriques，1996）探讨了来自媒体与社团压力对加拿大企业采用环境计划的决定作用。达斯古普塔（Dasgupta，2000）等则实证了媒体与社团压力对墨西哥企业采用某些环境管理实践的作用。Hamilton（1995）考察了当有危害性废物实施建造选址时，社团对其决策的影响作用。帕克尔，惠勒（Pargal，Wheeler，1991；1996）实证了社团特征对印尼不同规模设施工业废水排放的影响。

豪勒（Haufler，2001）认为，积极环境主义者与消费者压力的结合，对于那些依靠品牌销售产品的企业来说更加有效。正是在消费者与积极环境主义者的综合压力下，壳牌（Shell）公司和他的欧洲竞争对手英国石油公司（British. Petroleum）P司都各自开发其环境管理制度，以改善环境绩效。国外针对其他因素与企业环境管理相关性的研究是比较丰富的，但托马斯·斯德纳（2005）等学者认为，对于企业超标准，实现高环境绩效的原因，难以全部用外部环境压力来解释。为此，有学者开始对企业自身特征，以及其环境管理相关制度进行研究。

(4) 关于企业自身特征及环境管理体系的研究

瑟金，米塞利（Segerson，Miceli，1998）假设主动控制污染的成本低于强制治理成本，在其模型中企业异质性特征第一次被强调，并认为正是企业的异质性，决定其对外部环境压力有不同的策略性反应。亨里克斯，萨系斯基（Henriques，Sadorsky，1996）发现，有较高销售资产率的企业不太可能实施环境计划。而达斯古普塔等（Dasgupta，etc2000），格雷、载利（Gray，Doilng，1996）和利维（levy，1995）的研究表明，越大的公司很可能有更高程度的环境努力，而技术水平和财务健康状况对环境管理水平则没有明显影响。考察了美国企业经济实力规模与企业环境绩效水平之间的关系。对于绿色企业，一些文献从企业战略、企业制度、企业对资源的依赖、以及股东等角度进行了研究，积累了丰富的数据和理论。也有文献从企业内部组织结构、企业文化、内部学习过程等方面来考察其对企业环境绩效的影响。弗罗依德（Florida，1996；2001）通过研究发现，企业组织资源（特别是企业规模、领导者承诺等）、企业环境管理资源（如环境管理员工的数量、任期和经验）、企业对环境绩效监测体系建设与利用，以及企业对先进方法的采用等，都对企业环境绩效的提高有着突出作用。

此外，有诸多学者针对企业环境管理体系的构建、环境管理标准，以及清洁生产等问题展开了研究。约翰尼斯，弗拉斯勒（Johannes，Fresner，1998）从清洁生产角度，探讨了企业的环境管理。卡肖（Cascio，2000）系统介绍了企业环境管理体系的构建内容，而斯蒂格（Steger，2000）则有效界定了企业环境管理体系的定义。海因茨、彼得和瓦尔纳（Heinz、Peter、Wallner，1999）等认为，企业环境治理机制不能从外部构建，而应由企业依靠自主环境管理创新自我发展，真正使环境管理内生于企业，持续而稳定的改善企业环境绩效。安乐、德尔塔斯等（Anton、Deltas，etc，2004）系统研究了企业环境管理制度（EMS）及企业环境管理实践（EMP）。

关于企业自愿环境管理的研究，卡纳（Khanna，2001）区分了三种单边自愿环境管理类型：一是企业自己努力建立环境行为代码，改善环境

绩效；二是企业努力遵守由贸易联盟指定的代码和准则；三是企业努力实现认证组织提供的环境绩效标准，如ISO14000系列标准等。关于企业环境管理是否增加企业成本，争议较大。传统派认为，企业从事环境管理必然引起成本增加，影响企业市场竞争能力。而修正派则认为，企业从事环境管理，能帮助企业克服组织惰性，培育创造性思维，从而提高企业市场竞争能力。马里奥（Mario，2007）对传统派与修正派进行了归纳，并从一个新的视角，将企业的环境管理成本归类为一项投资支出，因为它们能够为组织创造价值。

(5) 关于企业社会责任与企业环境管理关系的研究

弗里德曼（1970）认为，企业承担社会责任会产生“代理问题”并引起企业管理者与股东之间的利益冲突，他坚持“股东利益至上”原则，企业唯一的社会责任就是通过合法手段获得收益。斯蒂芬·P. 罗宾斯认为，企业的社会责任是一种工商企业追求有利于社会的长远目标的义务，而不是法律和经济所要求的义务。哈罗德·孔茨和海因茨·韦里克认为，公司的社会责任就是认真考虑公司的一举一动对社会的影响。埃尔金顿（Elkington，1980）的“三重底线”模型要求企业致力于实现盈利目标、社会目标和环境目标的平衡，认为企业成功运行至少需要满足财务目标的盈利底线要求、社会目标的社会公正底线要求和环境目标的生态环境保护底线要求，从而认为社会责任源于企业对综合目标的平衡。

弗里曼等（1984）则从利益相关者角度指出，社区、政府、环境保护主义者、消费者等都是利益相关者，因而企业需要对其承担责任。唐纳森、邓菲（Donaldson、Dunfee，1995）从社会契约角度，考察了企业承担环境与其他社会责任的依据。门菲尔特（1984）认为，企业履行绿色职责，就需进行环境经营，并提出了企业经营环境的具体对策。温特（1998）进一步完善了门菲尔特关于企业为履行绿色责任而经营环境的对策措施。美国学者乔治·恩德勒提出企业社会责任包含有经济责任、政治和文化责任以及环境责任，其中环境责任主要是指致力于可持续发展——消耗较少的自然资源，让环境承受较少的废弃物。

此外，一些机构也非常关注企业社会责任问题。世界银行把企业社会责任定义为，企业与关键利益相关者的关系、价值观、遵纪守法以及尊重人、社区和环境有关的政策和实践的集合，是企业为改善利益相关者的生活质量而贡献于可持续发展的一种承诺。欧盟则把企业社会责任定义为“公司在资源的基础上把社会和环境关切整合到它们的经营运作以及它们与其利益相关者的互动中”。国际标准化组织已成立社会责任工作组，制订社会责任标准，标准号为ISO26000。机构对企业社会责任的定义更多地突出了企业对环境的责任。诸多学者认为，通过对企业社会责任的研究，推动着企业角色假设从经济人向社会人演变，而企业环境管理的开展正是基于企业社会责任的考虑而进行的。但是，艾默里·洛文斯、亨特·洛文斯及保罗·霍肯（1994）则认为，如果仅仅把环境问题看成是一个社会责任问题，那么会使企业尚失动力去寻找更具创造力的解决问题之道。从社会责任角度，解释企业超标准执行环境管理具有一定的积极意义，但仍然不能令人完全信服。

2. 国内文献综述

国内有关环境问题的研究也有较长的历史，但是结合企业环境管理探讨环境问题，则是随着改革开放后国内经济的快速发展才不断开始出现。从20世纪90年代以来，有关企业环境管理问题就一直是我国学者研究的热点问题之一。

(1) 关于企业环境问题的基本研究

厉以宁、章铮（1995）较早在国内开始系统介绍环境经济学理论，对环境经济学理论在国内的传播产生了显著影响。马中（1993）认为，环境价值未得到市场的确认，是导致我国环境污染持续恶化的原因。杨瑞龙（1995）认为，我国环境污染之所以严重，是由于环境外部性问题所致。盛洪（1995；1999）认为，在政府有效干预前提下，需推进环境治理的市场化改革，依靠制度创新，激发企业治理环境的意愿。张五常（2001）从交易费用和合约结构的角度研究了外部性问题，并支持利用市场机制调控环境治理。刘红、唐元虎（2001）以零交易费用为前提，通过模型推导得出科斯与庇古的思路具有效果一致性这一基本结论。

沈满洪（1997；2000）系统地研究了环境外部性问题，以及环境经济手段，指出乡镇企业过度增长导致环境污染是环境容量产权界定不清的结果。蓝虹（2005）围绕环境产权的构建体系进行了系统研究。常修泽（2007）认为，环境产权制度被忽视，是中国产权经济界研究产权问题的一个重大缺失，有必要逐步明晰我国环境资源产权。徐嵩龄（1999）认为，简单地将传统“自由市场”概念移植于环境管理未必能成功，因为它忽视了一般商品和环境资源之间的根本区别，自由市场不太适合环境经济，因而完全以产权方式处理环境的市场外部性问题远不是万能。滕有正等（2001）认为“自由市场环境主义”强调和重视环境资源产权化是其长处，问题的关键在于它过分夸大了环境保护领域市场机制的作用，以致认为政府调控机制可完全被替代。姚从容（2005）认为，我国环境污染受制于我国公共环境产品供给不足，必须依靠政府、社会组织和企业等多元主体来提供环境产品，才能缓解我国当前环境不断恶化的窘况。

(2) 关于环境政策与企业环境管理相关性的研究

夏光（2001）将制度经济学理论与方法应用于分析环境政策，构建了环境政策创新体系，倡议依靠综合环境政策实施环境管理。郑亚南（2004）指出，我国当前行政控制的环境管理政策存在局限性，集中表现在它所需交易成本递增，而其制度收益却递减。彭海珍、任荣明（2003）从政府管制出发，研究了环境管制政策对企业竞争力优势的影响，指出不同管制政策（命令－控制型，经济激励型，商业－政府合作型）对先动企业和追随企业的影响，同时也探讨了环境政策工具有效性的前提条件。彭海正、任荣明（2004）在波特“五力”模型的基础上，构造“六力”模型，并结合资源基础论和动态能力观为企业战略的制定提出新的思路。张嫚（2004）详细剖析了环境管制与企业竞争力关系的传统观点与波特假设，提出环境管制能否提高企业竞争力，必须全面分析企业所处的市场环境，市场复杂性、不确定性，企业环境管理动机等方面的因素。张嫚（2005）以新古典企业理论利润最大化决策模型为理论起点，探讨了环境管制对企业行为与企业竞争力的影响，建立了环境管制的反应函数，分析了企业环境管理的类型及影响因素。

宋英杰（2006）在成本收益曲线不确定下比较各种政策工具，得出当环境政策工具的选择面临技术或制度等因素制约时，经济工具的选择劣于使用命令控制工具。任远等（2000）认为，我国环境政策对工业企业污染大户造成的点源污染控制方面是有效的，但对分散污染造成的面源污染控制却收效甚微，主要受到信息、体制、技术、制度和人才等因素的制约。林梅（2003）、孙学长（2006）、张一心等（2005）指出，政府环境管制的执行不到位使我国环境法律规章形同虚设，难以约束企业污染行为。赵细康（2003；2006）就环境政策与产业国际竞争力及企业绿色技术创新的关系进行了系统研究。马小明（2005）认为，我国环境管制仍以行政控制为主，使政府与企业长期处于非合作状态，导致管制执行效率低下，难以遏制企业污染恶化的趋势。王斌、张英杰等（2004）就环境污染治理过程中存在的信息不对称性，建立了环保稽查部门与污染企业两种不完全信息动态模型，给出了各自的子博弈精炼贝叶斯纳什均衡。蒙肖莲、杜宽旗、蔡淑琴（2005）提出了一种将环境政策问题分析建成一种博弈模型的数理方法，把对环境污染管理看作是企业对政府相应政策的博弈。

（3）关于其他因素与企业环境管理相关性的研究

克里斯特曼、泰勒（Christmann、Taylor，2001）通过与国内合作，对深圳和上海 101 家企业展开调查，发现产品出口到发达国家的企业，其环境管理水平较高，从而论证了来自市场及消费者压力对企业强化环境管理的积极作用。郗小林等（1998）认为，我国公众参与环境保护的程度低，导致监督企业污染行为单纯依靠政府相关部门，使得监督社会化程度低，企业偷排现象严重。冼国明、张诚（2001）通过问卷调查，研究了我国市场因素对欧洲跨国公司在华投资企业环境管理的影响程度，并提出大力培育国内绿色市场，将有利于强化企业的环境管理。彭海正、任荣明（2003）介绍了国外盛行的信息疗法——企业相关环境信息披露对企业在资本市场上财务业绩的传导机制，指出环境信息披露对企业改变环境行为的积极作用。彭海珍、任荣明（2003）归纳了激励中小企业实施环境管理体系的因素与障碍，外部激励因素除政府管制外，顾客与供应商的要求也是激励中小企业进行环境管理的因素。

王爱兰（2007）从企业环境成本内部化出发，认为我国企业环境成本补偿机制运行效果主要依赖于即定的外部条件，它们是企业作出策略性反应的关键，因此，积极培育环境友好型产品市场，有利于强化来自市场对企业强化环境管理的激励作用。彭海珍（2007）从制约企业运营的管理体制、经济激励和社会压力三大因素出发，提出三重"运行许可证"思想，并分析了它们对企业绿色行为的影响。结果表明，管制许可证仅仅是企业环境管理实践的一个法律制约，而社会许可证则通过"声誉资本"而作用显著。因此，挖掘经济许可证和社会许可证的作用机制，强化消费者、资本市场、以及"声誉资本"对企业环境管理行为的激励作用空间巨大。薛求知、侯丽敏和韩冰洁（2008）调查了发展中国家消费者对跨国企业环保责任行为的响应情况。研究发现：消费者个人特征在跨国企业环保责任行为与消费者响应之间具有显著的调解作用。樊根耀、郑瑶（2008）探讨了环境 NGO 及其制度机理，并分析了我国环境 NGO 制度的现状，以及环境 NGO 对于我国企业环境管理的作用。

(4) 关于企业自身特征及环境管理体系的研究

针对企业自身特征，研究企业环境管理的国内文献不多，原因在于企业"黑箱"问题仍是一个"灰色区域"。杨东宁、周长辉（2004）认为，企业组织能力是企业环境绩效与经济绩效之间内在联系的纽带，据此提出"基于组织能力的企业环境绩效"的理论模型。彭海珍、任荣明（2004）从所有制结构的角度，实证分析了我国不同所有制结构下企业环境管理绩效情况，指出企业私有制特征并不会造成企业环境管理的弱化，反而提高了企业对市场环境变化的敏感度，有利于企业对外界各种环境压力作出有效反应。张炳、毕军等（2008）通过建模，对影响企业环境管理绩效的因素进行了实证分析，特别包含了企业规模与经济实力两个内生变量。周新、高彤（2001）对重庆市和云南省六家国有企业环境管理制度进行了调研，并提出了激发企业自觉意识、加强企业环境管理的政策建议。苍靖（2001）在对企业环境管理策略及其分类的基础上，构建了企业环境管理与其经营业绩关系的一般化理论模型，从市场收益和成本节约两个方面论证了强有力的环境管理能增强企业的竞争力。

刘帮成、余宇新（2001）认为，传统的企业四维竞争模式［Q（质量）、C（成本）、T（时效）、S（策略）］正在被五维竞争模式［Q（质量）、C（成本）、T（时效）、S（策略）、E（环境）］所取代，环境管理已成为企业国际竞争力的又一个重要因素。秦颖、武春友和孔令玉（2004）综述了企业环境战略理论，分析了企业在不同发展阶段的环境策略。郑季良（2004）在阐述企业环境管理系统的内涵与运行模式基础上，分析了影响企业 EMS 运行效果的相关因素，并认为构建和实施环境管理系统是企业节约资源和增加环境效益乃至综合效益的有效手段和工具，是企业保持可持续发展的战略选择。曹国志、秦颖和程钧谟（2006）针对企业的“绿色度”，建立了评价企业“绿色度”的指标体系。王京芳、周浩和曾又其（2008）在明晰企业环境管理内涵的基础上，推导出企业环境管理的整合模型。秦颖、曹景山和武春友（2008）充分研究了影响企业环境管理综合效应的因素，提出用企业实施的环境管理行为（EMBs）替代环境管理综合效应，以此引入计数变量，用负的二项式模型、泊松模型及有序概率模型进行估计，完成 EMBs 对环境管理影响因素的回归分析，结果发现企业环境管理是规则因素、市场因素及企业自身属性综合作用的结果。张秀敏（2008）详细评价了我国当前所实施的环境管理体系，并提出了改进环境管理体系的方针与具体方法。

此外，从企业社会责任的角度探讨企业环境管理的相关研究，国内学者也有涉及，鞠芳辉和谭福河以专著的形式，对该问题进行了较为系统的研究。金乐琴（2004）将可持续发展与企业社会责任结合在一起。她认为，可持续发展是企业社会责任的重要领域，企业社会责任在推动社会可持续发展和企业可持续发展方面发挥着独特的作用，一定程度上弥补了政府干预和市场调节的缺陷。叶敏华（2007）进一步指出，企业社会责任概括起来就是股东责任、社会责任和环境责任，这是企业社会责任的“三重底线”，也是经济社会可持续发展的“三大支柱”。企业承担社会责任不是一种商业姿态，而是市场经济发展到一定阶段的产物，是企业内在的需求和自觉的行动。企业社会责任已经成为继人才、技术和管理之后的一种新的竞争力，只有勇于承担社会责任的企业，才是人们尊重的企业，才会是

基业长青的企业。多数学者认为，企业社会责任是企业强化环境管理，积极承担环境责任的一个有效平台。

3. 已有研究文献评述

以上研究成果为本研究的开展奠定了丰富而坚实的基础。通过对企业环境管理相关成果的综述，也发现了当前相关研究存在的问题，为本研究的开展指明了方向。

首先，相关理论研究基本成熟，但实证检验则难以取得一致意见。关于企业环境问题的相关理论研究，主要围绕外部性理论和公共产品理论而展开。对于这些理论的探讨，已有研究相对比较成熟。依据该理论，寻找企业环境问题的解决之道，成果较多，但实践效果则差异较大，实证检验的结果也呈现较大差异，难以取得一致意见。这说明，有必要拓宽研究视阈，进一步补充和完善已有的理论成果，寻找企业环境问题解决之道的一般路径。

其次，多数研究是基于企业同质性，以静态标准研究企业环境管理问题，这拉开了理论研究与现实问题的实际距离。对于主流经济学理论来说，无论是传统学派，还是修正学派，它们都无法较好地突破其分析基础——企业同质性假设。现实中的企业其异质性特征突出，且各自所面临的环境问题日益复杂。如此，必然造成基于主流经济学的相关理论研究日益脱离企业现实的环境管理，难以较好地解释和指导现实中的企业环境管理，也难以制定有效的环境政策。尽管演化经济学获得了长足发展，但应用演化经济学，基于企业异质性①、有限理性、多样性、随机性和动态性等假设前提，系统研究企业环境管理问题的成果还相当的缺乏。从演化经济学的理论与方法出发，研究企业环境管理问题值得去尝试。

第三，已有的研究多数立足企业外部环境与外部影响因素展开研究，

① 对于企业异质性问题的研究，刘刚博士从演化经济学视角对此进行了深入研究，认为企业异质性更多地体现在企业核心竞争力的差别性方面。本研究所提及的异质性相对比较泛化，就是指企业间的相互差异化。

针对企业主体内部组织结构和影响因素的研究则缺乏。目前，对于影响企业实施环境管理外部因素的研究，理论与实证成果都比较丰富。但对于企业实施环境管理的内部组织的运作机理及其内部影响因素的研究则很少涉及。对于企业为何实施“超标准”环境管理，解释仍然乏力，未形成一致意见。难以打开企业“黑箱”本身就是主流经济学的软肋，因此，从非主流经济学的研究视角出发，积极探索企业环境管理的内部组织结构和内部影响因素，则可能会有意想不到的收获。

第四，基于单一视角的研究较多，综合与交叉研究相对较少。企业环境管理系统是一个复杂系统，过去诸多研究多数基于单一视角，从一个侧面或某个因素进行研究，难以真正全面反映驱动企业实施环境管理的根源，无法给予现实更合理的解释。此外，企业环境管理问题本身涉及多门学科，应用交叉学科，进行综合研究是大势所趋，但目前关于综合性与交叉性的研究还比较薄弱，成果较少。

（三）理论基础

近代以来，政府角色在不断发生重大转变：从自由放任时代的夜警到福利国家时代的管制者；从管制主导者到现在公共治理的辅助者。究其原因在于政府为适应复杂、多元和速变的当前社会。以复杂的社会为背景，针对复杂与模糊的企业环境问题展开研究，需要从多个学科，多个理论着手。本研究将主要以环境经济学、环境管理学、现代系统理论、演化经济学和自组织理论等重要理论为基础。

1. 环境经济学

环境经济学的理论渊源可追溯到20世纪初。意大利经济学家帕累托从经济伦理的意义上探讨资源配置的效率问题，并提出了著名的“帕累托最优”理论，这成为微观经济学、福利经济学的重要分析框架。在此基础上

由马歇尔提出，庇古等人建立的外部性理论，威克塞尔和鲍恩的公共财产理论，瓦尔拉的一般均衡理论，以及收益—成本理论等为环境经济学奠定了基本的理论框架。环境经济学是运用经济学原理研究自然环境的发展与保护的经济学分支学科，其核心课题是如何兼顾经济发展和环境保护。①

环境经济学把环境看作可以提供人类经济活动生存支持的一种财产。这种财产的特殊性在于它具有的三大功能：①提供资源。环境为经济和社会发展提供资源和能量，给经济增长注入动力，是人类活动和经济增长的物质基础。②消纳废物。资源在消费和生产过程中以废弃物的形式返回自然环境，被自然环境所稀释、降解、吸收和转化。③提供舒适性享受。好的环境能够给人们提供舒适性享受，使人们身体健康、精神愉快，保证人们的工作时间和效率，提高劳动质量。环境经济学首先阐明了自然环境与人类社会的关系，然后根据对这种关系的分析提出解决环境问题的基本思路，最典型的方法是庇古税和科斯法。这些方法目前得到了广泛应用，也取得了一定的成效。

传统的经济系统模型把整个经济社会看作一个系统，不考虑环境的影响。家庭和厂商是这个系统的基本行为主体（如图 2-2 左图）。环境经济学在传统经济系统的基础上把环境包容进来，形成环境——经济系统（如图 2-2 右图）。环境经济学利用经济学的基本原理和方法，如成本效益分析、环境价值评估方法等，对环境价值的评估、污染控制和环境保护的经济性、环境保护与资源开发利用、环境保护的经济分析、环境保护政策手段、环境保护与经济运行机制等问题（特别是有关环境保护市场失灵与政府环境管制失灵问题）进行研究，从而为人们勾画一种经济发展与环境保护协调发展的经济运行模式（环境库滋涅茨曲线最为典型地描述了经济与环境的关系）。尽管环境经济学因难以打开企业“黑箱”，而不能有效解释企业环境管理的内部机理，但它对企业环境管理外部驱动机制的研究则较为成熟。因此，它仍是本研究进行比较研究的重要理论。

---

① 我国学者厉以宁、章铮 1995 年出版的《环境经济学》是国内相对较早的代表著作，该著作对于环境经济学在国内的传播发挥了突出的作用。

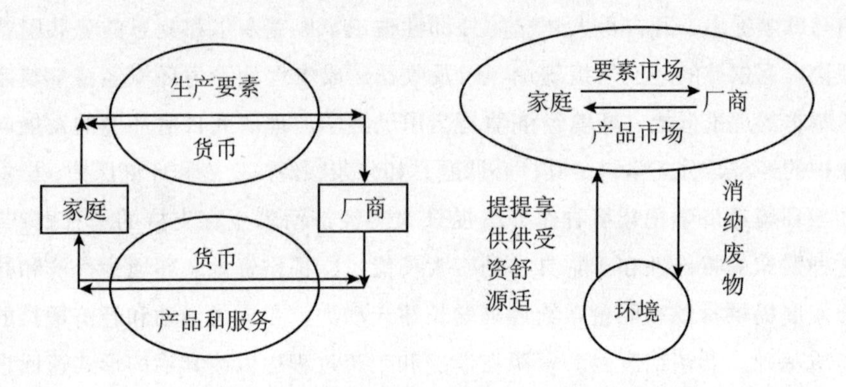

图 2-2　传统经济系统与环境——经济系统

资料来源：引自朱达：《能源—环境的经济分析与政策研究》，中国环境科学出版社 2000 年版，第 26—27 页。

2. 环境管理学

环境管理学是环境科学与管理科学相互交叉，以专门研究环境管理基本规律的一门综合性学科。环境管理学以生态—经济—社会系统作为自己的研究对象，研究这些子系统之间相互联系、相互影响、相互制约的矛盾运动。[①] 环境科学的形成与发展是与人类社会进行环境管理的实践紧密联系的。而人类社会的环境管理思想、方法和实践的演变历程是同人们对于环境问题的认识过程联系在一起的。从这个角度看，环境管理学的发展经历了三个历程。

首先，把环境问题作为一个技术问题，以治理污染为主要管理手段的阶段。这一阶段大致从 20 世纪 50 年代末，即人类社会开始意识到环境问题的产生开始到 70 年代末左右。此时，环境问题主要是“公害”问题，即局部的污染问题，如河流污染、城市空气污染等。人们认为“公害问题”是一个通过发展科学技术就可以得到解决的单纯技术问题。因此，这个时期的环境管理原则是“谁污染、谁治理”，实质上只是环境治理。

---

① 有关环境管理学的介绍，我国学者朱庚申在其著作《环境管理学》中有着详细介绍。

其次，把环境问题作为经济问题，以经济刺激为主要管理手段的阶段。这一时期大致从 20 世纪 70 年代末到 90 年代初。随着时间的推移，其他环境问题诸如生态破坏、资源枯竭等也都陆续凸现。此时，对环境问题产生的娥根源开始反思，开始认识到环境问题的产生在于经济活动中的环境成本被外部化。这一时期的环境管理思想和原则就变为“外部性成本内在化”，即设法将环境的成本内在化到产品的成本中去。这一时期最重要的进步就是认识到自然环境和自然资源的价值。用收费、税收、补贴等经济手段以及法律的、行政的手段进行环境管理成为这一阶段的主要研究内容和管理办法。

第三，把环境问题作为一个社会发展问题，以协调经济发展与环境保护关系为主要管理手段的阶段。1992 年联合国环境与发展大会在巴西里约热内卢召开并通过了《里约宣言》，这标志着人类对环境问题的认识提高到一个新的境界。人们终于认识到环境问题是人类社会在传统自然观、发展观等人类基本观念支配下的发展行为所造成的必然结果，可持续发展观开始确立。可持续发展是一个涉及经济、社会、文化、技术及自然环境的综合概念，是一种立足于环境与自然资源角度提出的关于人类长期发展的战略和模式。企业可持续发展包含三方面含义：企业发展的可持续性、协调性和发展性（如图 2-3）。在这一时期，可持续发展理论体系不断完善与健全，环境管理的思想和原则也在不断作出相应的改变。人们开始从观念到行为的各方面进行全面的反思，新文明、新发展观、新发展模式、新的思想理论观念在孕育发展，环境管理所涉及的领域更加宽泛，其综合性更强、交叉范围更广。

综合来看，环境管理学是一门为环境管理提供理论依据、方法依据，以及技术依据的科学。它具有以下特点：一、它是在传统学科交叉、综合的基础上形成的一门新学科；二、它是综合性科学，面临巨大的挑战；三、它是一门正在发展的科学。本研究以企业环境管理机制为研究对象，自然需要涉及环境管理学的相关理论。

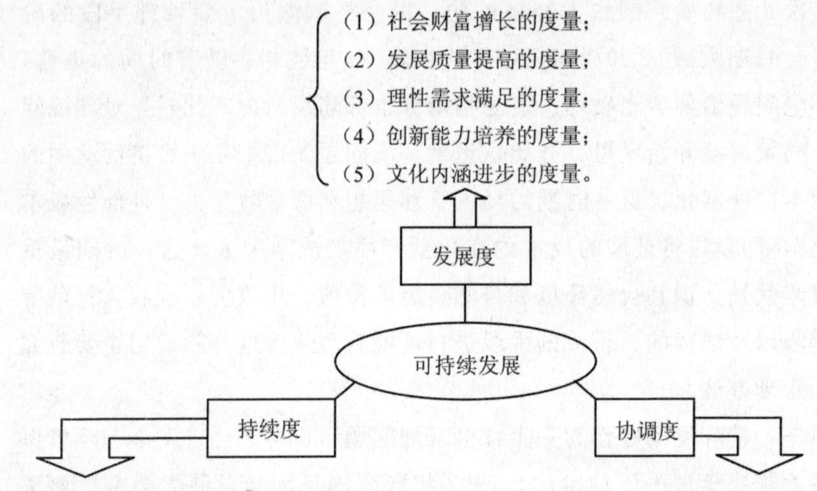

图 2-3　企业可持续发展三维模式

资料来源：引自阎兆万：《产业与环境—基于可持续发展的产业环保化研究》，经济科学出版社 2007 年版。

3. 现代系统理论

20 世纪因生产力的巨大发展，出现了许多大型、复杂的工程技术和社会经济问题，它们都以系统的面貌出现，都要求从整体上加以优化解决。由于这种社会需要的巨大推动，横跨自然科学、社会科学和工程技术，从系统的结构和功能（包括协调、控制、演化）角度研究客观世界的系统科学便应运而生。奥地利生物学家贝塔朗菲最早将系统定义为“相互作用的诸元素的综合体”。我国学者钱学森则将系统定义为“由许多相互

---

① “三零状态”具体是指：生态赤字为零、环境威胁为零、生态价值与生产价值之比率为零。

关联、相互制约的各个部分所组成的整体”。

系统的主要特征有：一是层次性与整体性。系统是由相关要素组成的集合体，各要素遵照一定规律有机地结合在一起，形成有序结构。各系统具有层状组成结构，上一层系统由若干下一层子系统组成，下一层系统又由更多下一级子系统组成，共同构成一个整体。二是动态性与稳定性。系统在形成发展全过程中，不断与外界进行物质、能量和信息的交换，一直处于不断运动之中。系统的稳定是暂时的、相对的，变化是永恒的、绝对的。三是结构性与功能性。系统由各自独立且具有独立功能的多种元素有机结合在一起，系统作为一个整体来完成总体的特定功能。这种相互关系的依存形式就是系统结构，结构产生相应的功能。四是开放性与变异性。只有不断与外界交流，系统才能获得维持发展的物质与能量，通过吸纳外界物质、能量和信息，使系统充满活力并不断完善。同时，系统也会因为环境或内部结构的变化而发生变异。

20 世纪 80 年代以来，非线性科学和复杂性研究的兴起推动着系统科学的发展。成立于 1984 年的美国新墨西哥州圣菲研究所，它由三位诺贝尔奖获得者物理学家盖尔曼、经济学家阿罗、物理学家安德森为首组织和建立，其宗旨是研究复杂性，开展跨学科、跨领域研究。他们认为，事物的复杂性是从简单性发展起来的，是在适应环境的过程中产生的。他们把经济、生态、免疫系统、胚胎、神经系统及计算机网络等称为复杂适应系统，认为存在某些一般性规律控制着这些复杂适应系统的行为。他们的这些认识体现了现代科学技术发展的综合趋势。尽管对复杂性看法还众说纷纭，但从方法论上看，对许多复杂性事物的深入研究，长期以来卓有成效的还原论是处理不了的。当前，物理、生物、社会经济领域等都发出了共同的呼声：突破还原论。

企业是一个复杂适应系统，而企业环境管理系统是一个由企业外部环境系统包括国家环境政策的约束、社会各阶层的驱动和由企业内部要素包括文化、资金、技术、组织结构等诸因素组成的复合子系统。因此，现代系统理论也为本研究系统地、整体地研究企业环境管理问题奠定了理论基础。

4. 演化经济学

演化经济学作为西方经济学的一个非主流分支，它是以达尔文的进化论和拉马克的遗传基因理论为思想基础，以自然界的演化规律为借鉴，来研究和模拟人类经济社会系统的动态演化规律和发展趋势的一门学科。演化经济学的思想渊源可追溯到19世纪末20世纪初。凡勃伦（1898）认为：其关于人类社会经济系统的演化思想，直接源于达尔文；人们当前的行为是由以往积累的经历和现在所处的物质、文化环境所决定的，而当前的行为又会影响到他的下一步行为；“人类社会经济系统的演化不仅取决于外部力量的冲击，还取决于该系统内部的演化，并具有丰富的不确定性和强烈的历史积累；经济学家应当关注于制度的变化和经济社会中思想习惯的变化”。20世纪初，马歇尔宣称，经济学家的麦加在于“经济生物学”，而不是“经济力学”。他认为，经济学中流行的静态分析将是一种过渡状态，将被基于生物学概念的真正的动态分析所取代。熊彼特作为第一位用系统进化论观点来解释经济变化和进展的经济学家，他将经济发展形容为一阵长期的不断重建与扩建之风，其推动力就是企业家对资源的创新性重组，创新和变化是由内生因素的自我转移过程驱使而成的。阿尔钦（1950）建议在经济分析中用自然选择的概念来代替显性最大化的概念，并指出，进化机制将会有助于实现企业种群对业已改变的外部市场情况作出反应。经济学家博尔丁在《经济学重建》中引用“种群思维”概念及生态学的相关模型，他是首次提出经济学是生态学分支并与其密切相关的学者之一。

20世纪中后期以来，演化经济学研究开始进入高潮，不同学者从不同角度提出各具特色的观点：一是哈耶克（1967）开始通过引入生物学的路径依赖性来解释经济演化过程。他将演化分为遗传演化、知识演化和文化演化三个层次。其中文化演化是最重要的，导致了制度和社会的变化。二是纳尔逊和温特吸收了达尔文生物进化论的观点，提出了“经济自然选择”观点。他们通过把制度定义为日常惯例，指出日常惯例就是经济变迁中的基因，起到了与基因在生物演化中同样的作用。三是阿瑟、欧莫利夫和卡尼夫斯基运用生物进化论中的“路径依赖”概念来分析经济现象，涉及非

线性动态模型的相关方面，把演化经济学的研究向前推进了一步。四是蒙特卡尔夫将演化观点整合到经济变化的分析中，拓展了演化经济学的研究领域。五是考瑞特和多西泽认为制度是人类运用认知能力对重复性行为认知的结果，它内植于当事人的认知能力之中，其作用在于对环境的可变性进行参数化，为经济行为当事人的行为提供菜单。六是克瑞普斯、宾默尔、霍奇逊等把制度定义为一个社会的习俗、传统或行为规范，并在演化博弈的框架下，致力于发展一个由认知能力和学习模型支持的制度演化理论。

演化经济学的基本假设有：①经济主体的有限理性及其异质性。这一假设是对新古典经济学假设“经济人是完全理性和经济主体同质性”的一种突破，使得演化经济学更接近于经济现实，更能真实地反映经济运行主体的多样性及其复杂的相互作用关系。②经济过程的非均衡性。新古典经济学认为经济无论如何变幻最终趋向均衡，于是侧重研究均衡本身以及如何消除市场失灵问题，而轻视对达到均衡的过程研究，它假设企业能对变化的环境作出立即反应，从而达到新的均衡。而演化经济学则认为，均衡是理想状态，非均衡是经济现实的常态，因此，它强调非均衡过程是其科学基础。③时间的内生化和不可逆性。新古典经济学忽视了所有与时间流逝有关的问题研究，强调可逆与还原性。演化经济学认为，社会经济过程是不可逆的，过去的时间与未来的时间是不对称的，社会经济过程与生物进化过程的不可逆性极为类似。④随机因素的重要性。新古典经济学认为，即使存在不确定因素，理性代理人仍可找到最优化行为。而演化经济学则认为，随机因素和筛选机制起着关键作用，演化过程就是一个不断试错的过程。

演化经济学大量借喻了生物进化论和其他生物学理论中的一些概念和思想，其核心范畴是：一是惯例。凡勃伦认为制度和惯例具有惯性和惰性，可以传递组织的重要特征，是社会有机体的基因组织。纳尔逊和温特明确提出“惯例”这一概念作为选择单位。二是搜寻、变异或创新。演化经济学非常强调社会经济系统中变异和创新的作用。三是选择环境。生物进化论强调变种和多样性对进化过程的重要性，把微观差异和个体可变性看作是进化赖以发生的基础。演化经济学作为一个经济学研究的新领域，不仅其主导思想不同于传统经济学，而且其研究方法也有重大的变革（二者的差异见表 2-2）。演化经济理论针对动态过程的演化分析方法，相对于新古典研究方法来说是一个革命性的突破。演化经济学的主要研究方法有：一是自组织理论和方法。① 二是演化博弈论。演化博弈论是演化思想和博弈论结合的产物，探讨纳什均衡的进化机制是演化博弈论最主要的发展动因。

运用演化经济学的理论与方法分析环境问题，陈浩（2006）在其博士论文中进行了较为系统的研究，取得了较为新颖的研究结果。从企业环境问题的特征，及企业环境管理机制来看，运用演化经济学探究企业环境管理机制的演化与发展确实值得尝试，本研究试图付诸实践，从自组织理论与方法的视角研究企业环境管理机制。

表 2-2 演化经济学与主流经济学的区别

		主流经济学	演化经济学
思想渊源	世界观	机械主义 构成论 还原论 实体论 决定论	机体主义 生成论 整体论 关系论 非决定论
	方法论	唯理论 逻辑主义 个体主义	经验论 历史主义 整体主义
基本假设	环境假设	封闭 资源绝对稀缺	开放 资源相对稀缺
	行为假设	完全理性或有限理性 同质理性 静态理性	有限理性 异质理性 动态理性
	技术假设 动力机制	负反馈（单向因果、报酬递减） 独立作用 线性作用	正反馈（循环因果、报酬递增） 协同作用 非线性作用

① 自组织理论和方法是本项目研究最重要的理论与方法，为此后面单独将其列出进行详细论述。

		主流经济学	演化经济学
行为	行为模式	反应行为（既定条件下最优反应）	适应行为
	行为目标	最优目标	更优目标
	约束条件	资源与信息的绝对稀缺	知识以及资源的相对稀缺
	行为策略	最小或最大或最优策略选择	创新（模仿）或惯例策略
	分析方法	边际方法	平均方法
	竞争方式	争夺资源或市场	争先、争胜
	行为结果	最优状态	适应或淘汰
结构	总体特征	静态均衡状态 （差异消失）	动态有序结构过程 （差异扩大或消失）
	结构的基础	要素禀赋	分工结构（知识分工）
	结构的特征	确定性 唯一性 可逆性 无序性	非确定性 多样性 非可逆性 有序性
制度	核心概念	交易费用 合作契约 激励约束机制 治理机制	知识合作 共同知识 自发秩序 协同互动
	分析方法	静态分析 均衡分析 个体分析 经典博弈	动态分析 生物学类比 群体分析 演化博弈
发展	经济增长	资本积累 外生技术进步 人口增长	内生技术知识积累 内生人力资本积累
	经济周期	外生周期 内生周期	内外协同周期
	经济发展	工业化 市场化 城市化 国际化	结构与制度的协同作用

资料来源：据宋胜洲《基于知识的演化经济学——对基于理性的主流经济学的挑战》（上海世纪出版集团 2008 年版）整理而得。

5. 自组织理论

已有的企业环境管理研究成果中，较少从自组织理论和方法的视角来深入研究企业环境管理机制。但在物质世界中，一切具有结构与功能的系统，都是物质世界自组织的产物，如基本粒子、原子、分子、生物、人类、天体、星系、激光等，都是系统在开放的条件下，通过子系统之间相互作用自我组织的结果。[①] 苗东升（1998）认为，这些结构、模式、形态等等是如何产生与如何演化的？只有自组织理论能够提供科学的答案。企业环境管理机制是伴随着人们环境意识的增强与环境污染的加剧而在企业内部形成的一种污染治理与控制系统，它具有特定的结构与功能，因而，适合用自组织理论和方法来系统地研究它。

（1）自组织理论的主要内容

自组织理论是研究自组织现象、规律学说的一种集合，它还没有成为一个统一理论，而是一个理论群。它是由普利高津（Nicolis，I. Prigogine）的“耗散结构”理论（Dissipative Structure Theory）、哈肯的“协同学”理论（Synergetics Theory）、托姆的“突变论”（Morphogensis Theory）、艾根和舒斯特尔（M. Eigen，P. Schuster）的“超循环”理论（Hypercycle Theory）等多种理论共同组成的。

耗散结构理论由普利高津于1969年首先提出。耗散结构是自组织现象中的重要部分，它是一个远离平衡态的非线性的开放系统（不管是物理的、化学的、生物的乃至社会的、经济的系统）通过不断地与外界交换物质和能量，在系统内部某个参量的变化达到一定的阈值时，通过涨落，系统可能发生突变即非平衡相变，由原来的混沌无序状态转变为一种在时间上、空间上或功能上的有序状态。这种在远离平衡的非线性区形成的新的稳定的宏观有序结构，由于需要不断与外界交换物质或能量才能维持，因此称之为“耗散结构”。

协同学是研究由完全不同性质的大量子系统（诸如电子、原子、分

① 许国志在其编著的《系统科学大辞典》中如是说。

子、细胞、神经原、力学元、光子、器官、动物乃至人类）所构成的各种系统，以及这些子系统是通过怎样的合作才在宏观尺度上产生空间、时间或功能结构的，特别是以自组织形式出现的那类结构。哈肯用协同理论对物理学、化学、电子学、生物学、计算机科学、生态学、社会学、经济学等学科中存在的现象进行分析，结果发现相似的结果：系统都是由大量子系统所组成，当某种条件（各种控制）改变时，甚至以非特定的方式改变时，系统便能发展为宏观规模上的各种新型模式。

突变论是法国数学家托姆于20世纪60年代末提出的一种拓扑数学理论。该理论为现实世界的形态发生问题中突变现象提供了可资利用的数学框架和工具。突变理论也被普利高津和协同学研究者认为是耗散结构理论和协同学的数学工具和基础。突变论中的临界概念、渐变和突变概念，以及它对问题处理时所采取的结构化方法，对冲突的关注，对行动与理解相互矛盾关系的解释等都具有重要的方法论启示。

超循环理论经由德国生物物理学家艾根首次提出后。他又与舒斯特尔一起发表了一系列论文，系统地阐述了超循环理论。他们认为，超循环是一个自然的自组织原理，它使一组功能上耦合的自复制体整合起来并一起进化，超循环是一类全新的、具有独特性质的非线性反应网络，超循环可以通过趋异突变基因的稳定化，而起源于某种达尔文拟种的突变体分布中，一旦聚集起来，超循环将经历一个类似于基因复制及进化的过程，进化到更复杂的程度。

虽然它们研究的重点有所不同，但都以非线性复杂系统的自组织过程为研究对象，它们相辅相成，共同构成了自组织理论。吴彤（2001）将其相互关系归纳为：耗散结构理论是解决自组织出现的条件环境问题的；协同学理论主要研究系统从平衡状态发展到另一种有序状态的过程及其动力的；突变论是从数学抽象的角度研究自组织形成途径问题的；超循环理论则是解决自组织结合形式问题的。自组织理论认为，社会经济系统演化的根本力量在于系统内部的自组织力量，在远离平衡稳态的外界交换物质、能量和信息，有可能产生负熵流，形成新的结构，使系统从混乱走向有序。

(2) 自组织的内涵与形式

自组织的内涵涉及系统、组织等概念。系统是指由部分组成的且具有整体特性的事物及事物存在的形式与规则等等。系统中的整体特性强调部分间通过内在联系与规则可以发挥更大的功能，即通常所说的1+1>2。组织的概念包括二种含义，一是作名词解，是指某种现存事物的有序存在方式，即事物内部按照一定结构和功能关系构成的存在方式。二是作动词解，组织是指事物向空间、时间或功能上的有序结构演化的过程，也称为“组织化”。康德从哲学视角对自组织的内涵进行了界定，他认为自组织的自然事物具有这样一些特征：它的各部分既是由其他部分的作用而存在，又是为了其他部分、为了整体而存在的，各部分交互作用，彼此产生，并由于它们间的因果联结而产生整体，只有在这些条件下且按照这些规定，一个产物才能是一个有组织的并且是自组织的物，而作为这样的物，才称为一个自然目的。

系统理论家阿希贝从自组织产生的过程对其内涵进行界定，认为自组织有两种含义：一是组织的从无到有；二是组织的从差到好。哈肯则从自组织产生的动力出发，认为如果一个系统在获得空间的、时间的或功能的结构过程中，没有外界的特定干涉，我们便说系统是“自组织的”。这里的“特定”是指那种结构或功能并非外界强加给系统的，而且外界实际是以非特定的方式作用于系统的。吴彤（2001）在哈肯自组织概念的基础上，从事物本身如何组织起来的方式把组织划分为“自组织”与“他组织”，认为他组织是指如果系统在获得空间的、时间的或功能的结构过程中，存在外界的特定干预，其结构和功能是外界加给系统，而外界也以特定的方式作用于系统。综合来看，系统、组织与自组织等概念有着内在的联系，组织是一个系统，自组织是系统演化过程中呈现出来的一个重要的内在特征，是指系统“有无到有”或“从差到好”的演化过程中，由系统内部各要素的相互作用而非外在作用而产生的。

关于自组织的形式，根据苗东升、许国志等学者的观点，一个系统在形成自组织过程中会存在着自创生、自生长、自复制与自适应等多种形式。自创生是指在没有特定外力干预下系统从无到有地自我创造、自我产

生，形成原系统不曾有的新的状态、结构、功能。如果新的结构和功能是自组织过程前系统不存在的可称为自创生，它可以用数学表达式来表示：

假定系统中有两个不相关的子系统，动力学一般方程为：

$$\frac{dQ_1}{dt}=f_1(Q_1) \tag{2.1}$$

$$\frac{dQ_2}{dt}=f_2(Q_2) \tag{2.2}$$

随着环境的变化，二者出现了耦合，运动方程变为：

$$\frac{dQ_1}{dt}=f_1(Q_1)+p(Q_1, Q_2) \tag{2.3}$$

$$\frac{dQ_2}{dt}=f_2(Q_2)+p(Q_1, Q_2) \tag{2.4}$$

其中，$p(Q_1, Q_2)$、$q(Q_1, Q_2)$ 表示 Q_1 与 Q_2 之间的耦合作用，如果式（2.3）、（2.4）构成的方程存在稳定态，意味着形成了整体的结构和行为模式，即系统的自创生已经产生。自生长是指新系统中构成要素的不断增加或者规模不断增大，它是从系统整体层次对系统自组织过程所形成状态随着时间演化情况的一种描述。贝塔朗菲将式（2.1）展开为泰勒级数，并假定常数项为0，即系统中的子系统没有自然发生，可得：

$$\frac{dQ}{dt}=aX+bX^2+\cdots \tag{2.5}$$

取第一项构成方程，得式（2.5）的解为：

$$Q_1=ce^{at} \tag{2.6}$$

这是线性系统按指数增长，这种现象在现实中很少见。如果取前2项构建方程：

$$\frac{dQ_1}{dt}=aX+bX^2 \tag{2.7}$$

可得：

$$Q_1=\frac{1}{c-de^{-at}} \tag{2.8}$$

这就是著名的逻辑斯蒂曲线。该曲线表示初期增长缓慢，以后逐渐加快，当达到一定程度后，增长率又逐渐下降，最后接近一条水平线。

自复制是自组织另一重要形式。它是指系统在没有特定外力作用下产生与自身结构相同的子代。子系统具有自复制功能才能使系统在自组织过程中形成有序状态得以保持下来，因此，自复制是系统得以存在且继续发展的一个根本保证。而自适应则是指系统在与外界进行能量、物质与信息交换的过程中，系统通过自组织过程适应环境而出现新的结构、状态或功能。[①]

（3）自组织产生的前提条件

自组织的产生有其前提条件。首先，系统开放。普利高津和哈肯等在研究自组织的过程中，提出了熵值思想。熵是德国物理学家克劳修斯于1850年提出的，用来指任何一种能量在空间中分布的均匀程度，其物理意义代表着系统的无序程度，熵越大，意味着系统的无序程度就越大，反之则越小。根据热力学第二定律，在孤立的系统中，即与外界没有信息、物质与能量交换的系统中，熵值 d_iS 是大于或等于零的数值，即熵增原理。普利高津进一步把系统推广到一个开放的系统，总熵值 dS 分成两个部分，即：

$$dS=d_iS+d_eS \tag{2.9}$$

其中，d_iS 代表系统内的熵产生，$d_iS\geqslant 0$，d_eS，代表系统在同外界发生能量和物质交换的过程中所产生的熵流，其值可正可负。由此可知，在封闭系统中，总熵值最终将为非负，结果导致系统越来越无序，难以产生自组织。只有在开放系统中，系统与外界进行信息、能量与物质的交换过程中才有可能产生负熵流，才能产生自组织。

其次，远离平衡态。一个开放系统可能有不同的存在方式，即热力学平衡态、线性非平衡态和远离平衡态。平衡态是指系统各处可测的宏观物

---

① 孙志海认为，自组织行为过程有四种类型：一是由非组织向组织的有序化发展过程，或由有序化程度较低较简单的组织状态向较高较复杂的组织状态演化，这是自组织行为的自创生；二是系统组织层次不变的情况下，组织复杂性相对增长的过程，这是自组织行为的自扩张；三是系统在组织层次和复杂性方面都没有变化，只是维持系统现状的过程，这是自组织行为的自维持；四是系统所获得的物质、能量与信息低于维持系统现有结构形式运转的要求，那么系统将走向解体，这是自组织行为的自退化。

理性质均匀的状态，线性非平衡态与平衡态有微小的区别，它处于离平衡态不远的线性区，它遵守普利高津提出的最小熵产生原理，即线性非平衡态区的系统随着时间的发展，总是朝着熵产生减少的方向进行直到达到一个稳定态，此时熵产生不再随时间变化，线性非平衡态也就不会产生耗散结构。远离平衡态是指系统内部各个区域的物质和能量分布是极不平衡的，差距很大。远离平衡态的产生是系统在与外界进行能量或物质交换过程中，外界的能量或物质输入打破了现有的线性关系，促进系统内部各要素的非线性相互作用。因此，系统只有从平衡态、线性非平衡态发展到远离平衡态，才能促进自组织的产生。

第三，非线性相互作用。非线性相互作用是指系统内部各要素之间以网络形式相互联系与作用，而不是个别要素之间的简单的线性相互作用。系统内部各要素的非线性相互作用具有深远的影响与意义，这种相互作用所产生的相干效应（子系统之间的相互制约、相互耦合而产生的整体效应）决定了系统的不可逆，推动系统各要素（子系统）之间产生协同作用以及促进多个分支点（系统演化的多个可能性的点）的出现等等，这些都会共同促进自组织的产生。

（4）自组织产生的动力

哈肯认为，自组织产生的动力来源于系统内部各要素之间的竞争与协同。竞争与协同促进序参量的产生，并通过序参量的役使原理促进自组织的产生。[①] 竞争是系统论的基本概念，任何整体都是以其要素间的竞争为基础，而且以“部分间的竞争”为先决条件。突变论创立者托姆认为，一切形态的发生都归之于冲突，归之于两个或多个吸引子之间的斗争。竞争具有重要的意义，它是协同的基本前提与条件，是系统演化的动力。它一方面会造就系统远离平衡组织演化条件；另一方面会推动系统向有序结构的演化。这里强调了系统内部要素间的竞争。其实，在系统间也存在相互

① 序参量的概念是哈肯提出来的，哈肯把系统变量分为快变量和慢变量两类，不同变量的状态值不同，其中只有少数变量（慢变量）在系统处于无序状态其值为零，随着系统由无序向有序转化，这类变量从零向正值变化或由小向大变化。这些变量像一只“无形的手”，使得单个子系统自行运转起来。哈肯就把这只使得一切事物有条不紊地组织起来的无形之手称为“序参量”。

的竞争，我国学者胡皓提出的“超系统思维”新范式，就强调了系统间通过相互竞争与协同，可建立一个更大的超级系统，从而将原系统间外部竞争转换为内部竞争，而超级系统与其他超级系统间将产生新的外部竞争。竞争无处不在，它是自组织产生于继续演化的基本动力。

系统演化的动力除了各子系统间的竞争外，还存在着另一个很重要的动力就是协同。所谓协同是指系统中诸多子系统的相互协调的、合作的或同步的联合作用与集体行为。协同是系统整体性、相关性的内在表现。早在哈肯之前，马克思早就对与协同相似的概念“协作”进行了研究，提出了协作是许多人在同一生产过程中，或在不同的但相互联系的生产过程中，有计划地一起协同劳动。杨小凯也认为，随着分工的发展，任何人也不能单独生产最终消费品，而只有分工协作的企业才能生产最终产品。协同的重要作用主要通过协同效应体现出来，例如实践中的生态工业园，就需要园区系统内各子系统（各参与公司与其他中介组织）间相互协同才能取得更好的环境绩效。协同效应是指由于协同作用而产生的结果，即复杂开放系统中大量子系统相互作用而产生的整体效应或集体效应。

系统内部各要素间的竞争与协同相辅相成，共同促进了新系统的产生与演化。各子系统之间通过竞争打破了系统的均衡，促进系统变量发生变化，在变化过程中，通过协同又促进序参量的产生与发展，当序参量一旦产生，就像一只无形的手，控制着各子系统的行为，支配着系统的演化。如果把竞争看作是促进原来系统分解的开始与动因，那协同则发挥着整合而形成新系统的过程，两者共同促进系统的演化进程。也就是说，竞争与协同是自组织行为过程中最基本的双重驱动力。

（四）本章小结

在界定了“环境”、“企业环境管理”和“企业环境管理机制”等三个基本概念的基础上，针对国内外已有关于企业环境管理问题的相关研究成

果进行了梳理与评议。本研究认为，已有的研究在解释企业超越“标准”执行环境管理尚不能令人信服；主流经济学为内化企业环境外部性问题所开出的“药方”，尽管取得了一定的成效，但似乎不是真正能促使企业内化环境外部性问题，实现环境、社会与经济绩优的基本路径。基于现实对理论的挑战，有必要拓展视野，在学科综合与交叉的基础上，从一些新的理论视角来研究企业环境问题。为此，本研究总结归纳了环境经济学、环境管理学、现代系统科学、演化经济学和自组织理论的核心内容。本研究将以环境经济学和环境管理学的研究成果为起点，结合企业环境问题的复杂性和模糊性特征，在演化经济学和现代系统科学的理论框架内，运用自组织理论和方法研究企业环境管理机制，寻找内化企业环境外部性问题，实现企业环境、社会与经济绩优的基本路径。

三　自组织视角下的企业环境管理机制

自组织理论就一个系统或组织在获得空间的、时间的或功能的结构过程中，是否存在外界的特定干涉，将系统或组织分为他组织和自组织。企业环境管理机制是伴随着人们环境意识的增强与环境污染的加剧而在企业内部形成的一种污染治理与控制系统，它具有特定的结构与功能。本章将从自组织理论视角考察企业环境管理机制。

（一）企业环境管理与复杂系统

卢曼认为，现代社会及其复杂，功能高度分化，每个主体都处于无限的经验和可能性之中。现代社会（最具包容性的系统）由大量子系统构成，每个子系统之外的其他子系统构成该子系统的环境。系统的环境是各种偶然性的复杂集合体，各系统相互间既联接又独立，以功能分化为基础，因各种功能不同而不可替代。卢曼也认为，现代社会系统也是自生系统，其一切要素皆由系统自身的运作来生产，同时又再生产系统的运作。企业环境管理系统是隶属于企业的一个子系统，是一个复杂系统。

1. 企业是一个复杂适应系统

企业是社会与经济系统中最活跃的组分，一直是学术界关注的焦点，

也是各门学科研究的主要对象，但对于“企业”定义的界定并不统一。新古典经济学的“企业”是一种典型企业，它是一个投入产出的“黑箱”，在利润目标驱动下追求成本最小化，按照边际成本等于边际收益的原则决定产量。因此，企业的最优规模在平均成本最低处实现，而这是由生产技术决定的。新古典经济学的企业行为模型（如图 3-1）在考察企业污染排放时，一般假定其排放是单一且稳定，企业属于典型的点源污染源。企业以最大利润为目标，难以自愿内化环境外部成本。新古典经济学家依此为新古典企业设计了政府强制干预与利益诱导的政策措施，以内化其环境外部成本，实现企业私人成本与社会成本的一致。

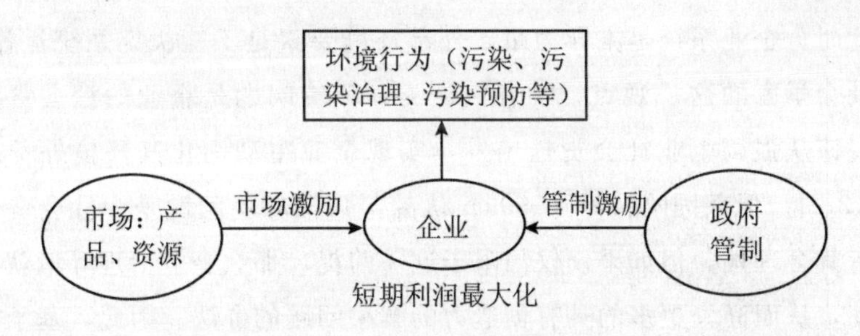

图 3-1 新古典企业行为模型

资料来源：据 John F. Tomer，Thomas R. Sadler. Why we need A commitment approach to environmental policy [J]. Journal of Ecological Economics. 2007，62：627－636，整理而得。

阿玛蒂亚·森认为，“通过完全的控制与激励去运行一个组织，以达到个人或政府的目的，其实是相当没有希望的工作”[①]。在环境问题上，完全用外部控制和激励企业的方法去处理环境问题，似乎也难以完全奏效。外部环境可以刺激企业这个系统，企业系统为了维持自身的运作不得不观察这种刺激，并调整自身，但效果各异。而企业本身的异质性也决定了不同企业对控制与利益激励的反应难以一致，从而影响政策的实际效

① 阿玛蒂亚·森在其“理性的傻瓜——对经济学的行为主义基础的批判”中指出，“通过完全的激励去运行一个组织，以达到个人目的，其实是相当没有希望的工作”。这间接说明，通过政府控制来达到政府环境保护的目标，其实是难以完成的任务的，因此，环境保护还是得基于环境问题产生的主体出发才是问题解决的基本路径。

果。基于新古典企业定义而设计的环境政策难以真正内化企业环境外部成本，与新古典“企业”定义本身脱离企业实际是相互联系的。

格兰诺维特（Granovetter，1985）和一些社会学家认为，现代企业应该被理解为嵌入社会中的一部分，是一个社会—经济实体。社会—经济企业既对利益机会会作出反应，也会根据道德伦理价值，以及对社会、社区和其他社会关联者的承诺行事，更会考虑自己所卷入的社会、政治、经济关系网的影响。社会—经济企业的内部组织能力是企业面对激励和机会如何作出反应的关键因素。一些企业通过与环境的结构耦合，将外部环境的要素导入自身，并把自身的要素导入外部环境，实现与环境的适宜互动。此时，企业系统是主导力量，外部环境要素是不能决定系统运作的。根据社会学家的这一观点，学者们认为，环境问题是企业的社会责任问题，应该从强调企业社会责任出发，实现企业主动内化其环境外部成本（如图 3-2）。但莱因哈特等（1999）认为，强调环境问题是个社会责任问题，有其合理性，但如果仅仅局限于这一前提，那么企业治理环境就会比较被动，从而尚失更多的具有创造力的解决问题的办法。因此，基于社会——经济实体企业界定的政策措施，尽管取得了一定的成效，但仍难成为治理企业环境问题的根本途径。

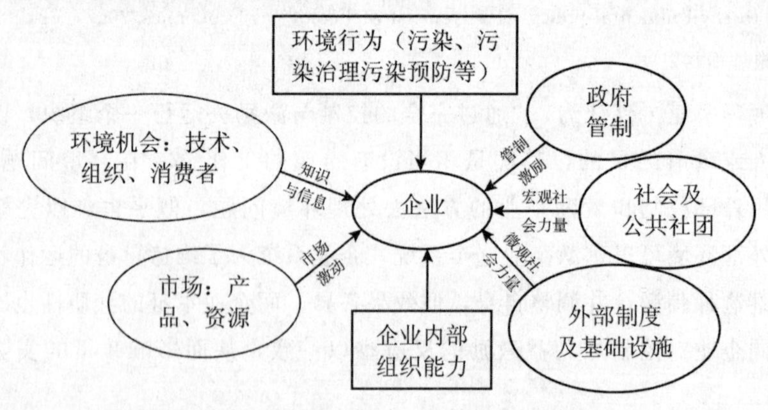

图 3-2　社会——经济企业环境行为模型

资料来源：据 John F. Tomer，Thomas R. Sadler. Why we need A commitment approach to environmental policy［J］. Journal of Ecological Economics. 2007，62：627—636，整理而得。

演化经济学和现代系统科学认为，企业体是活的有机体，是一个与外界有着能量流、信息流和物质流交换的具有自组织能力的复杂适应系统。首先，企业是一个具有多元组分的开放性系统（如图 3-3）。企业从要素市场输入劳动力、资本和信息，根据市场需求信息，诸要素通过生产技术与经营管理思想的有机结合，变换成产品、劳务和信息向产品市场输出，以满足用户和社会的需要，并获得利润。在市场经济条件下，企业是一个由人、财、物、信息等要素在一定的目标下组成的一体化系统，通过买和卖，企业与市场之间实现了物资、资金、信息、技术和人才的交流。企业系统的生存和发展实质上是在不断与外界环境交换物质、能量的过程中实现的。当企业系统没有能力从外界环境摄取物质和能量，也无法将自己的产品和服务输送给市场时，企业系统就处于封闭状态，那它势必将趋于无序并倒闭。企业系统要成为一个活的有序结构，就必须保持其系统的开放性。

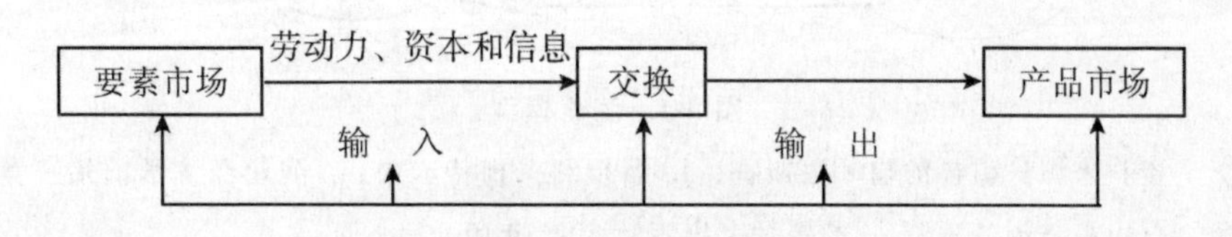

图 3-3　开放的企业系统

资料来源：引自姚慧丽、冯俊文：《基于耗散结构分析的企业并购双向效应》，《商业时代》，2004，27：30－31。

其次，企业是一个远离平衡区的系统。对开放的企业系统而言，平衡态是相对的，非平衡态是绝对的。在一个企业之中，其各个部分都是远离平衡的，管理者、员工、资金、技术、原材料、产出、销售等，总是处于远离平衡的状态。企业系统只有远离平衡态，才能向有序方向演化，才能继续生存和持续发展。按照耗散结构理论，涨落是耗散结构出现的触发器，但是涨落何时出现却不可预测。但如果涨落出现在系统刚刚偏离平衡态的近平衡态区时，那对系统演化成为耗散结构可能毫无意义。只有涨落出现在系统远离平衡态的区域时，涨落才能起到建立耗散结构触发器的作用。企业系统的发展，需要处于远离平衡态区域。

第三，企业系统本质上具有非线性特性。在一个非平衡系统内有许多变化着的因素，它们相互联系、相互制约，并决定着系统的可能状态和可能的演变方向。企业系统不是各种资源要素的简单堆积，而是各种要素相互作用，形成价值增值的产品和服务。企业上下级之间、各部门之间、各个人之间，都存在复杂的相互作用和反馈机制，这些反馈通常也是非线性的。如果企业系统是一个线性系统，那它不可能演化成为耗散结构系统。只要系统的组成部分在数量上、性质上相互独立且相互差异，那这个系统就是非线性。

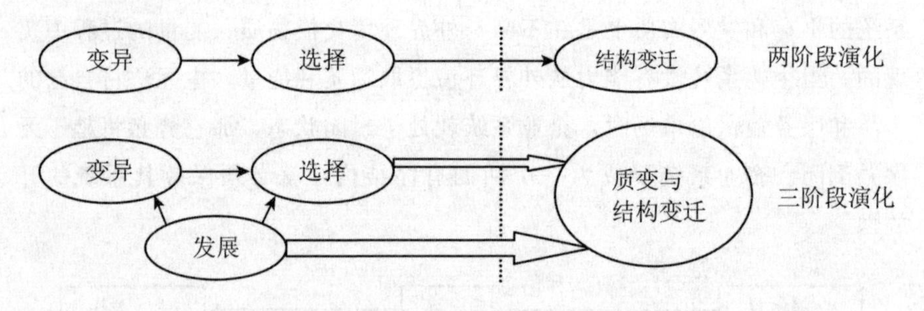

图 3-4　演化模型

资料来源：引自约翰·福斯特、J. 斯坦利·梅特卡夫：《演化经济学前沿：竞争、自组织与创新政策》，高等教育出版社 2005 年版，第 6 页。

第四，企业运作存在涨落和突变。涨落通常指企业的运作在动态有序的稳定点附近来回振荡，如有序——无序——有序的来回振荡。企业运作总是动态的，它所达到的有序是动态有序。当企业运作涨落被放大后，超过系统的一定阈值，就会出现突变，企业就有可能转换到一个新的运作状态，形成一个新的结构体。企业从原来的某运作状态转换到一个新的运作状态总与某种突变相关，它的这种变化在演化经济学中有着细致的论述（图 3-4 展示了演化的两阶段和三阶段模型）。综合来看，企业的确是一个复杂适应系统。

2. 企业的核心要素——人是“复杂人”

企业中唯一具有能动性的要素就是人，人是企业经营与管理的主体。西方管理学的理论与实践就是围绕着关于人性的假设而展开的，并大致沿

着“工具人”—“经济人”—“社会人”—“成就人”——“复杂人”的路线演进（如图 3-5）。“工具人”是前泰勒时代所遵循的人性假设，它强调管理者的作用，否定被管理者的作用，在管理过程中突出经验管理。科学管理之父泰勒认为，要提高产量是完全可能的，只是工人在“故意偷懒”。因此，他的管理学说和管理实践采取的是“胡萝卜加大棒”。基于“经济人”假设的泰勒制度，是在对人的生理机制和劳动系统化的科学研究基础上发展起来的科学管理原则，是现代管理的基本思想，但它漠视人的社会心理因素，视人如机器，存在较为突出的缺陷。

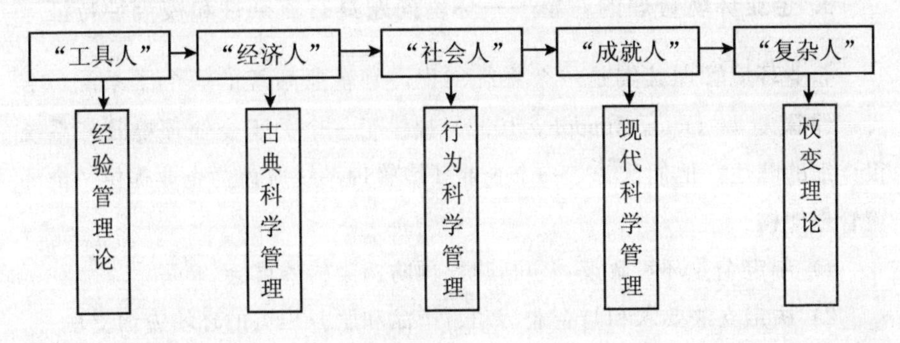

图 3-5　人性假设及其管理理论的演进

资料来源：根据相关资料整理而得。

著名管理学家梅奥利用“霍桑实验”，提出了“人群关系”学说，用“社会人”假设替代了“经济人”假设。他的管理学说既重视员工的经济需要又重视员工的社会需要。随着管理实践的进一步发展，产生了“行为科学”。行为科学把人的需要分为五个层次：生理需要，安全需要，社交需要，尊重需要，自我实现的需要。人类动机以自尊和被人尊敬及自我实现为最高，因而产生了“成就人”假设。“成就人”假设理论认为，“社会人”的观点虽然比“经济人”的观点提高了人的需要境界，但也只涉及第三和第四个层次而忽视了员工们最关心、最重视的问题即成就的需要。

“复杂人”假设在 20 世纪 60 年代末到 70 年代由沙因提出，该假设认为，以“经济人”、“社会人”和“成就人”为依据的科学管理法、人际关系论和现代管理理论，都追求一种普遍适应一切环境的管理原则和组织法则。但是，现实生活中并不存在符合任何情况的原则和法则。因此，应把上述三种理论结合起来，充分考虑个人与组织、正式组织与非正式组织、物质条件与社会心理因素、企业目标与个人目标等各项因素及其相互关系，根据具体情况采取相应的措施。根据“复杂人”假设，产生了一种新的管理理论——权变理论。我们认为，尽管关于人性假设理论还会有进一步的发展与完善，但作为企业核心要素——人，的确是一个非常“复杂”的要素。

3. 企业环境管理的对象——环境问题具有复杂性和模糊性特征

企业环境管理其实是一个系统工程，是企业系统的一个子系统。卡肖，约瑟夫（Cascio，Joseph，1996）提供了一个关于企业环境管理系统很详细的陈述。他们认为，一个企业环境管理系统应该为企业提供一个环境管理架构①：

1）制定企业环境政策，包括建立预防污染的委员会；

2）决定立法要求和与企业活动、产品和服务相关的环境方面立法；

3）建立管理和员工保护环境委员会，赋予明确的义务和责任；

4）鼓励环境规划贯穿企业的所有活动，从原材料需求到生产分配等；

5）建立明确的管理程序，实现绩效目标；

6）提供适当充分的资源，包括培训，实现目标业绩；

7）建立和维护应急准备系统和反应计划；

8）建立项目的运作控制和维护，保证系统业绩的可持续性；

9）根据政策目标和目的评价环境绩效，寻求合理的改善；

10）建立一个管理程序去观察和审查环境管理系统，以便识别和判断改善系统的机会，最终实现环境绩效；

11）建立和维持与内外利益相关者的交流机制；

12）鼓励合作者和供应商建立环境管理系统。

---

① 引自 Cascio，Joseph，The ISO14000 Handbook，Fairfax［M］，Virginia：CEEM Information Service，1996。

斯蒂格（Steger，2000）从广义上把环境管理系统定义为企业所广泛理解的，以描述和实施环境目标、政策和责任以及要素的定期审查为目的的系统过程。斯泰普尔顿，库尼，希克斯（Stapleton，Cooney，Hix. Jr，1996）和格拉关拉（Graffl，1997）把环境管理系统定义为一个要求企业监督、分析、管理和控制它的环境影响的系统，它是保证管理者实现环境管理目标的同时实现其企业目标的正式系统。企业环境管理本身是一个系统，也是企业系统的子系统得以承认。①

本研究发现：企业环境管理还有其特殊的地方，即它的管理对象——企业的环境问题有着日益突出的复杂性与模糊性特征。丹尼尔·W·布罗姆利（Daniel W. Bromley，2007）指出，企业环境污染存在两个基本特征：一个是企业环境污染的复杂性；另一个是企业环境污染的模糊性。②这两个特征足以击败被正式环境政策所推崇的一切详细的确信，这可以作为解释为何外部环境政策难以取得预期效果的一个较为充分的理由。斯彭斯（Spence，2001）也认为，基于控制的政策面临失败，其中一个原因就是环境问题的复杂性。他同时指出，现代美国环境管制体系是建立在理性污染者的假定基础上的，即企业是理性污染者，它们对自身利益的理性追逐，既会引导他们遵守规章制度，又能吸引它们参与到政策选择中去。这种环境管制体系必然更多地强调强制与惩罚的作用，而忽视企业本身的责任与承诺。企业环境问题的复杂性特征决定了企业环境管理必然是一个系统工程，而且是一个复杂的系统工程。几年前由三鹿奶粉所引出的三聚氰胺事件，以及我国台湾所发生的塑化剂事件表明，外部监管会因为信息不对称等多方面原因难以有效，企业实施自我环境管理才是避免问题发生的关键。最贴近问题的主体，掌握着解决问题所需要的最丰富和最准确信息，他们才是问题避免和解决的关键角色。

---

① 我国学者秦颖在其博士论文《企业环境管理的驱动力研究》中也把企业环境管理作为一个系统。

② 在《韦氏词典》中对复杂性的定义是：在一组明显相关的单位中，这些单位之间相互关系的程度和性质是不完全可知的。企业的环境问题的确具有不完全可知性，也就是说存在复杂性的特征。而模糊性问题被很多文献也称为边界问题，同样企业的环境问题很难清晰的划清边界。

综上所述，本研究得出：企业环境管理是一个复杂系统，而作为一个复杂系统，就必然具有自组织特性。因此，从自组织视角，研究企业环境管理机制，有其合理性，这将更能有利于揭示企业环境管理机制动态演化的过程。

（二）他组织与自组织的企业环境管理机制

根据自组织理论，企业环境管理系统的形成及演变的过程，就是该系统组织化的过程。依据该组织化过程中是否受到外界特定的干扰，以及其主导因素的不同，可将企业环境管理机制分为他组织和自组织的企业环境管理机制。

1. 他组织与自组织的简单比较

通过前面一章有关自组织理论的阐释，关于自组织与他组织的基本概念已经比较清楚。吴彤（2004）认为，自组织作为一个过程演化的概念时，它包含了三个过程：第一个过程是从非组织到组织，即从混乱的无序状态到有序状态的演化，它意味着组织的起源；第二个过程是由组织程度低到组织程度高的过程，即组织层次上升跃迁的过程，是有序程度得到提升的过程；第三个过程是在相同层次上组织的结构与功能由简单到复杂的演化过程。这三个过程形成了组织化的连续统一体。因此，自组织与他组织之间既有差异，又有联系。

首先，自组织与他组织各自有其显著特征。自组织具有的显著特征：一是组织不受外界的特定干扰，无需外界特定指令而能自行组织、自行创生、自行演化；二是组织与外部环境互动演化，通过与外部环境的交流互动吸收负熵，并以此不断优化自身结构；三是组织结构与功能随着组织层次的复杂演化而日益复杂，其主动创新能力与适应能力也随之增强。而他组织具有的显著特征：一是组织受外界的特定干预，难以自主从无序走向有序，只能依靠外界的特定指令才能向有序演化；二是组织的自我选择与

动态演化能力弱，不能自行组织、自行创生、自行演化，只能被动地从无序走向有序；三是组织结构与功能相对简单，其创新与适应能力弱。

表 3-1 组织、非（无）组织、自组织和他组织概念关系

总概念	组织（有序化、结构化）		非或无组织（无序化、混乱化）	
涵义	事物朝有序、结构化演化的过程		事物朝无序、结构瓦解演化的过程	
二级概念	自组织	他组织	自无序	他无序
涵义	组织力量来自事物内部的组织过程	组织力量来自事物外部的组织过程	非组织作用来自事物内部的无序过程	非组织作用来自事物外部的无序过程
典型	生命的成长	晶体、机器	生命的死亡	地震下的房屋倒塌

资料来源：引自吴彤：《自组织方法论研究》，清华大学出版社 2001 年版，第 10 页。

其次，自组织与他组织之间又相互联系，互为依存。陈其荣（2004）认为，在现实过程中，自组织演化的三个过程呈现交互作用状态。① 因此，自组织与他组织并不能完全割裂，它们一般共存于一个组织系统中，最终表现为哪种组织状态，主要看二者谁的主导能力更强。他组织状态的组织或系统，并不能否认它就没有自组织性；而自组织状态的组织或系统，也不能否认它就不受任何的外部干扰。此外，组织或系统的自组织或他组织状态，还受特定的时空影响，二者是可以相互转换的。一般来说，组织或系统的结构与功能越简单时，他组织可能更有优势；而组织或系统结构与功能越复杂时，那么自组织则更具有优势。因此，组织或系统的结构与功能的复杂程度，决定了组织或系统的有效选择是他组织还是自组织。

根据演化经济学和现代系统理论的观点，复杂系统具有自组织特性，倘若能充分发挥系统的自组织特性，形成系统自组织机制，那么系统从无序向有序的动态演化将不断加速，系统的自我选择与动态演化，以及创新能力将更强，从而更能适应日益复杂的外部环境。企业环境管理是一个复

① 参见陈其荣：《自然哲学》，复旦大学出版社 2004 年版，第 141 页。

杂系统，要提高企业环境管理的绩效，真正内化企业环境外部成本，并调动企业各成员的创新能力以有效应对企业日益复杂的环境问题，最终实现企业“多赢”，就需要积极培育企业环境管理自组织机制，推动企业环境管理由他组织向自组织机制转换，以充分发挥企业环境管理系统的自组织优势。这是企业有效应对自身环境问题，真正内化自身环境外部性问题，实现环境、社会与经济绩优的基本路径。

2. 他组织状态下的企业环境管理机制

他组织状态下的企业环境管理机制，具有他组织形式所具有的显著特征。从自组织理论视角，以企业环境管理机制为研究对象，国内外相关研究比较少，但有关企业环境管理机制的宏观环境政策研究则比较多。要分析他组织状态下的企业环境管理机制，可从已有关于企业环境管理机制相关环境政策的历史沿革开始。

首先，从企业环境政策的历史沿革看他组织状态下的企业环境管理机制。图 3-6 表明了企业环境管理组织形式动态演化的基本过程。环境经济学对环境政策与企业环境管理的互动变化进行了深入研究，并按其规律对环境政策与企业环境管理战略进行了分类与归纳。在整个企业环境管理组织形式动态演化的过程中，环境经济学突出强调环境政策对企业环境管理战略行为的影响，而对企业自身组织能力及内生动力则缺乏关注。从自组织理论视角看，我们认为，企业在环境管理的第一阶段，第二阶段以及第三阶段主要根据外界特定的政策干预而实施环境管理，其他组织特征较为明显，环境管理处于被动状态，自身创新能力相对缺乏。他组织状态下的企业环境管理，会使环境政策面临一个突出矛盾，郑亚南将其归纳为政策与制度实施的交易成本递增，而其制度收益却递减。[①] 环境管制部门与企

---

① 郑亚南在其博士论文《自愿性环境管理理论与实践研究》中，从制度经济学视角指出了基于行政控制的环境管理政策存在突出的问题就是制度与政策实施的交易成本递增，而制度与政策受益却递减。本研究认为要破解这一矛盾，外部激励与约束固然重要，但企业才是解决问题的本源，因此，企业组织结构与功能的健全与完善，特别是树立以环境考虑为核心的企业文化尤为关键。

业之间的这种“猫捉老鼠”游戏，让双方为此都筋疲力尽，消耗太多资源，但结果却收效甚微。本研究认为，他组织状态下的企业环境管理存在着外部监管效率和内部管理效率普遍不高，外部监管能力和内部治理能力较低等突出问题，这使得监管部门和企业都难以应对突然发生和日益复杂的环境问题。

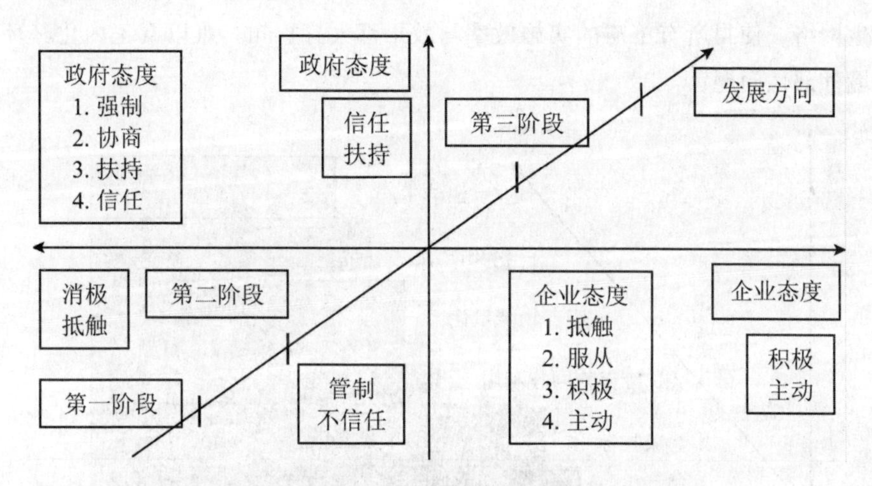

图 3-6　政府与企业在环境管理政策上的变化矩阵

资料来源：据秦颖、徐光《环境政策工具的变迁及其发展趋势探讨》（《改革与战略》，2007，12：51—55）整理而得。

其次，从企业策略看他组织状态下的企业环境管理机制。基于外界特定干预的信息，企业被动地采取不同的环境管理策略，由此形成企业环境管理策略的一般路径。我国学者阎兆万（2007）对此进行了归纳（如图3-7）。最初阶段，企业环境策略是抵触政府各项环境政策，或偷排或仅仅简单处理废弃物。随着相关的处罚与税收力度的加大，企业违法违规的成本日益提高，在投机较困难的情况下，企业“理性”地服从性采取政府所制定的产品标准、技术标准、排放标准，以控制污染。此时的企业仍视环境管理为一种附加成本，以末端治理为主。当市场激励性环境政策开始广泛应用时，一些企业在外界利益的诱导下，在权衡综合成本与综合收益后，开始从末端治理向过程控制转化，采取废物回收利用策略，继而开始推行废弃物减量化策略，以及清洁生产策略。一般实施该策略的企业往往具有较强的组织与管理能力，其经济实力也较好。所有这些策略的实施都会对环境治理与污染减排起到一定效果。但他组织状态下的这些企业环境管理策略，由于处于相对被动的状态，企业自身对环境管理缺乏深刻认识，其环境意识并没有显著提高，难以充分调动企业内部各组分的积极性与创造性，也未与其他企业和主体就环境管理展开互动，形成产业生态共生网络，使得所有策略的实施效率与效果都大打折扣，难以真正内化其环境外部性问题。

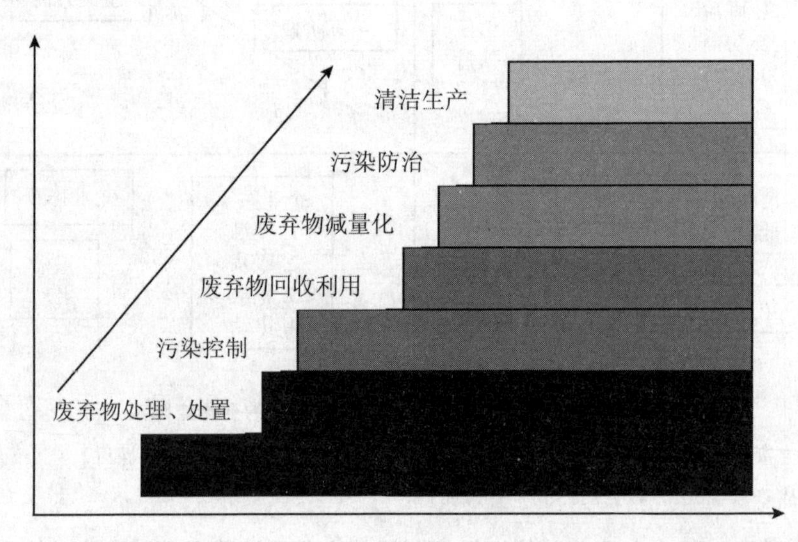

图 3-7　企业环境策略演进的一般路径

资料来源：据阎兆万《产业与环境——基于可持续发展的产业环保化研究》（经济科学出版社，2007 年版）整理而得。

汤姆（Tomer，2007）在分析当前的自愿环境协议政策时强调，该政策仍然是在政府控制下，企业被动地实施环境管理。他认为，自愿协议仍是一种外生承诺，而非内生承诺。也就是说，当前的一些所谓的自愿协议仍属他组织环境策略，而不是自组织环境策略。但是这些策略的实施，已经开始诱发并积淀企业环境管理的自组织作用。在企业环境策略不断演进的过程中，仍可以看到企业的主动意识在增强，企业环境管理的他组织作用在不断减弱，自组织作用在不断增强。但他组织机制仍处于企业环境管理的主导地位，因此，企业仍处于他组织环境管理状态。

3. 自组织状态下的企业环境管理机制

徐文杰、姚烈洪（2009）认为，企业环境管理机制应是在与环境互动上具有自约束、自适应和自发展的企业机制和体系，它不仅要处理好企业与外部环境的关系，还要处理好企业运行中内部要素间的协调和耦合关系。这种结构耦合与协调交织在一起，发生在系统的内外环境。夏光（2001）认为，由于环境问题的分散性、碎片化，在许多时候，依靠人们的自觉行动或自我约束，甚至是唯一可行的选择，而环境意识是自我监督、自我管理的思想武器，因此，提高社会公众的环境意识尤为关键。陈静生，蔡运龙等（2007）认为，“人类—环境系统”是一个高度非线性的开放系统，对该系统状态演变起主导作用的是系统内部动力学过程的非线性效应，外源作用力也需要通过系统内部的非线性过程而起作用。正如人的行走以地球引力为前提，但地球引力并不导致人的行走，人通过与地球引力之间的结构耦合与协调才产生行走。企业环境管理系统是“人类—环境系统”内的一个具体对象，是这个高度非线性的、开放性超级系统的一个子系统，因而它也应是一个自组织系统。张锡辉（2000）认为，可持续发展的根本途径在于提高社会的自组织性功能，这是全面可持续发展的基本保证。本研究认为，企业可持续发展的根本途径在于提高企业的自组织性功能。因此，实现企业环境管理的自组织是可持续发展企业的必然要求。自组织状态下的企业环境管理机制，能充分发挥企业系统各组分的积极性与创造性，能更有效地利用和开发系统内外的所有资源，从而能更有效地内化企业环境外部性问题，实现企业环境绩效的真正改善。

首先，从环境政策日趋弹性化看企业环境管理自组织行为。如图 3-6 所示，从第三阶段开始，政府的环境政策越来越具有弹性，日益强调与企业的合作，并激励企业，给予企业较大的自我管理空间。自愿环境协议作为环境管制的最新形态，几乎在所有发达国家都得到了应用：在 1996 年，欧盟就已经记录到 300 多项志愿协议，其中荷兰（107 项）和德国（93 项）最多；美国仅 33/50 计划一项就吸引了 1300 多个企业的参与；加拿大目前已有超过 1400 家企业和行业协会自愿加入到政府工业节能计划中；

日本在 2001 年地方政府已与企业达成 3000 多个自愿性环境协议。在这些环境管制新政策的带动下，企业环境管理的自组织行为日益增多，尽管他组织作用依然还很强。一些企业在自身环境管理创新与组织变革的继续作用下，逐渐超越“标准”，进入真正的自我环境管理阶段。这些典型企业开始树立可持续发展理念，企业的核心价值观中也开始包含环境考虑，它们逐渐进入到了企业环境管理的自组织状态。它们与政府的关系是相互合作，相互支持的，它们被政府推崇为行业的标杆，其他企业学习的楷模。安东，达尔塔斯等（Anton，Deltas，etc，2004）通过对企业环境自我管理的实证分析发现，管制与市场导向压力对有害物排放没有直接作用，但是对与环境相关的企业管理制度变化有间接鼓励作用。他们的研究也说明，外部影响对这些已经进入自我环境管理状态的企业来说已经没有特定的直接作用，它们的作用发挥需要依靠企业内部组织与结构功能的变化来回应。我国学者张炳、毕军等（2008）的实证分析也表明，对于超越“标准”实施环境管理的企业，政府管制压力对吸引企业从事环境管理创新没有意义。

在环境经济学看来，环境政策日趋弹性化是发挥企业自主创新与自我管理的必然要求，是政府为更好地激励企业环境管理所作出的制度安排。本研究认为，合作与相互协调的环境政策，与企业环境管理自组织机制的培育是密切关联的。对于尚未创建环境管理自组织机制的企业来说，政府的严格管制政策与其他环境政策仍然十分必要。当前环境政策不断丰富，日趋综合，正是以适应各处于不同环境管理组织状态企业的需要。为此，范阳东、梅林海（2010）综合探讨了当前环境政策综合化与企业环境管理自组织机制培育的相互关系（见图 3-8）。在环境政策演变日趋弹性化、综合化的过程中，企业环境管理他组织作用在不断弱化，企业环境管理自组织作用在不断增强，一旦超越系统的某一阈值，则企业就真正进入到环境管理自组织状态。企业环境管理从他组织到自组织机制转换的过程中，针对企业的环境政策也从强制性管制政策转变为自愿协议制度、合作与沟通等方式为主。现实中因为不同状态的企业同时存在，所以环境政策的工具箱里面各式政策都同时存在，形成一个综合化的政策体系。本研究认

为，处于自组织作用越强的企业，其对应的环境政策就应越具有弹性，强制力要弱化；处于自组织作用越弱的企业，则适宜的环境政策应弹性越小，强制力要强化。

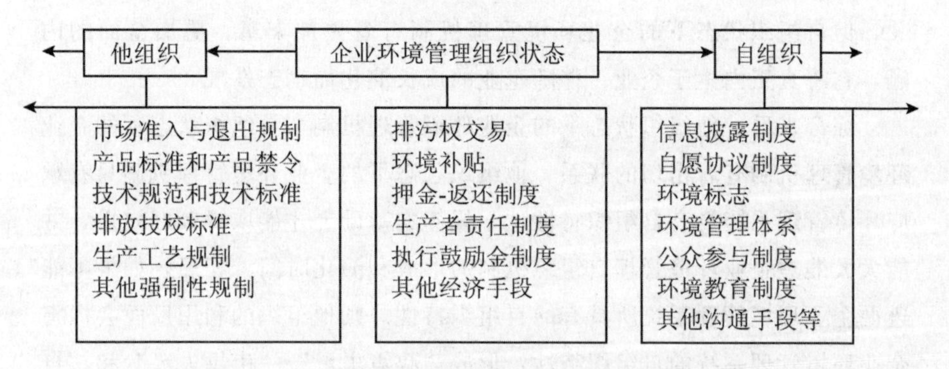

图 3-8 环境政策选择与企业环境管理组织状态的关系

资料来源：范阳东、梅林海：《环境政策综合化与企业环境管理自组织机制的培育》，《生态经济》，2010，1：129—133。

其次，从环境管理创新实践看企业环境管理自组织行为。企业环境管理自组织机制的培育，是企业环境管理系统不断演化的过程，是企业自组织环境管理创新实践不断发展，自组织结构与功能不断健全与完善的过程。创新或变异在自组织产生、发展、成熟与升级过程中始终存在。目前，发达国家越来越多的企业达到环境标准后，继续积极主动地减少环境影响，提高环境绩效。它们以实现社会、经济与环境的可持续与协调发展为目标，实践自组织环境管理，不断进行环境管理创新和环境技术创新。凯瑟琳·A·雷默斯（Catherine. A. Ramus，2002）以标准普尔 500 强中环境绩效好的企业为对象，集中调查研究了它们的自组织环境管理实践，并将它们的自组织环境管理创新实践归纳为 13 类（见表 3-2）。通过实行这些自组织环境管理创新，这些企业不仅大大地改善了环境绩效，也获得了良好的经济绩效，实现了环境绩效与经济绩效的良性互动，为其环境管理、环境创新的持续运作提供了内生动力。

企业环境管理自组织机制的真正发展，将真正促使企业实现多重赢利，为其可持续协调发展注入强大的内生动力源。当前，主流环境经济学家将企业环境管理体系的健全与完善视为企业组织内变化和企业自我管理的努力程度，并未解释其存在与发展的内在机理。本研究认为，企业环境管理自组织机制的培育则与企业内部环境管理体系的健全与完善密切相关，但自组织状态下的企业环境管理机制有着更加丰富、更加全面的内涵，它将真正内生于企业，伴随企业的成长演化而动态发展。

综合来看，他组织状态下的企业环境管理机制与自组织状态下的企业环境管理机制有着密切的联系。他组织状态下的企业环境管理机制只有顺应环境管理系统具有自组织特性这一规律的基础上才能取得较好效果，并能大大缩短企业环境管理自组织机制的形成和演化时间。相反，如果不能遵循企业环境管理系统所具有的自组织特性，则他组织的利用反而会损害企业环境管理系统的自组织特性，形成“政策失灵”、“市场失灵”和“自愿失灵”的尴尬局面。他组织与自组织环境管理机制是企业环境管理系统从管理的低级阶段向高级阶段演化的两个典型阶段。企业环境管理机制升级的过程就是企业环境管理机制由他组织向自组织转换的过程。

表 3-2　企业自组织环境管理创新的实践

企业自组织环境管理实践的具体项目
1. 书写企业环境创新策略与方针政策
2. 制定环境绩效改善的具体目标
3. 公开出版企业环境报告和可持续发展报告
4. 构建和完善企业环境管理制度
5. 制定企业环境购买政策
6. 制定和实施企业环境培训和教育政策
7. 实施雇员对环境绩效责任制度
8. 实施生命周期循环评价政策
9. 以可持续发展理念指导企业管理实践
10. 实施石化燃料减用政策
11. 实施有毒化学物品少用政策
12. 实施非再生资源及产品少用政策
13. 实施全球统一的企业环境标准策略

资料来源：引自 Catherine A. Ramus. Encouraging innovative environmental actions：what companies and managers must do [J]. Journal of World Business，2002，37：151—164。

（三）企业环境管理机制转换过程的案例分析

企业环境管理机制由他组织向自组织机制转换的过程，是企业环境管理系统与企业内外环境各要素不断结构耦合与协调的过程。整个过程不断发生着内外各种动力的调整与变化，最终推动着企业环境管理自组织机制的建立。本节试图通过一个典型案例企业环境管理系统升级的过程，用以阐释企业环境管理机制转换的基本过程。

1. 案例企业的简要介绍

芬欧汇川集团（以下简称 UPM）是一个有百年以上历史的欧洲最大纸业公司，是世界领先的跨国森林工业集团，公司总部设在芬兰赫尔辛基，分别在赫尔辛基和纽约证券交易所上市。UPM 在欧洲、亚洲、南美洲、美国和澳大利亚等都有会员，拥有近 3 万名雇员，年销售额超 100 亿欧元。UPM 热衷环保，强调可持续发展，其环境管理早已处于自主管理的"超标准"阶段。2005 年 UPM（常熟）纸业有限公司就获得了中国最高环保殊荣——"国家环境友好企业"称号。而我们所要具体分析的案例企业是隶属 UPM 的两个子公司——威凯包装纸业公司（Walki-Pack，以下简称威凯公司）和芬欧江川集团卡亚尼公司（UPM-Kajaani，以下简称卡亚尼公司）。威凯公司是 UPM 一个生产包装用波纹板的子公司。卡亚尼公司是 UPM 最大的印刷纸生产子公司，它拥有自己的林场，主要生产杂志纸张、商品目录纸、新闻纸等。自 1990 年以来，它们不约而同地进行着各项环境管理创新实践，并经历了环境管理机制由他组织向自组织转换的过程，实现了对各项环境标准的超越，取得了经济、社会与环境绩优，真正进入环境管理自组织阶段。[①]

---

① 本案例引自 Minna Halme，Corporate Environmental Paradigms in Shift：Learning During the Course of Action at UPM－Kymmene [J]，Journal of Management Studies，2002，12，1087－1109。

在企业环境管理机制由他组织向自组织转换过程中，威凯公司和卡亚尼公司既有相似之处，也有不同的地方。相似之处主要体现在：一是在组织转换过程中，它们都有着较严重的环境压力；二是由环境压力所引发的企业环境管理机制变化在转换过程中一直在继续。而它们的不同点有：首先，对威凯公司所生产的波纹包装板，使用循环纤维，减少固体废物总量的压力主要来自立法的干预；而卡亚尼公司的压力则主要面对来自森林生物多样性的需求，该需求来自市场，如环境组织和消费者。其次，不像卡亚尼公司，威凯公司没有环境问题的事先经验，从而引发了它们各自对外部弱信号的不同反应。

2. 企业环境管理机制转换过程

明娜·哈尔默（Minna Halme，2002）利用 1992 到 1996 这四年时间，对威凯公司和卡亚尼公司进行了实地调研，考察了这两个企业有关环境管理机制转换过程的各个方面，并在不同组织水平上对管理者和企业雇员进行了面谈与交流，形成了比较系统的企业环境管理机制转换过程的阐释。本研究在充分利用了明娜·哈尔默（Minna Halme）的调查数据和企业环境管理网络信息资料的基础上，从自组织理论视角对该企业环境管理机制转换过程予以重新归纳与审视，以揭示该企业环境管理从他组织向自组织机制转换的基本过程。

（1）企业环境管理机制转换过程的基本阶段

通过对威凯公司和卡亚尼公司的调查分析，明娜·哈尔默（Minna Halme，2002）认为，与企业环境管理文献的一般论述相反，企业并不必然需要在被期望产生环境友好绩效前，就须学会一种新的以生态为中心的环境管理理念。相反，在组织内，有关环境知识与生态理念的认知，是在行动中孕育和产生，并与行动相互促进，继而推动组织培育一种环境管理自组织机制，以支持企业新的、更环境友好的活动方式，确立环境因素为其竞争优势，最终实现多重赢利。图 3-9 展示了威凯公司和卡亚尼公司环境管理机制转换过程相同与不同的阶段。在企业环境管理机制由被动转换为主动，由他组织转换为自组织的过程中，对新知识的学习与各项环境管理创新始终存在。同时，

在机制转换的过程中，事实上可能确实存在环境管理会短期增加企业成本的情况。案例企业的实际情况表明，随着环境管理自组织机制的创建，伴随而来的是以环境因素为核心的竞争性优势的确立。此时，环境管理不仅带给企业成本的节约，价值的创造，同时也会带给企业社会美誉度的提升，促成企业进一步内化环境外部成本，实现环境、社会与经济绩优。

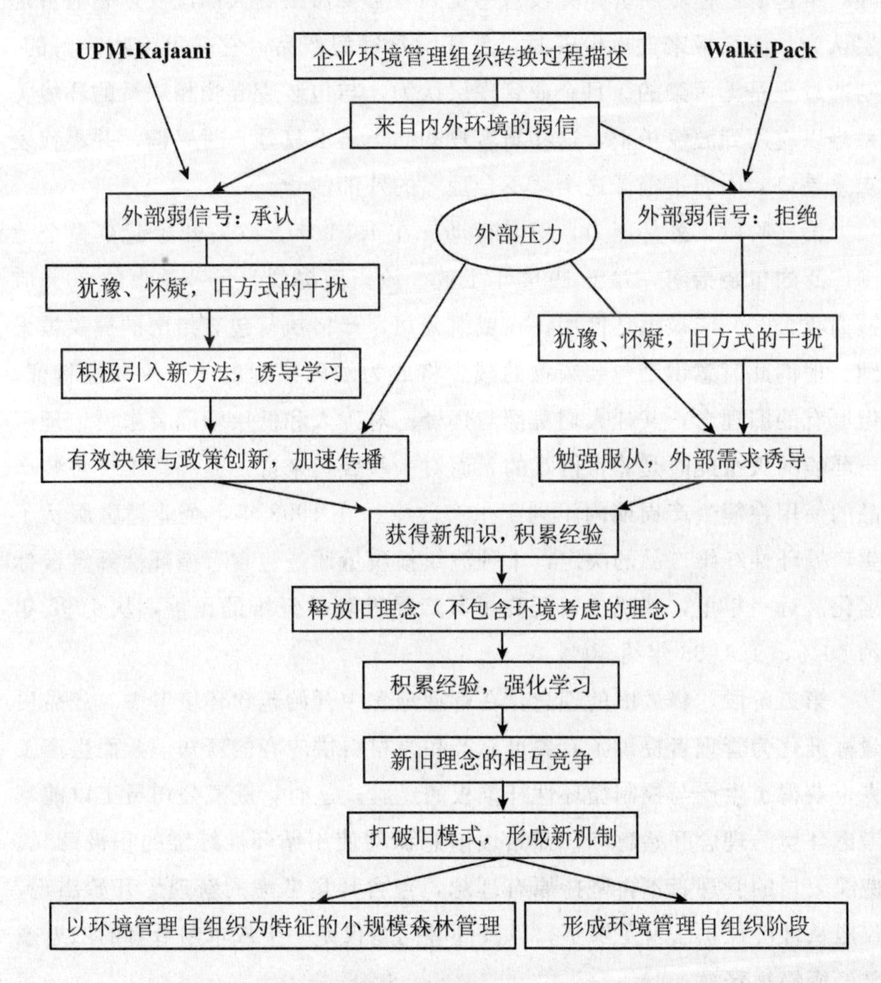

图 3-9　案例企业环境管理组织转换过程的不同阶段

资料来源：根据 Minna Halme，Corporate Environmental Paradigms in Shift：Learning During the Course of Action at UPM-Kymmene [J]，Journal of Management Studies，2002 整理而得

（2）威凯公司环境管理机制转换的具体过程

开始阶段，威凯公司忽视企业与环境的关系，拒绝外部弱信号。1990年夏天，威凯公司的德国客户说，他们想使用循环纤维包装他们的产品。为强化德国客户对其产品的接受程度，威凯公司开始为这些新客户使用循环纤维包装。但威凯公司并没有感觉到有必要做出更大的改变，企业管理层认为，波纹板来自再生资源，是环境友好型产品，它是可生物降解的，制造过程是无污染的。且企业管理层认为，与包装废弃物相联系的环境关系难以应用到波纹板上，这些新客户的此类需求只是一时兴趣，并不代表未来趋势，因而拒绝了这个“不合理”的外部信号。

第二阶段，外部压力，引发行动。在1991年，欧盟开始起草一个范围广泛的包装指南，并于1994年生效。该指南提议：包装重量的90％应被回收，60％应被循环使用。在威凯公司，严格执行包装指南的提议被采纳，他们此时意识到包装废物的减少将成为欧洲议程的一个永久性特征。但原有的旧理念，又让人们犹豫与怀疑。对工人和低层管理者来说，理解与环境的关系此时是非常困难的。而对一些客户来说，循环纤维性包装产品的使用在短生产周期内不利于生产效率。在1992年，企业勉强服从了生产循环性纤维产品的决定，十种波纹板质量通过包含有循环性纤维被标准化。近一年里，威凯公司提高了其产品循环性纤维的比重，从1992年约10％，到1993年约30％。

第三阶段，释放旧的理念，在管理理念中开始包含环境考虑。产品质量标准化为管理者提供了有关可靠产品原材料供应者的新知识，而生产工人也获得了生产与控制循环性纤维板的经验。这时，威凯公司员工以前不考虑环境的理念开始解冻，开始逐渐意识到使用循环性纤维的积极意义。威凯公司的管理者不再坚持原有理念，包含环境考虑的新理念开始出现。仅服从环境保护法就足够了，以及环境问题仅是一个成本制造者的旧思想已经慢慢被释放。

第四阶段，积极体验，强化学习。开始制造循环性纤维产品，可能成本会增加，质量会降低。当生产工人获得更多经验后，这些产品的成本下降了，质量改善了，且波纹板废物的循环与收集被作为一个竞争性优势，

加快了循环性纤维的使用。这鼓励了管理者去超越立法要求，并于1994年在芬兰开始组织新的波纹板包装废物收集体系。通过这些过程的积极体验，激发了更深入的学习过程，新的理念与组织方式开始出现。企业开始采取各项措施，积极减少包装，清除过度包装，以减少废物总量，并接受循环使用和废物集中这些环境标准。

最后阶段，新旧理念的相互竞争，最终打破旧模式，形成新机制。新旧理念的相互冲突在销售人员与生产人员之间产生，销售人员想提供可裁剪的循环使用产品给那些有特别要求的客户，而生产人员则希望通过循环性纤维产品标准化，以持续的长期生产。这种新旧理念冲突不仅存在于普通员工思想中，也存在于管理者与领导层思想中。在经历了一个混沌期后，旧的模式被打破，新的机制逐渐形成。此时，环境考虑成为了一个竞争性理由，将环境考虑嵌入决策与经营的过程继续在聚集动力，尽管外部压力在减弱（因为企业此时已经满足了立法标准）。一位销售经理曾在一份写给企业高层的报告中说："如果我们在将来不使用至少50%以上的循环性纸张，那么我们将没有未来。"企业的"瘦身"行动还在继续，更多循环使用产品被开发，企业完全超越"环境标准"，真正进入自我环境管理阶段。威凯公司经历了一个不断学习与适应的过程后，环境管理最终实现由他组织向自组织机制的转换，环境因素成为企业的核心竞争优势。

（3）卡亚尼公司环境管理机制转换的具体过程

卡亚尼公司环境管理机制转换的过程，同样也是一个不断学习与适应的过程，它们学会了认识森林对于木材生产的意义，也学会了小规模森林管理对维护森林生物多样性的积极意义。集中森林管理模式的最大缺陷体现在严重破坏森林生物多样性，限制员工环境管理创新能力的发挥，环境管理他组织特征明显等方面。小规模森林管理模式本身就是以追求森林生物多样性为目标，充分发挥员工环境管理创新能力，其环境管理自组织特征明显。

第一阶段，卡亚尼公司承认外界变化的弱信号。此时还是20世纪80年代中期，对森林管理集中模式可能对森林生物多样性有破坏作用的弱信号出现，卡亚尼公司对此弱信号予以承认。这一态度推动了组织内学习过程的开始。当公司先后合并另外 4 个企业时，企业内宽松、民主的环境激活了过去不同企业间文化的冲突，产生了企业内更加自由的个体思考。在本阶段，雇员们对集中森林管理的支配地位产生了怀疑，小规模森林管理的新思想开始引入，但对其还缺乏信心。作为卡亚尼公司北方区域的一名森林工厂经理，基于自己的研究，不太赞成集中森林管理，而支持更小规模森林管理，他对新理念的传播发挥了突出作用。但企业在林学、经济学和生态学等方面的知识储备还不够，只能产生一些比较零散的有关社会的，文化的和生态的新火花。尽管如此，这位林学经理仍于 1990 年开始引入这些新的管理方法，例如将砍伐面积的平均规模从 10 公顷减少到 5 公顷等。经过学习与行动，一些新的知识与经验在小规模林学方式中得到收获。

第二阶段，外部压力，加速了小规模森林管理方式的传播。1992 年夏天，在巴西召开的联合国环境与发展会议中，生物多样化问题成为议程中的焦点。环境组织开始广泛实践该主题，并将其关注的焦点从热带森林、热带国家扩展到了北半球森林。1993 年绿色和平组织发动了反对集中森林管理模式的群众运动，并认为该模式是生物多样化的主要威胁。不久，一个较有影响的德国杂志《明镜周刊》（Der Spiegel）专门撰文，强烈攻击加拿大、芬兰和美国森林企业。随后，德国一些主要印刷工厂开始要求标注其所购买的纸张不能来自古老森林。德国是芬兰造纸企业的最大市场，它的需求偏好明显对芬兰该产业会产生重要影响。外部压力似乎证明卡亚尼公司森林管理模式改变的正确性，从而加速了新管理模式相关知识的传播，一种新颖的小规模森林管理结构在整个企业森林管理中被引入。旧的环境管理理念被释放，围绕产业链，逐步形成一体化环境管理，经销商与森林企业间开始相互协商与对话，一些新的知识与与经验在不断积累。

第三阶段，积极体验，强化学习。小规模森林管理模式允许个体在砍伐问题上有更大的规划与决策的自由，这种指导方针有助于调动林场雇员去找到他们工作的新意义，引发更多的环境管理创新行为。例如，森林砍伐机器的操作者，过去他们只关注机器的切割工作，但现在他们对砍伐有

更大的影响。一位林场砍伐领班说："我很乐意看到更小规模的林场，我们过去习惯机械地做我们的工作。现在，我们每一个人都能将自己的创造力与判断力应用到林场。"员工创造力和判断力的应用，产生了积极的结果，那就是小规模森林管理更有效率。例如，在森林产品多样化成为木材质量保证必备条件的同时，自然播种替代计划播种，使得处理成本得到节约。

第四阶段，新旧理念的相互竞争，破旧立新，形成新的以环境管理自组织为特征的小森林管理模式。尽管新的模式已经引入，但仍然有组织成员反对，他们怀疑森林储存与效率能否通过小规模森林管理而被保持。当然，他们也感觉到集中森林管理模式也有问题。他们认为，要正确地做的事情就是保存好森林库存。于是，对林场评价，以及对林场持续生物多样化评价的一整套新标准突然被引入了。在组织成员艰难的思想斗争中，新思想慢慢地赢得了更多支持。混合森林能产生更好的木材，能更好地满足销售商的需求，并保持生物多样化，维护环境主义者的意愿，这些都是小规模森林管理的优势。尽管它可能提高短期管理成本，但长期来看，它同样可以获得经济收益，形成竞争性优势。集中森林管理是卡亚尼公司学习的起点，而小规模森林管理是学习后的结果，这一森林管理模式的转换过程，伴随的是卡亚尼公司环境管理由他组织向自组织机制的转换，最终提高了林场生物多样化，实现企业环境、社会与经济的持续与协调发展。

3. 对企业环境管理机制转换的讨论与归纳

通过对威凯公司和卡亚尼公司环境管理机制转换过程的考察，本研究认为，机制转换的过程是不断学习与适应的过程，是企业理念及理性与企业行动相互冲击，相互促进，最后协调一致的过程。尽管企业的学习与适应过程仍然存在着知识灰色区域，但通过对企业环境管理机制转换过程的比较与分析，仍可进行一些讨论与归纳。

首先，外部弱信号可能是企业学习与适应的初始动因，而企业开放性是能否有效回应弱信号的关键。外部弱信号可能引发一个企业学习与适应的过程，但不是任何一个企业都会注意到这些信号。两个案例企业对外部弱信号产生不同的初始态度，但外部弱信号还是成为了它们探索新理念，开展学习与适应过程的初始动因。韦克（Weick，1995）认为，企业的信息多样化特征越突出，弱信号更可能被企业接受和认可。当卡亚尼公司在并购4个子公司时，这些被并入的子公司需要放弃旧标准与旧规则。此时，企业处于文化不断变化的状态，这种理念的多样化给了企业雇员更多自由，让他们去思考企业应该如何经营。企业允许不同观点的表达和不同的行动，在观点与行动的相互冲突与竞争中，最后凝聚成共同的理念，产生有效行动。企业对外部弱信号的不同回应，与企业的开放性密切相关。这种开放性既对内又对外，从而满足了产生耗散结构的客观条件。对外开放意味着组织可以不断从外界吸收“负熵”，增强企业发展能力；对内开放意味着是一种民主，强调充分发挥企业成员的积极性与创新性，这是减少内部“正熵”产生的基本途径。通过企业开放性，实现企业内部组织结构的不断健全与完善，增强组织功能，以适应企业内外环境的变化，如此才能察觉外部弱信号，作出有效回应。

其次，外部压力有利于推进机制转换过程，但能否实现有效转换关键还是企业本身机制的完善。新环境思想的种子可能首先仅在企业的有限成员中发芽，这些种子是否能在整个企业内扩散，并导致原不含环境考虑理念的解除，依赖于外部压力和内部条件，特别是企业对新思想的容忍度。两个案例企业在机制转换过程中，外部压力在不同的阶段都起到了积极的推动作用。威凯公司在拒绝外部弱信号后，在外部压力的作用下引发了环境管理机制转换过程。而卡亚尼公司在接受外部弱信号，处于犹豫与怀疑的混沌状态时，外部压力加速了新环境思想的传播，推动了新管理模式的广泛应用。一旦企业环境管理机制转换进入到后期，企业环境管理实现超立法标准时，外部压力的作用将趋于缓和。此时，企业自身机制的健全与完善将支撑着机制转换过程的继续进行，并最终实现企业环境管理自组织机制的创建与发展。各种环境政策的综合运用，以凝聚外部压力与动力，以促进企业环境管理自组织机制的培育，这是环境政策能否有效的关键。当外部压力和动力与企业自身机制的健全与完善相互结合时，则企业环境管理机制转换的过程将不断加速，并最终顺利实现。

第三，干中学是企业环境管理机制转换的基本经验，它将始终贯穿于机制转换的全过程。在环境管理文献中，有一种明显的倾向争论，即环境管理模式或核心理念和企业的环境态度在其环境绩效可能实现改善之前必须得到改变。从案例企业的机制转换过程来看，企业理念与态度也可能是在行动中产生的，至少理念与知识学习过程是与行动交织在一起的，干中学应该是企业环境管理机制转换的基本经验。学习可能是由一些闪光行动而引发，如威凯公司决定使用循环性纤维，是基于一些客户需求后，他们才开始内化其行动方式，最后在理念形成的基础上覆盖整个企业。威凯公司在学习推广循环性纤维作为原始材料使用的基础上，又进一步将学习扩展到相关问题上——包装重量的减轻，以及整个包装箱的回收与循环使用，最后考虑到波纹板废物的最小化。这都是干中学的结果，它始终贯穿在企业环境管理机制转换的整个过程中。动态演化是企业作为一个系统的基本特征，"静态"的环境政策要对企业环境管理产生有效的直接作用，比较困难。因此，企业本身所具有的"干中学"能力，决定了企业环境管理创新能力，也决定了企业环境管理的基本模式。

第四，伴随企业环境管理机制转换的推进，环境与生态因素将成为企业核心竞争性优势。外部压力可能是企业考虑环境与生态因素的最初原因，但对环境与生态因素的考虑只有逐渐地被企业成员自身的意识和行动所接受后，才能实现环境管理机制的转换，才可能使环境与生态因素成为企业的核心竞争性优势。案例企业最初开始行动，无论是用循环性纤维或转变森林管理方式，都是因消费者压力或管制压力或市场压力。然而，随着学习与创新的推进，企业行动所产生的多方收益成为了企业持续环境管理创新的最强动力。此时，环境与生态考虑已经开始嵌入企业经营管理战略，环境管理内化为企业自主行为，企业各级成员都在积极考虑如何实现环境影响最小化，环境管理开始为企业创造价值，并成为立足市场的竞争手段。企业自身的环境问题，只有依靠企业自身积极性与主动性的发挥，才能真正内化其环境外部性问题。案例企业在环境管理机制转换不断推进的过程中，在环境管理创新的作用下，环境与生态因素已成为企业核心竞争性优势，并最终实现环境管理机制由他组织向自组织的转换。[①]

（四）本章小结

本章通过对企业系统自身，企业的核心要素——人，以及企业环境管理的对象——环境问题的复杂性和模糊性特征的分析，本研究发现：企业是一个复杂适应系统，企业环境管理系统则是一个次级复杂适应系统。因此，企业环境管理系统必然具有自组织特性，从自组织视角研究企业环境管理机制就有其合理性。

结合演化经济学和现代系统科学的相关理论，并通过对他组织状态下的企业环境管理机制和自组织状态下的企业环境管理机制的对比分析，得出一个基本结论：要成为一个具有竞争力，能持续发展，并实现环境、社会与经济绩优的企业，就必须要培育企业环境管理自组织机制；而培育企业环境管理自组织机制是内化企业环境外部性问题，实现企业环境、社会与经济绩优的基本路径。

他组织是复杂系统的低级阶段，自组织则是复杂系统的高级阶段，他组织向自组织转换是复杂系统动态演化的基本过程，是一个连续统（continuum）。结合企业案例，本研究实证了企业环境管理机制由他组织向自组织转换的过程，清楚地揭示了企业环境管理自组织机制创建的基本过程。

① 关于企业环境管理机制转换过程的实证分析部分，已作为专题参与了 2009 年广东省社科学术年会“我省生态发展区建设研究”专场研讨会。

四　企业环境管理自组织机制培育的驱动因素及动力模型

所谓企业环境管理自组织机制，本研究认为，它是企业在非特定外界干预及与外部环境互动影响的作用下，以社会可持续发展为宗旨，在企业经营管理中树立生态环境保护理念，自主创新地采取一系列政策措施，从生产、经营的各个环节来内化企业环境外部性问题并节约资源，以实现企业经济效益、社会效益和环境效益的有机统一的管理模式和运行机理。本章主要讨论驱动企业环境管理自组织机制培育的内外因素，并以此构建企业环境管理自组织动力理论模型。

（一）外部驱动因素

自组织理论认为，系统所处的环境对系统生长发育和系统自组织演化起着相当重要的作用，甚至认为在系统自组织演化初期起着决定性作用。鲁迅曾说过，“不但产生天才难，单是有培养天才的泥土也难”，这句名言也说明外部环境对事物发展存在着极为突出的影响。在企业外部环境的诸多影响因素中，政府因自身所具有的独特的、难以为企业所抗拒的暴力地位，其环境管制及相关政策对企业环境管理自组织机制的培育尤其具有显著影响[①]。随着市场化导向政策工具的更多开发与利用，以及社会公众环境意识的显著提高，驱动企业环境管理自组织机制培育的外部因素越来越多，这些外部驱动因素所构成的综合影响推动并加速企业环境管理自组织机制的创建与发展。

1. 严格政府管制

班赛尔，罗斯（Bansal，Roth，2000）认为，促使企业创建环境管理机制的动因主要有三个：一是政府管制；二是市场机会；三是社会责任。其中政府管制是企业环境管理的初始动因。企业以政府的法律、方针、政策为主要信号，根据自身情况采取不同的应对策略。鲁梅（Roome，1992）根据企业对政府管制所采取的环境策略进行了分类（见表 4-1）。环境经济学一直认为，严格的强制管制是激励企业实施环境管理机制的首要驱动力。关于这方面的研究既有理论分析，又有实证研究，成果颇丰。佩丁（Spedding，1996）认为，日益严格的环境法律法规，使得不遵守管制所要承担的后果将非常严重，为此，企业只有实施环境管理以应对政府管制。麦斯威尔（Maxwell，1998），瑟金，米塞利（Segerson、Miceli，1998），以及汉森（Hansen，1999）都认为，强制性管制的威胁导致企业自愿参与环境活动以便走在更为严格的管制前面。詹宁斯，扎登伯格（Jennings，Zandberger，1995）；德尔马，托费尔（Delmas，Toffel，2004）等都认为，以管制为特征的强制力是绿色管理行为的主要推动力。斯蒂格利茨（1997）指出，与其他社会组织相比较，政府具有明显的优势或独特的力量，这些相对优势在行使环保职能时同样存在：政府有征税权，政府有禁止权，政府有处罚权，政府可节约交易费用。

美国政府的环境管制体系较为完善，试图通过强制性的、命令式的管制，实现企业服从于执行环境标准。加拿大、新西兰和澳大利亚等则是更

---

① 陈金波在其著作《企业演化机制及其影响因素研究》中如此描述了外部环境及政府管制对企业演化的影响。

多地运用更加合作的、谈判式的政府管理模式，管制者给予企业一个服从时间表，从而以调动企业自我环境管理的积极性。日本政府在 20 世纪 80 年代断然实行限制汽车尾气排放的环境政策，加速推进了日本汽车企业进行汽车燃料消费技术改善等相关技术的开发，不仅使日本的小汽车生产位居世界第一，也使得日本汽车企业全面关注环境管理，逐步健全了企业环境管理体系。在这个过程中，发生了典型的“波特效应”，即政府环境管制激发企业进行环境技术创新，产生了环境绩效与经济绩效的双重收益。从 1990 年起，德国包装法要求制造商担负起所有外包装的回收责任，两年后，进一步要求内包装亦需回收。正是因为德国政府率先出台有关包装的相关环境法规，促使德国包装行业在国际上取得了领先地位，开创了包装循环利用的良好局面。

表 4-1 面对政府管制企业所实施的环境策略及特征

环境策略	被动型	反应型	防范型	协调型	主动型
策略特征	对现行政府管制被动服从，适时采取机会主义行为	服从现行政府管制，满足一般标准的常规技术	预期政府管制，以防范潜在环境风险	积极避免环境法律责任，维护企业声誉	超越标准实施环境管理以树立良好企业形象，引导政府环境法规的制定以获取先动优势

资料来源：据苍靖《企业环境管理策略与其经营业绩的关系分析》（《工业技术经济》，2001，1：40—42）整理而得。

彭海珍（2007）认为，政府管制在促使企业绿化的过程中，只能使企业呈现“浅绿”，而要真正使企业呈现“深绿”，则需要其他驱动因素。原因在于：政府在监督企业“深绿”过程时，会因其技术手段、信息数据的制约，以及成本与收益原则的违背而难以有效。本研究认为，严格的政府管制对于其他外部驱动因素的激活，以及良好外部环境的培育都有着显著影响，这种正的外部效应是难以计量的。发展中国家较为欠缺的外部环境，其他外部驱动因素培育滞后，都与发展中国家较为松散的政府管制，以及管制实施不严的现状密切相关。发达国家环境政策日益综合与弹性化，并不是以弱化强制环境管制为前提，而是在严格环境管理的基础上，不断丰富环境管理的政策与工具，从而以适应各种处于不同环境管理组织状态的企业，提高各类环境政策有效性。如果发达国家未有严格的环境管制政策，就不会出现发展中国家存在所谓的“污染避难所”的说法。近年来，国际组织与各国政府联合制定的环境保护国际公约与环保规制以及行业协会等所制定的条约都对企业的压力在日益加大。

2. 金融与风险管理市场

早期研究表明，处罚过低导致难以有效威慑和阻止环境管制的违规行为。尽管美国联邦环境局每年处罚的例数和金额都在不断增加，但仍然未能形成足够的威慑。随着资本市场的进一步发展，产生环境损害的企业将面临显著的金融与其他风险管理压力。在英国，当企业面临社会的、环境的伦理风险时，它将被英国保险联合会所通报。在澳大利亚，先引入环境管理体系的企业可以支付低于1%的利率，减少30%的保险费。① 欧洲一些主要银行在考虑企业经营活动而进行资金支持时，对企业环境问题给予很大关注。1992年5月，这些银行共同发表《有关环境和可持续发展的银行声明》，声明中说：“我们认为，多样的有活力的金融服务部门可以对可持续发展作出贡献”，“我们赞成通过预防性环境管理的投入，对潜在环境恶化进行预测和预防”，“我们支持适合于环境保护的银行商品和服务。在健全经营前提下，在具有合理性情况下，对此进行开发”。

在美国，《环境响应、补偿和义务综合法》的实施，使金融机构不再认为环境污染问题与己无关。该法规定，当企业发生环境污染问题时，企业必须承担污染清理费用，相关的金融机构也同样面临着被追究责任的风险。德国银行提出“对从事与环境破坏有关经营活动的企业一概不进行金融投资”的理念，并建立环境保护促进基金。该基金利率比市场利率低1%—2%。2001年，日本数家银行共同发表声明，要建立对企业环境管理体系及土壤污染状况进行定量分析的评估体系。赤道原则（the Equator Principles，EPs）是2002年国际金融公司和荷兰银行在伦敦召开的国

① 约翰尼斯，菲涅尔（Johannes，Fresner）1998年在其论文“Cleaner production as a means for effective environmental management”中如是说。

际知名商业银行会议上提出的一项企业贷款准则。赤道原则属于非官方的自愿性规定，这项准则要求金融机构在向一个项目投资时，要对该项目可能对环境和社会的影响进行综合评估，并且利用金融杠杆促进该项目在环境保护以及周围社会和谐发展方面发挥积极作用。截至 2007 年 1 月 15 日，宣布实行赤道原则的金融机构（EPFI）已有 45 家，它们来自五大洲 16 个国家，包括 1 家出口信用机构（丹麦的 EKF）和 5 家来自发展中国家的银行（分别来自南非和巴西）。据估计，实行赤道原则的银行 2003 年在全球项目融资联合贷款市场的总份额大约为 80%，至 2007 年 1 月，赤道银行在全球项目融资中的份额将占到 90%以上。[①]

世界银行下属的国际金融公司（IFC）关于社会和环境可持续性政策与信息披露政策的一整套规范（ IFC Performance Standards）已于 2006 年 4 月 31 日开始生效。这套绩效标准标志着国际金融机构在加强社会和环境政策方面迈出了重要的一步，通过采取一种侧重成果的方法，从规则体系转变到对客户绩效和项目成果具有明确要求的原则体系，要求通过向公众披露信息提高透明度，强化了问责制，强化了企业外部压力。资本市场对企业来说是“爱恨交加”。Jarrell，Peltzman（1993）很早就发现，资本市场处罚那些召回污染药物或未达标汽车的生产者是非常严厉的，比其发生的直接成本要高很多。

来自企业的环境问题给企业有效管理外部市场风险带来了压力，企业环境声誉不得不被企业管理者所重视，特别是当企业冀望通过他们的品牌来提升其公司价值时，这些环境风险作用尤其显著。谬尔哈鲁等（Muoghalu，etc，1990）的研究发现，在面对环境诉讼时，股东在资本市场平均有 1.2%的显著损失，当把这一非正常损失转化为价值时，则平均损失为 3300 多万美元，这显然说明市场处罚比传统的行政处罚更有意义。当然，对于环境管理绩效好的企业来说，资本市场具有积极的激励作用。克拉森，麦克劳克林（Klassen，McLaughlin，1996）通过调查发现，当面

① 引自李霞、贲越、姜琦：《国际社会的绿色投资指南实践》，《环境与可持续发展》，2010，4。

对企业良好环境信息时，资本市场将带给企业市场价值 0.82%的提升，也就是说平均企业市值提高 8000 多万美元（见表 4-2）。因此，外部市场力量可驱使企业朝负责任的企业行为和发展强大的内部准则去管理其企业环境风险的方向发展。

表 4-2　环境信息对美国和加拿大股票价格的影响

环境表现的坏消息	对公司股票价格的影响
·莫果鲁等（1990）	平均损失 1.2%（3330 万美元）
·里昂利亚，拉帕兰特（1994）	平均损失 1.6%到 2%
·克拉森，迈克罗格林（1996）	平均损失 1.5%（39 亿美元）
·汉密尔顿（1995）	平均损失 0.3%（410 万美元）
·里昂利亚，拉帕兰特和罗依（1997）	平均损失 2%
环境表现得好消息	
·克拉森，迈克罗格林（1996）	平均增益 0.82%（8000 万美元）

资料来源：引自世界银行政策研究报告：《绿色工业—社区、市场和政府的新职能》，中国财政经济出版社 2001 年版，第 60 页。

3. 投资者及供应链相关者

企业可能面临来自投资者压力而管理其企业活动的社会与环境结果。多数机构投资者认为，当各投资对象与社会、环境有关系时，通过有效自我管理来管理相关风险的企业将对投资资本产生更高的回报率。一些人认为，超法规执行环境标准会给企业带来额外的负担，会导致更高的成本，并降低企业的市场价值。然而，最近的研究表明，高标准环境绩效企业可以改善其财政回报。考（Cowe，2004）根据标准普尔 500 中抽出的 89 个样本分析发现，选择严格遵循自己全球环境标准的企业其个体价值远远高于那些满足较低的、合法标准的企业个体价值。没有维持严格标准的企业所面临的投资风险在 1984 印度博帕尔化学事故后更明显。在该事件后的 5 个贸易日中，联合碳化物公司（Union Carbide）的资产价值大约损失其总市场价值的 27.9%（环境影响带给投资者在股市的影响参考表 4-2）。如此，希望实际投资最大化回报的股东将有激励去确信其投资对象是否存在环境风险，这一压力直接促使企业管理层不得不面对环境问题所带来的融资风险，从而强化环境管理。

统计数据显示：1984 年全球包含环境责任在内的社会责任型投资（见表 4-3）的市场规模约为 400 亿美元，1995 年迅速成长到 6390 亿美元，2003 年高达 2.18 兆美元。美国是世界上最大的社会责任型投资大国（见表 4-4）。联合国专家指出，面对掌握了数兆美元资金的社会责任型投资基金经理人不断要求企业改善公司的环保事务，企业管理层面临的压力愈加严峻。[①] 一些国家的信托投资公司和投资基金对上市公司进行选择时，也只对符合其标准的公司进行投资，标准之中就包括环境标准。例如日本日兴生态基金在全部上市公开交易的约 3000 家公司中，按照股票价格和企业对环境问题的态度，最终选择了 30 到 100 家符合条件的公司进行投资。企业环境问题成为企业获取外部投资的壁垒，股东日益拥护企业强化自我环境管理，以消除企业环境问题所带来的投资风险。

表 4-3　社会责任型投资与传统投资

项目	社会责任型投资	传统投资
本质特征	反映社会、经济与环境的和谐发展关系	反映单一的经济利益关系
投资主体	经济社会生态人	经济人
投资理念	可持续发展理念	经济发展理念
投资目的	经济、社会与环境的三重效应	单一经济效应
投资对象	同时追求三重效应的企业	只追求经济效益的企业
投资决策标准	经济、社会与环境标准	经济标准
价值创造	长期可持续发展的价值创造	短期收益的获取

资料来源：引自李丰团：《社会责任型投资及其在我国的发展前景》，《会计之友》，2010，8：65－67。

① 数据引自 David. Graham，Ngaire. Woods，Making Corporate Self－organization Effective in Developing Countries，Journal of World Development，2006，34：868－883。

表 4-4　美国社会责任型投资情况（1995 年—2007 年） 单位：亿美元

投资方式	1995 年	1997 年	1999 年	2001 年	2003 年	2005 年	2007 年
筛选	1 620	5 290	14 970	20 100	21 430	16 850	20 980
股东请愿	4 730	7 360	9 220	8 970	4 480	7 030	7 390
筛选和股东请愿混合	—	(840)	(2 650)	(5 920)	(4 410)	(1 170)	(1 510)
社区投资	40	40	50	80	140	200	260
总计	6 390	11 850	21 590	23 230	21 640	22 910	27 120

资料来源：引自李丰团：《社会责任型投资及其在我国的发展前景》，《会计之友》，2010，8：65－67。

附注：筛选和股东请愿一栏是指两种方式的重叠部分，所以这一栏是抵减数字，从 1997 年开始，才将筛选和股东请愿分离，所以 1995 年没有数据。

此外，供应链上其他企业的压力也成为驱使企业强化环境管理自组织机制创建的动力。发达国家的许多大公司纷纷向其直接供应商提出 ISO14000 认证要求，直接供方又将这种要求传递给下一级供应商，从而形成一种“瀑布效应”，很快有关 ISO14000 的认证要求就遍及整个产品和服务的供应网络。在德国，除了有包装法规，德国进口商还进一步要求外国供货商在使用包装时需要使用水性油墨印刷，且要求必须保证在包装、运输、使用、维护和弃置过程中，不能生成氟氯碳化物、多氯联苯和重金属之污染物。美国能源部要求其合作厂在 1997 年以前必须取得 ISO14000 的认证，否则会终止与其合作关系。摩托罗拉公司在我国国内选择合作伙伴时考虑的首要条件就是该公司是否通过 ISO14000 环境标准。在诺基亚公司全面的供应商评估过程中，供应商的环境问题会受到评估和审计，并成为整个供应商的评估过程的有机组成部分。广州本田汽车有限公司在 2007 年实施清洁生产项目时就提出，2010 年前确保 90%供应商认证 ISO14000 标准体系，并最终实现采购环节全部供应商认证 ISO14000 标准体系。[①] 自英国 2003 年提出低碳经济概念以来，国际上一些饭店提出低碳采购管理（见图 4-1），该模式的推出无疑给供应链的诸

① 该案例来自广东省经济贸易委员会编：《清洁生产案例分析（Ⅱ）》，广东省出版集团、广东科技出版社 2009 年版，第 348－358 页。

多供货企业带来了压力。苹果公司作为全球当前最为火红的企业，却因为供应链存在严重的污染而面临很大的舆论压力，且该舆论压力仍然在持续发酵，必将会给苹果公司产生巨大的外部压力。

在全球化经济日益紧密的今天，任何一个企业都是供应网络中的一员，它都深受整个供应网络的影响。上下游厂商的环境要求，必将驱使企业不断提高自身环境管理，以适应外部市场要求。利益相关者理论充分分析了投资者和供应商对企业强化环境管理，提高环境绩效的积极推动作用。格林伍德（Greenwood，2007）认为，通过利益相关方参与式企业所采取的保障其利益相关方积极加入到其组织活动过程中的各种措施或方式。利益相关方的参与有利于推进加强企业环境管理，形成企业环境竞争优势（杨东宁，周林洁和李祥进，2011）。

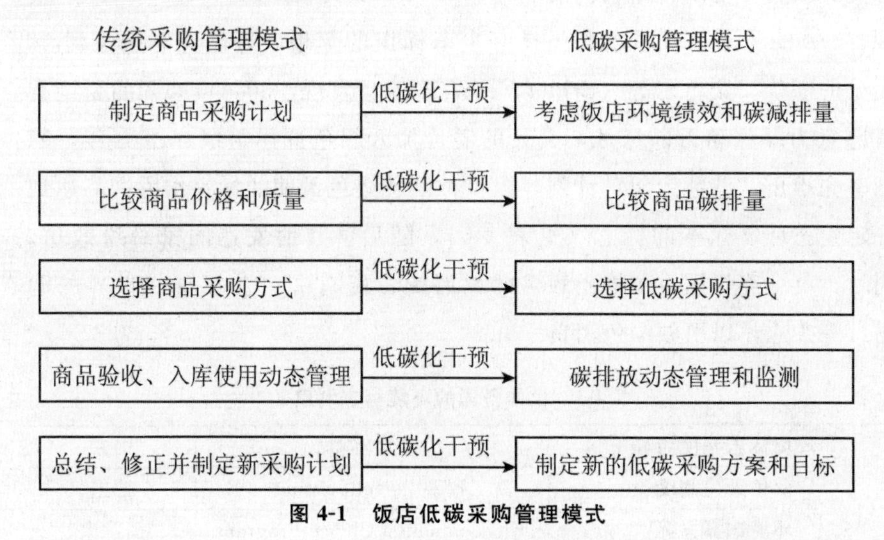

图 4-1　饭店低碳采购管理模式

资料来源：引自李文明：《国内饭店低碳采购管理初探》，《江西财经大学学报》，2010:，6：108－111。

4. 消费者与环境主义者

企业自我环境管理的作为可能是对来自消费者压力的直接反应。1962年，现代环境运动的先驱蕾切尔·卡逊女士的《寂静的春天》引发了席卷全球的环境主义运动，随后生态中心主义的原则才被美国政府所借鉴，美国国会在1964年通过了著名的《荒野法》，对原本被认为对人类没有经济价值的荒野进行立法保护。该法的出台，推动了环境主义运动的发展。在国际国内环境NGO运动的号召与支持下，消费者开始对社会与环境绩效较差的企业进行联合抵制。阿罗拉，冈格帕地埃（Arora，Gangopadhyay，1995）通过研究发现，当消费者愿意为环境友好产品支付溢价，并有意愿为垂直差异化产品放松价格竞争时，会促使企业生产更清洁的产品，推动企业积极创造自身的环境竞争优势，以获取更多市场份额，而参与自愿项目和选择环境管理体系都将提供给企业一个途径去获取环境友好声誉，形成可信的与竞争对手的差异。一些实证分析表明，生产最终产品和与消费者联系更密切的企业，它们更能感受到来自消费者的压力，也能感受到改善环境所带给它们的利益。布莱登等人（Blend，etc，1999）发现，3/4的受调查者愿意购买具有生态标识的苹果，每磅愿意多支付40美分的溢价。艾希尔等（Ethier，etc，2000）发现，30%－35%的受调查者愿意为绿色动力以每月6美元的溢价加入绿色选择组织。1978年，德国率先推出“蓝色天使”计划，以一种画着蓝色天使的标签作为产品达到一定生态环境标准的标志（见表4-5）。随后，其他发达国家纷纷效仿。同时，英、美等国也积极出版《绿色消费者指南》、《为了更好世界的购物》等杂志，以引领绿色消费。

表4-5　世界各国的环境标志制度

环境标志制度名称	英文名称	国家
蓝色天使制度	Blue Angel Scheme	德国
环境选择方案	Environmental Choice Program	加拿大
生态标志制度	Eco－mark Scheme	日本
白天鹅制度	White Swan Scheme	新西兰
绿色签章制度	Green Seal	美国
生态标志制度	Eco－label Scheme	韩国
绿色标志制度	Green Label Scheme	新加坡
环境标志制度	China Environmental Labeling	中国

资料来源：作者整理得到。

亚洲鞋类、服饰类制造企业自愿强化环境管理的发展历程表明，大部分消费者，尽管不是积极道德的行动者，但在积极环境主义者的号召下，也会采取相应行动。巴特哈亚，森（Bhattaeharya，Sen，2004）认为，消费者对“不负责任”的行为比“负责任”更敏感，“做错事”给企业带来的伤害要大于“做好事”给企业带来的帮助。壳牌公司（Shell）未能重视公众对布兰特史帕尔（Brent Spar）石油平台沉没的关注，导致其国际声誉和销售量遭受代价高昂的破坏。孟山都公司未能重视欧洲消费者对引入基因改良食品的关注，致使消费者的强烈反对和公众信任的破坏，公司受到重创，甚至需要重塑品牌。[①] 盖洛普民意测验机构的调查数据表明，对美国人面临的环境问题持“很担忧或相当担忧”的人数在2004年～2006年之间已经由62%增加到77%。美国著名的环保组织内华达山俱乐部的成员数增加1/3，4年中发展到80万人。近日，公众环境研究中心、达尔文、自然之友、环友科技、南京绿石等5家民间环保组织再次联合发布了第二份苹果公司供应商环境污染调查报告——《苹果的另一面2》。报告指出，苹果公司的污染排放正随产量扩张、供应链的膨胀而蔓延，给当地环境和公众健康带来严重威胁。这一报告的出台，给苹果公司造成了很大的舆论压力。绿色和平组织披露彪马、耐克、阿迪达斯、H&M、C&A、李宁、雅戈尔、鳄鱼、CK（Calvin Klein—)、美特斯邦威等10余家世界知名品牌的供应商在生产中排放诸多有毒物质，迫使彪马、耐克、阿迪达斯、H&M、C&A、李宁6家知名品牌做出公众承诺：淘汰供应链和产品中的所有有毒有害物质，并且公开环境信息。还有一些知名品牌在回应、谈判中。

哈夫勒（Haufler，2001）认为，积极环境主义者与消费者压力的结合，对于那些依靠品牌销售产品的企业来说更加有效。因1996年哥伦比亚广播公司（CBS）新闻报道揭露耐克公司恶意剥削工人，环境监管不力等问题而引发积极环境主义者和消费者的联合抗议，迫使耐克公司健全公

① 尼尔·A（Neale. A）在其著作《*Organisational learning in Contested Environments lessons from Beent Spar*》专门探讨了该事件。

司内外监测工具，完善环境管理实践与培训，继而促成耐克的主要竞争者锐步、阿迪达斯等也开始建立有效的自我环境管理。正是在消费者和积极环境主义者的压力下，壳牌（Shell）公司和他的欧洲竞争对手英国石油公司（British Petroleum）公司都各自开发了他们自己的自我环境管理制度。麦当劳公司在上个世纪80年末因其餐馆产生的大量固体废物而被环保团体和社区居民广泛批评。为此，麦当劳公司于1992年开始和环境保护基金联合研究，共同规划出一项综合性的废弃物减少计划，其目标是将公司的废弃物消减80%，由此重新赢得了公众和环保团体的理解。

有研究发现，只有12%的消费者将被劝说去购买同样价格和质量但没有社会和环境问题的产品；仅有6%的消费者声称有兴趣去寻找关于企业环境行为与策略的信息。[①] 这说明，消费者压力的扩展也是有限的。但消费者和积极环境主义者压力仍是迫使企业强化自我环境管理的外部重要驱动因素之一。

5. 人力资本市场

狄恩考斯基（Dzinkowski，2000）等人将绿色智力资本定义为企业有关环境保护或绿色创新的各种无形资产、知识、能力和关系等的总和，并且将绿色智力资本分为三类：绿色人力资本、绿色结构资本和绿色关系资本。朱长丰（2010）从绿色智力资本的角度，以浙江省电子与信息行业为例，实证分析了绿色智力资本与企业竞争优势之间的积极关系，发现绿色人力资本和绿色结构资本比绿色关系资本对企业竞争优势的作用更突出。因此，他强调企业当前更应该开发和发展企业绿色人力资本和绿色资本结构，以增强企业竞争优势。绿色人力资本是指植根于员工本人有关环保或绿色创新知识、技能、能力、经验、态度、智慧、创造力和承诺等的总和。绿色人力资本因其在培育企业竞争优势的突出作用，而让试图开发和吸引它的企业倍感压力。

---

① 数据引自 David，Graham “Making Corporate Self－regulation Effective in Developing Countries”一文。

企业环境声誉在劳动力市场，特别是人力资本市场也会产生显著的锁定效应。有着较差环境声誉的企业可能会发现，它在组织严密的劳动力市场招募和保有优秀员工更困难。勒诺克斯（Lenox，2003）认为，没有较好控制其社会与环境声誉风险的企业将可能比那些承担社会和环境责任企业面临更高的劳动力成本。2003 年针对美国雇员的一项研究发现，几乎一半以上的雇员会将雇主是否承担社会和环境责任作为主要问题考虑。例如壳牌（Shell）公司认为，他们对可持续发展的承诺是人们加入和留下来的重要影响因素，个人价值、全体员工价值和企业价值的结盟是一个强大的动因，因为优秀毕业生是特别反对为环境声誉差企业工作的。如果核心的执行位置被能力弱的职员所占据，那么从长期来看，可能会导致企业更多成本的发生。

杨俊、盛鹏飞（2012）在综述大量国内外文献的基础上，利用我国 1991—2010 年省级面板数据就环境污染对劳动生产率的影响进行实证研究。此类研究更多地是从宏观层面来分析环境污染对劳动力市场的影响。汉娜等人（Hanna，etc，2011）则利用墨西哥阿斯卡帕萨科（Azcapotzalco）石油精炼厂关闭前后周边区域的劳动供给数据和污染数据实证分析得出企业环境污染的改善可以显著提供劳动力供给水平的结论，并且其变化独立于劳动力市场的供求变化。格拉夫等人（Graff，etc，2011）通过美国加利福尼亚州一个农场的工人劳动生产率数据和当地的臭氧浓度数据进行实证研究，结果表明环境污染的改善能够显著提高劳动生产率，10ppb 的臭氧浓度的下降可以使劳动生产率提高 4.2%。这些研究说明，企业环境污染一方面会直接减少劳动力的供应，致使企业劳动需求受到抑制；另一方面，企业环境污染会导致劳动者健康水平下降，降低劳动者的人力资本积累，从而降低劳动生产率。从这方面来看，企业环境污染都会对劳动力产生直接或间接的影响，劳动者必然会做出其理性的决策，从而反过来给企业相应的压力。

因此，许多跨国公司都冀望通过积极开展环境自我管理，以取得良好的社会与环境绩效，实现在人力资本市场上雇佣和保有最优才能的雇员，获取更好的劳动生产率，从而带来多重收益。在信息技术与信息网络高速发达的今天，只有真正实现环境绩效的改善与提高，才能维持其良好的社会与环境声誉，才能通过人力资本市场保有和吸引优秀人才，才能获取企业持续发展的核心要素——人才。这一外部驱动因素随着人力资本市场的全球化、信息化，在今后将发挥更为突出的作用。

以上所提及的外部驱动因素，其驱动作用的有效发挥都依赖于信息渠道的通畅。信息渠道一方面将企业的环境信息传达给这些驱动因素；另一方面也将这些驱动因素所作出的反应回馈给企业，最后促成彼此的互动。因此，信息渠道的健全与完善是连接外部驱动因素与企业内部作用机制的重要纽带。外因很重要，但外因只有在遵循内因运作规律的基础上才能有效发挥作用。

（二）内部驱动因素

针对企业环境管理创新与实践的研究，主流经济学更多地是从外部驱动因素去进行理论与实证研究，而对企业环境管理的内部驱动因素则研究相对缺乏，企业超标准执行环境管理的原因难以得到更为合理的解释。我国学者张炳、毕军等（2008）通过建立计量模型，对影响企业环境管理绩效的因素进行实证分析，其基本表达式为：

$$\mathrm{EMP}=f(A, R, C, M) \tag{4.1}$$

其中 EMP 为企业环境绩效，A 用来衡量企业能力或特征，包括两个指标：A_F（经济实力）由纯收入占总资产的比率来衡量；A_S（企业规模）由企业资产来衡量。R 用来衡量管制压力，具体用废水和废气费来作为代理变量。C 用来衡量社团或社区压力，具体用企业周围的人口密度指标来作为代理变量。M 用来衡量来自市场的压力，具体用两个指标：M_C 代表消费者激励；M_P 代表采购者激励。在这四个自变量中，只有 A 是企业内生变量，其他几个都是外生变量。即使 A 是内生变量也只能简单地用企业规模和企业经济实力作为企业典型特征来衡量，远未能揭示企业内部因

素对企业环境绩效的作用。

约翰·F·汤姆等人（John F. Tomer，etc，2007）认为，其实企业自身能力的提高及内部驱动因素的形成是通过企业对难以捉摸的资本投资而逐渐培育的，是企业不断演化的结果，因而本身较难把握，利用模型来估计内部因素的作用，其效果并不理想。本研究认为，企业环境管理机制由他组织向自组织的转换是一个连续统（continuum），并不彼此断裂。我国学者杨东宁、周长辉（2004）基于企业组织能力，探讨企业环境管理环境绩效与经济绩效的关系，研究结果认为，企业自身的组织能力是有效回应外部压力与积极环境管理的关键。

1. 可持续发展企业文化

汤姆（Tomer，2007）认为，企业作为一个富有人性特征的组织，有着社会、政治和经济本质，时刻凸显其所内涵的价值观。而企业文化则孕育着企业最重要的核心价值观。企业文化是企业组织成员共同拥有的价值观、信念和行为准则的集合，是组织成员决策中与组织目标相关的价值前提。巴尼（1980）认为，优秀的企业文化可以成为企业竞争优秀的最重要来源。企业文化通过价值创造和价值实现，从而有利于企业培育核心竞争优势。海尔CEO张瑞敏说："企业发展的灵魂是企业文化，而企业文化最核心的内容是核心价值观。"企业核心价值观包括三种类型：一是企业价值观，它是企业对其生产经营活动和企业人的行为的价值认可，即对是否有价值和价值大小的总的看法和根本观点；二是企业道德观，它是指在企业这一特定的社会经济组织中，依靠社会舆论、传统习惯和内心信念来维持的，以善恶评价为标准的道德准则、道德规范和道德活动的总和；三是企业精神观，它是指企业共同的心理定势和价值取向，是企业的经营管理哲学、价值观、道德观的综合体现的高度概括，反映了全体员工的共同认识、共同意识和共同理想。

可持续发展理念试图把人类文明从巨大的环境搁浅中挽救出来，树立一种新的认识和新的价值观，对自然界和后代承担起相应责任。当可持续发展成为当前社会主旋律时，一些勇于承担社会责任、勇于创新的企业可能很快接受可持续发展思想，并将其培植于企业生产与经营活动中，并逐渐积淀成为企业核心价值观的重要部分，成为企业文化最重要内容。孟山都公司首席执行官罗伯特·夏皮罗认为，推动企业和社会的可持续发展，有时观念的东西，超前的意识比资金、技术更重要。企业文化是指导企业全体员工行动的指南，在孕育可持续发展核心价值观的驱动下，企业从上到下自觉强化企业环境管理，不断进行环境创新，善待环境，改善环境。海尔集团在20多年的发展历程中，逐渐将可持续发展理念注入企业文化之中，使环保理念融入其发展战略，致力于研发领先的环保、节能、安全、智能化的高技术附加值产品，成为我国自主实施环境管理的标兵。1995年海尔冰箱在我国第一个实现无氟替代；2000年海尔环保冰箱、海尔洗衣机率先达到欧洲3A标准；2003年又开发了世界上第一台不用洗衣粉的洗衣机。海尔冰箱在节能方面比一般普通冰箱节能60%，海尔节水型洗衣机比普通洗衣机节水50%。所有这些战略的实现，都与海尔所具有的可持续发展企业文化密不可分。[①]

纵观世界上具有良好环境绩效与环境实践的企业，可以发现，孕育着可持续发展企业文化是它们的共同特征。以可持续发展理念为内涵的企业文化能真正提升企业理性，是培育企业环境管理自组织机制的最强大内部驱动力。美国学者威廉·詹姆斯说："人的思想是万物之因。你播种一种观念，就收获一种行为；你播种一种行为，就收获一种习惯；你播种一种习惯，就收获一种性格；你播种一种性格，就收获一种命运。总之，一切都始于你的观念。"[②] 这充分说明了理念与文化对企业的重要性。一旦形成可持续发展企业文化，就意味着企业拥有了时刻考虑环境的"基因"，该"基因"将如演化经济学家所说描述的企业"惯例"一样，一直指引着企业不断创新环境管理，完善各项环境管理制度，实现更好、更优的环境

---

① 该案例引自陈浩其博士论文《企业环境管理的理论与实证研究》第92页。

② 摘自李钢：《基于企业基因视角的企业演化机制研究》，复旦大学出版社2007年版，第46页。

绩效，以更好地内化企业环境外部性影响。[①] 以理念统一思想，以思想驱使行动，以行动收获结果。

2. 动态优化的组织结构与管理制度

根据企业对市场和环境反应能力的强弱，企业理论学家伯恩斯和斯托克（1961）把企业划分为机械性组织和有机结构组织，有机结构组织更强调组织结构的动态性与灵活性。杨东宁、周长辉（2004）认为，组织能力是决定企业能否实现经济与环境“双赢”的关键。本研究认为，决定企业组织能力高低的基础是企业组织结构与管理制度能否在环境动态变化中寻求优化。企业组织结构经历一个由中心签约人组织结构向 U 型组织结构、H 型组织结构，以及 MH 型组织结构不断演化变革的过程（各种具体组织结构模式的相对优缺点见表 4-6）。企业组织结构演变与企业系统内部信息量日益增多是相互关联的。企业系统内部信息量越大，企业系统内在约束力就越大，系统的“自决性”也就越强。企业组织结构与管理制度不断动态优化的过程，本质上是企业系统“自决性”不断增强的过程。[②] 实现组织结构与管理制度的不断创新与优化是企业持续发展的内在动力，而企业环境管理自组织机制的培育同样要以企业组织结构和管理制度的动态优化为基础。

朗格韦格（Langeweg，1998）认为，尽管环境保护的技术潜力非常大，但如果要真正去挖掘这种潜能，则投资于社会制度和人们是必须的。本研究认为，要挖掘企业治理与预防环境问题的技术潜力，需要立足于企业良好的组织结构与管理制度，才能真正调动并利用企业内外各种资源与要素，最终实现社会、环境与经济的多重收益。企业环境管理体系（EMS）和 ISO14000 标准体系都属于驱动企业强化自我环境管理

---

① 此处所提到的基因及企业文化参考了李钢所著《基于企业基因视角的企业演化机制研究》一书，该书由复旦大学出版社 2007 年 9 月出版。本研究认为，其“企业基因”的观点与演化经济学家的“企业惯例”的观点有异曲同工之处。

② 我国学者胡皓和楼慧心在其著作《自组织理论与社会发展研究》一书中对此进行了较为深入的探讨。

的组织变革与制度创新。一些优秀企业依靠环境管理体系或ISO14000标准体系的引入，逐步构建了适合自己的环境管理制度，创建了环境管理自组织机制。根据弗雷斯纳（Fresner，1998）的实证研究发现，在引入环境管理制度体系（EMS）后，组织结构与管理制度的创新与优化是企业环境绩效改善的主要原因，其作用效果甚至远远超过技术变化的作用。

表 4-6　不同组织结构的相对优缺点

	职能式	事业部式	矩阵式	网络式
资源配置效率	优	差	中	良
时间效率	差	良	中	优
市场响应能力	差	中	良	优
环境适应能力	差	良	中	优
责任感	良	优	差	中
最适应的环境	稳定的环境	复杂环境	复杂且有多种需求的环境	剧烈变化的环境

资料来源：综合整理得到。

美国杜邦公司是世界上历史最长、规模最大的综合性化工企业，该公司以注重安全闻名于企业界。在面对严峻环境挑战时，杜邦公司积极从内部着手，进行组织结构与管理制度的变革，革新了公司环境管理体制，在公司董事会下设环境政策委员会和环境领导委员会。环境政策委员会由5名外部董事和一名公司内部副主席组成，负责监督环境政策的执行，环境委员会负责制订公司安全、卫生、环境政策，以及工作目标、环境质量指标，指导公司的环境计划等。杜邦公司还成立了一个安全、卫生及环境协调中心，其任务是通过与经营部门的直接联系，将决策、监督及安全、卫生与环境管理结合起来，该中心下设与化学品制造商协会的“责任照管”管理规章要求相配套的机构，包括职工健康与安全、环境管理、工艺安全管理、产品管理、化学品销售、公众意识与应急响应等。美国德士古（Texaco）公司也于1989年创立了一个以副总裁为首的环境保护、卫生保健和安全部，该部门负责环境保护计划的有效实施，并为这一领域的活

动安排提供战略性指导，该公司还设立了一个公共责任委员会，负责全公司的环境保护与安全事务，负责向董事会报告公司的政策状况和所采取的措施。

日本川崎（Kawasaki）公司的所有职能部门都与环境规划有关，该公司的环境管理委员会全面监督这方面的工作。三菱化学公司则在1996年将公司总部的环境保护与安全处扩大为环境保护与安全部，下设环境安全处与全球环境处，以加强安全工作。英国石油公司董事会下面设立了健康、安全与环境监查委员会，以确保该公司环保政策的实施。

以研究企业理论而出名的彼得·圣吉（2001）指出，在外部环境条件不断变化的时代，持续动态的组织变革和管理制度创新是企业生存和长期成长的关键。因此，只有拥有动态优化的组织结构和管理制度，才能为企业有效的环境管理奠定扎实的组织与管理基础，才能真正将环境政策与可持续理念内化于企业主体的决策与行动中，驱使企业环境管理自组织的持续进行。

3. 有效的学习与创新机制

胡皓、楼慧心（2002）认为，组织创新的高级形式是自组织，自组织系统不但具有良好的动力性能和平衡性能，也有着良好的正负反馈机制，系统的自组织程度与它的效率与活力成正比。作为自组织环境管理的企业，应该是学习型与创新型企业，它的目标应该是零缺陷、零存货及零排放。要实现该目标，除了组织结构与管理制度的优化与完善外，也需要创建有效的学习与创新机制。在企业的发展过程中，过分强调现有的核心知识和能力，往往使企业对环境变化缺乏灵敏的反应能力，演化经济学现代企业理论的研究者把这种情况称为核心知识和能力的惰性倾向。企业要破解这种惰性倾向，增强对外界的适时反应能力，只有依靠构建有效的学习与创新机制，以形成自己的动态适应能力。

任何一个企业都是一个学习系统，企业知识和能力的积累，是企业系统学习的过程和结果。在上一章的案例分析中，学习机制在促使典型企业环境管理机制转换过程中起到了非常重要的作用。良好的学习机制将推动创新不断涌现，并有利于创新的有效传播；而创新机制的完善与健全将为学习机制提供强大的动力，强化组织成员学习的欲望。要健全良好的学习机制，有必要培育民主与开放的企业氛围，健全各项培训与学习制度，尊重员工的学习权利。而要健全企业环境创新机制，则需要加大研究与开发环境保护新技术的力度，积极传达企业重视环境因素的相关信息，从而更好地调动员工践行环境创新的积极性。

表 4-7　企业支持雇员环境创新的政策措施

企业支持雇员环境创新的具体措施
管理改革：鼓励雇员的新思想，新试验以及学习行为； 能力培养：大力支持雇员培训与学习教育活动； 民主交流：鼓励雇员相互交流建议、设想，以及相互评议； 信息传播：与雇员分享企业重要信息，培养雇员主人翁意识，支持跨部门跨企业间的交流活动，以利于信息的传播； 奖励和承认：利用正式和非正式奖励制度，以承认和强化适宜的雇员行为； 目标与责任管理：利用定量和定性方法与雇员分享绩效目标与责任。

资料来源：转引自范阳东、梅林海：《论企业环境管理自组织发展的新视角》，《中国人口资源与环境》，2009，4：22—26。

在典型案例企业分析中，雇员的环境创新对于企业提高环境管理水平，改善环境绩效非常重要。在荷兰，由雇员首创的环境创新案例很多。雷默斯（Ramus，1997）专门调研了通用电气塑料欧洲公司贝亨奥普佐姆分公司的雇员在开发废物减排技术和创新循环项目中的作用。为激励企业环境管理创新，调动每一个雇员环境创新的积极性，需要制定相应的内部创新激励机制。凯瑟琳·A·雷默斯（Catherine A. Ramus）将其归纳为 6 类措施（见表 4-7）。根据他的实证研究，如果企业出台这些政策措施，那么雇员环境创新的可能性将从 19％提高到 50％；当雇员能得到管理者环境管理的信息时，雇员环境创新的可能性将从 28％提高到 62％。

20 世纪 70 年代后期，美国环境经济学家佩奇（Page. T）深入研究了技术进步的环境效应。研究结果认为，资源开发技术与环境保护技术存在

不对称性，他认为这是当前资源危机与环境恶化的困局之源。[1] 本研究认为，一旦环境考虑进入企业的总体经营战略，以及环境因素成为企业市场竞争优势时，这一不对称性问题将被企业有效破解。创新型与学习型企业会充分发挥知识的力量，不断提高效率，完善自我，实现高质量、高效率和高环境绩效的承诺。波特假设认为，严厉的环境管制更可能激励企业创新，而不是抑制创新。事实上，严厉的环境管制并不是对所有的企业都能产生这一正面效应。只有那些具备有效的学习与创新机制的企业才能真正获得如波特所说的先动优势与创新优势。技术是一把“双刃剑”，它在为人类解决旧问题的同时，也同样为人类带来新的问题。企业在积极推进环境技术进步的同时，更要发挥管理创新与组织创新对环境治理与预防的突出作用，要善于利用学习与创新机制，有效提高雇员环境素养，从而更好地提高企业处理自身环境问题的自适应能力。有效的学习与创新机制为驱使企业环境管理自组织机制的培育提供了有力的知识与技术武器，是企业内部重要的驱动因素。

4. 以环境因素为核心的竞争优势

斯图尔特·哈特（1997）指出，当环保成为企业总体战略的一个组成部分时，潜在的巨大商机之门便会就此开启。根据麦肯锡公司的调查，有92%的CEO和董事会成员认为，环境问题应当成为企业管理的三大重点之一；有85%的宣称，他们主要的工作目标之一应是探索如何将环境问题整合到企业的总体经营战略之中；与此同时，已有37%的人相信，他们已经成功将环境问题纳入了日常工作之中；35%的人认为，他们采取的

---

① 佩奇在其《环境保护与经济效率》一书中提出了“技术进步的非对称性”概念，即资源开发技术和环境保护技术的不对称性。研究结果显示：资源开发利用技术的进步是市场自身力量推动的结果，多方位多触角，反应快、周期短，投入产出比高；环境保护的进步是政策干预的结果，非市场经济的自然产物，往往反应慢，时间滞后，周期长，市场效益低。因此，技术进步在客观上可能促进环境资源的开发利用，而不利于环境的保护与持续发展。本研究认为，佩奇的研究没有充分考虑社会环境的演变，以及企业自身对外部环境的适应。随着社会各主体对环境价值的重新认识，资源开发技术与环境保护技术的不对称性将得到有效破解。

经营战略成功推动了环境的改善。[①] 演化经济学的企业能力理论尽管没有形成一个统一的理论形态，但其所包含的“核心竞争力理论”在现实经济中应用广泛。刘帮成和余宇新（2001）提出了“环境管理是企业竞争力新要素”这一观点。李延勇（2007）认为，环境管理和社会责任推动企业可持续发展，它们成为企业新的竞争优势。波特（1985）认为，企业竞争优势有两种基本形式：成本领先和标歧立异。换一句话说，过去，企业主要利用价格差异与产品差异两种手段来获取竞争优势。现在看来，环境因素将成为企业获取竞争优势的第三种手段（如图 4-2）。

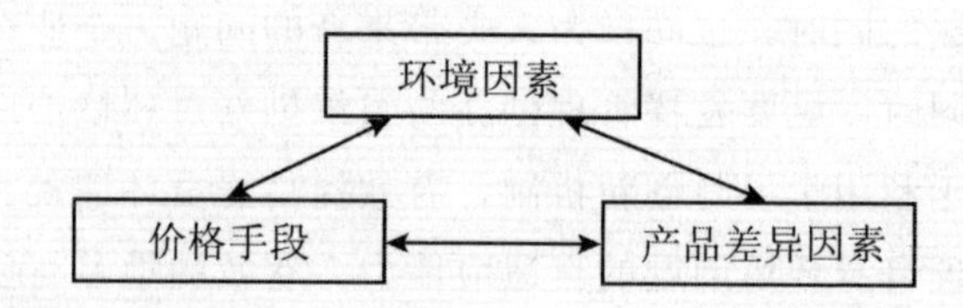

图 4-2　企业获取竞争优势的三种手段

资料来源：作者整理而得。

德嘉鞋业公司在创业之初就确立以“环境因素”作为其竞争市场的唯一优势，在短短几年的时间内就获得巨大的成功。[②] 马里奥·G·科拉（Mario G. Cora，2007）专门撰文论述了环境管理是一种价值创造的工具。他首先驳斥了环境管理仅仅是一种必要支出的说法，然后就环境管理能创造价值，应是一种投资这一结论，从财务学、金融学和经济学等角度进行了充分的阐释，最后运用案例论证了自己的观点。本研究认为，获取利益是企业生存与持续发展的经济基础。如果从价值创造和可持续发展视角来审视环境管理时，环境因素将取代价格与产品差异成为企业最为重要的竞争方式。洛文斯，霍肯等（1999）在《哈佛商业评论》发表了“自然资本主义的路径”一文，似乎也较早佐证了环境因素必将成为企业最为重要的竞争优势。发达国家一些学者就环境管理与企业竞争优势之间的关系

---

① 该数据引自艾默里·洛文斯、亨特·洛文斯、保罗·霍肯：《自然资本主义的路径》，《企业与环境》，中国人民大学出版社 2004 年版，第 98 页。

② 关于朱莉·路易斯创建环保鞋业公司—德嘉鞋业公司的典型案例被收录在《国际著名企业管理与环境案例》一书中，该书由清华大学出版社 2003 年 8 月出版（81—95 页）。

作了大量研究，并进行了归纳与总结（如图 4-3）。

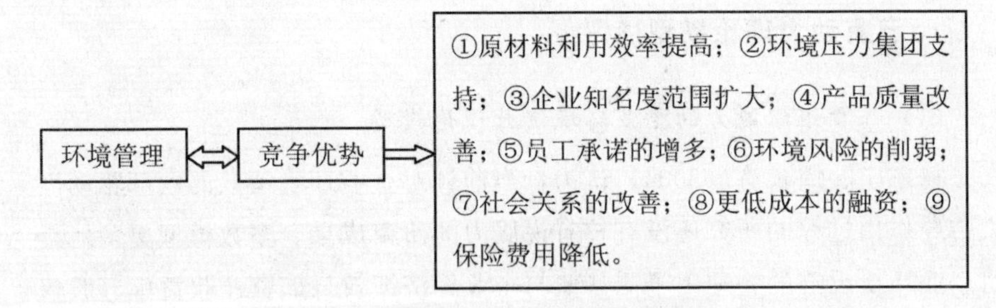

图 4-3　环境管理与企业竞争优势的关系

资料来源：作者整理而得。

特波（Tebo，2005）宣称："可持续发展即要为股东和社会创造价值，也要减少整个价值链的环境影响，可持续发展不是一个选择，而是21 世纪对成功企业的要求。"而当环境管理成为一种价值创造工具，环境因素构成为企业最为重要的竞争优势时，这一内生经济动力就将持续而稳定地驱使企业环境管理自组织机制的培育与发展。

（三）企业环境管理自组织动力理论模型

企业从事环境管理与改善环境绩效的动力研究一直都是学者们进行实证研究的焦点。在实证研究过程中，不同的学者对于同一驱动因素的作用效果，其结论存在较大差异。王兵、吴延瑞和颜鹏飞（2009）利用数据包络分析法，实证研究影响我国环境效率与环境全要素生产率增长的因素时，发现公众环保意识与环境效率显著负相关。这一结论与国外多数学者的观点存在差异。杨德锋、杨建华（2009）利用我国企业数据在实证我国企业对环境问题积极反应的驱动因素时，发现企业规模的影响不显著。但张炳、毕军等（2008）同样也是利用我国企业数据进行实证分析时，则发现企业规模影响显著。企业从事环境管理与改善环境绩效应该是内外驱动因素综合作用的结果，且内外各因素之间有着强烈的相互协同与非线性作用关系。

一旦要将各因素作用效果分别计量时，出现结论的差异恐怕也是在所难免。

1. 已有动力理论模型述评

(1) 基于组织能力的企业环境绩效理论模型

杨东宁、周长辉（2004）认为，当前针对企业环境绩效的内部驱动因素传导作用过程的研究还没有较有说服力的研究成果。多数模型更多地是将企业环境影响的物理因子测量值与企业经济绩效（如资产收益率、股权收益率、投资收益率等）相比较，难以真正考察企业内部驱动因素与企业环境管理与环境绩效的相互关系。他们认为，企业从事环境管理、实现环境绩效与经济绩效的“双赢”，关键在于企业所具有的组织能力。

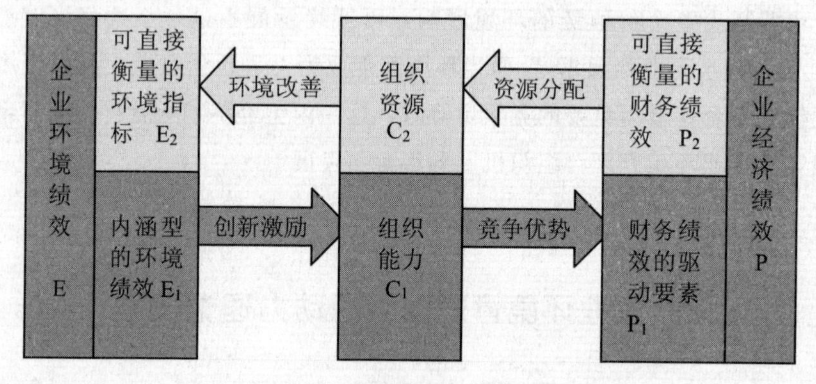

图 4-4 基于组织能力的环境绩效概念模型

资料来源：引自杨东宁、周长辉：《企业环境绩效与经济绩效的动态关系模型》，《中国工业经济》，2004，4：43－50。

企业在整体战略进程中长期培育出来的组织能力是为应对外部环境的变化而在企业内部形成的组织技巧、资源和功能，而经济绩效是组织能力的报酬，是有效环境管理的基础。他们从组织能力出发，构建企业环境管理与环境绩效的理论模型（如图 4-4）。其中企业环境绩效 E，包括物理性指标和激励性指标等内容。企业组织能力 C，包括管理水平和创新速度等内容。企业经济绩效 P，包括利润水平和增长率等内容。由 E、C、P 各内部结构及其相互间因果关系构成的模型具有动态性质，包括两个基本过程和两个循环回路。第一个基本过程是 $P_2 \rightarrow C_2 \rightarrow E_2$，其逻辑为：①随着

利益相关方对企业环境表现关注程度的提高，企业面临改善其环境绩效的压力；②在这些压力的影响下，企业被迫根据压力方的要求提高环境绩效，而这些压力方的要求往往体现在某些具体的、可以直接衡量的环境绩效指标上；③经济绩效好的企业，可以凭借其既得优势，分配更多的资源投资于环境管理，从而获得更好的环境绩效。这个过程的结果往往表现为基于产品的差异化优势。

第二基本过程是 $E_1 \rightarrow C_1 \rightarrow P_1$。其逻辑为：以激励为内涵的企业环境绩效衡量措施将有利于企业组织能力建设，比如，它将有利于企业加强对内部组织结构的相应调整，有利于企业与采购商或供应商建立新的关系，有利于提高员工工作的积极性等等，最后实现经济绩效的改善。这个过程的结果可能表现为基于过程的成本优势。关于两个循环回路的第一个循环回路为 E—C—E。这个短回路主要反映企业内部专业部门的活动。在企业中，由环境导向的组织能力对存量组织资源重新整合，可能促进可直接衡量的环境绩效指标的改善。这个循环回路所形成的模式相对于企业环境管理的“最佳实践”，其成效在相当大程度上取决于企业内部是否具有相应的互补性资产。循环回路 2 为 E—C—P—C—E。这个长回路由两个基本过程构成，反映了 E、C、P 之间互为因果的更为复杂的动态关系，是对企业层次上组织绿化活动的解释。在这个回路中，组织能力处于联系两头的核心地位，是企业环境管理实现经济绩效与环境绩效“双赢”内部驱动的坚实基础。

(2) 企业环境管理的驱动力理论模型

秦颖（2006）在总结文献研究的基础上，对企业环境管理的经济性进行了系统分析，构建了企业环境管理的动力理论模型。该模型概括了各驱动因素如社会因素、市场因素，并结合企业特征、组织结构和行业影响等因素对企业环境管理产生的内外驱动力进行了研究，以反映外部驱动力与内部驱动力如何相互作用共同推动企业环境管理（如图 4-5）。秦颖将驱动因素归纳为规制因素、超级基金和潜在危险性活动、市场因素、消费者和股东、投资者、环境危机信息披露、环境信息披露、销售资产率、公司规模、财务健康等 11 个因素。规则因素具体包括挂牌督办企业、处罚、污染支出和治理成本费用、优惠和补贴等。市场因素则具体包括市场和销售的最终产品、销售资产率、污染水平、竞争者压力等。企业属性具体包括严打支出、资产年限、公众关注度、公司规模等。秦颖认为，企业环境管理的外部驱动因素会驱使企业根据自身情况实施环境管理，继而通过环境行为对企业环境绩效产生影响，而环境绩效又对经济绩效产生影响；而经济绩效又会反过来影响企业环境管理行为的进一步实施，这是一个动态、系统的动力传递过程。她认为，在这个过程中企业始终把效益放在首位，因此，经济绩效是企业环境管理的原动力；但目前来看，通过绩效提高驱动企业积极环境管理条件还欠缺，外部因素尤其是制度压力还发挥着重要的作用。

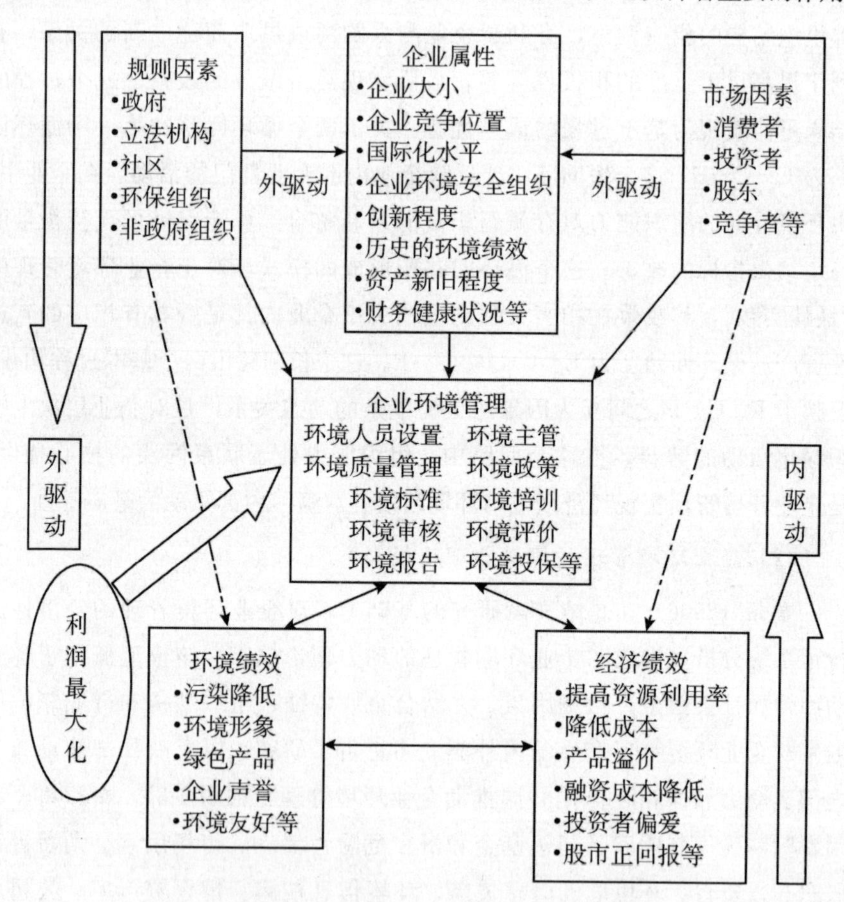

图 4-5　企业环境管理的驱动力理论模型

资料来源：引自秦颖：《企业环境管理的驱动力研究》，大连理工大学，2006，6。

(3) 企业参与自愿协议式环境管理的驱动模型

曹景山（2007）在总结文献研究的基础上，构建了一个驱动企业参与自愿协议式环境管理（VEAs）的概念模型（如图 4-6）。他将驱动因素主要分为内在非经济因素与外在非经济因素，内在经济因素与外在经济因素；而将企业规模、所属行业、地区位置归类为调节因素。在这些因素的共同作用下，促使企业参与自愿协议式环境管理。他在研究结论中指出，VEAs 的实施是一个系统工程，除了对企业进行宣传和倡导外，对消费者、投资者股东、社区公众，乃至金融系统等利益相关者的宣传也是很重要的，只有他们才对企业的行为起到积极地监督和推动作用。

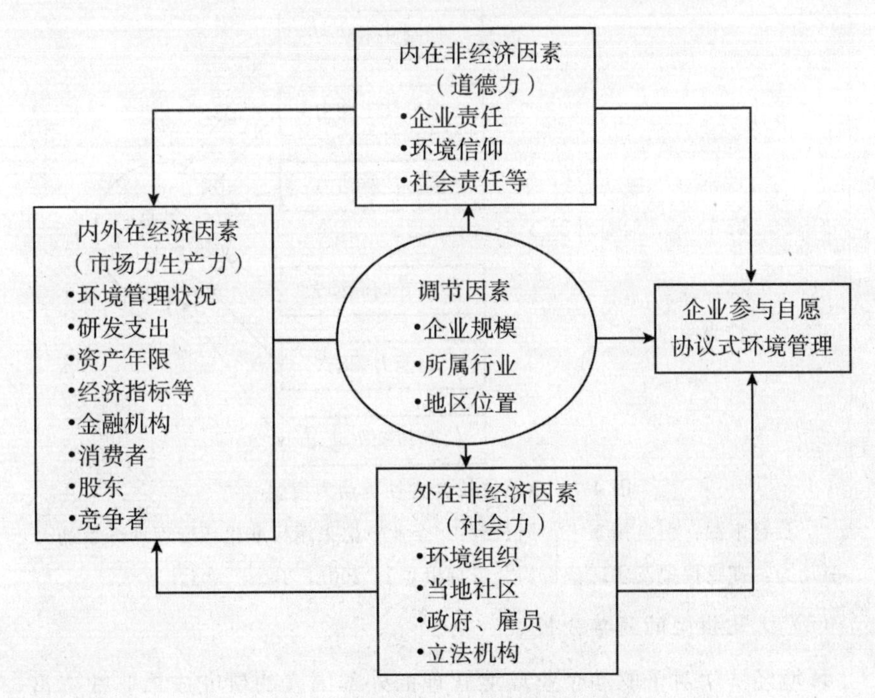

图 4-6 企业参与 VEAs 的概念模型

资料来源：引自曹景山：《自愿协议式环境管理模式研究》，大连理工大学，2007，6。

(4) 企业自愿标准化环境管理体系的驱动力模型

杨东宁和周长辉（2005）以制度理论为基础，围绕企业自愿采用标准化环境管理体系的动力构建了自愿目标驱动力模型（如图 4-7）。该模型的驱动力同样也分为外部驱动力和内部驱动力两部分。外部合宜性驱动力具体包括强制性驱动力、规范性驱动力和模仿性驱动力；内部合宜性驱动力具体又包括战略导向驱动力、学习能力驱动力和经验传统驱动力。强制性驱动力是指对企业有支配性的机构（比如政府环境保护主管部门或强有力的采购商等）向企业施加的正式的或非正式的压力；规范性驱动力与专业化特征密切相关；模仿性驱动力来自社会心理压力，单个组织将因此尽量向其同类大多数组织看齐。内部合宜性驱动力主要来自企业内部主要利益相关者的意愿或诉求，通过三种主要影响途径构建了企业内部合宜性驱动力的操作化概念。

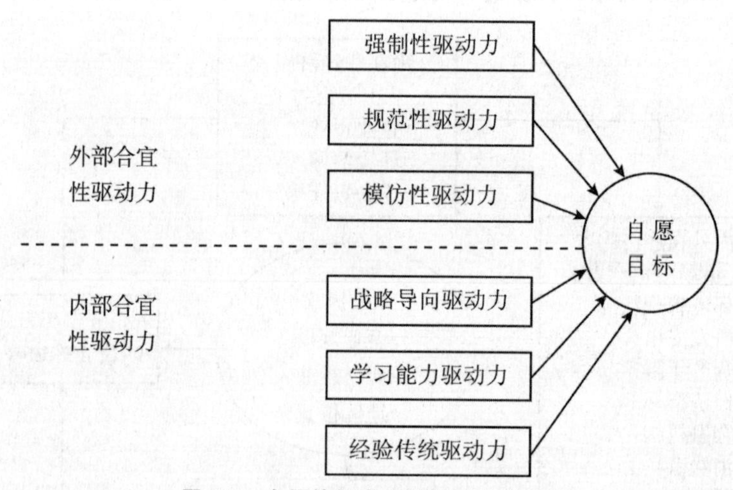

图 4-7　自愿协议合宜性驱动力模型

资料来源：引自杨东宁，周长辉：《企业自愿采用标准化环境管理体系的驱动力：理论框架及实证分析》，《管理世界》，2005，2：85—95。

（5）上述模型的简单分析

环境经济学对于驱动企业环境管理的外部因素的研究成果非常丰富，但在揭示企业内部因素作用机理中仍未有新的突破。杨东宁、周长辉试图利用组织能力来揭秘企业实施环境管理的内部驱动机制，有其积极意义。但正如其结论所说，“组织能力是连接企业环境绩效与经济绩效的纽带”，并未真正揭示支撑企业强化自我环境管理的内部驱动机制，还有待进一步深入研究。他们进一步针对企业自愿采用标准化环境管理体系的驱动因素

进行了系统研究，但并未有所突破，只是将其原有研究应用到一个更加具体的领域。秦颖综合了驱动企业强化环境管理的内外因素，但在揭秘企业内部驱动因素时，考虑到实证的需要，在设置内生变量时仅仅考虑了几个较为简单的指标，未能真正考察企业系统内部各组分之间相互的非线性与动态协同变化关系。其建模与实证方法与张炳、毕军等（2008）所建的模型基本相同，因此也难以真正揭秘企业强化自我环境管理的真正动力机制。

曹景山在秦颖研究的基础上，侧重于考察驱使企业参与自愿协议式环境管理的内外因素，相比于秦颖的研究，其研究范围有了一定程度的缩小，但研究思路及方法与秦颖、张炳、毕军等基本是一致的。因此，他也未能真正找到驱动企业强化自我环境管理的动力机制。本研究认为，上述几个理论模型侧重于研究驱动企业环境管理的内外因素，但是由于受到研究方法与理论的局限，未能真正找到内化企业环境外部性问题基本路径，也未真正揭秘驱动企业强化自我环境管理的内部作用机理，因此，在寻找和构建企业环境管理内外动力模型时，始终难以真正找到企业环境管理的内部动力机制。

2. 自组织动力理论模型的构建

谷国锋（2008）根据各种动力要素的特点与功能，从理论上将动力系统中的动力要素，按照空间尺度可分为：宏观动力、中观动力和微观动力；按照层次性可分为：表层动力、中层动力和深层动力；按照自组织理论可分为：自组织动力和他组织动力。本研究认为，企业环境管理自组织动力应为各驱动要素综合作用的结果，以自组织动力为根本，他组织动力为辅助。

耗散结构理论为自组织的创建及发展找到了条件与适宜环境，但并未真正探析到某种事物或某种体系自组织地自发或自动地走向有序结构的内在机制。哈肯（1989）认为，协同学是研究由完全不同性质的大量子系统所构成的各种系统，以及这些子系统是通过怎样的合作才在宏观尺度上产生空间、时间或功能结构的，特别是以自组织形式出现的那类结构。这类结构产生或演化的动力来自于系统内部各个子系统之间的竞争和协同，而不是外部指令。系统内部各个子系统通过竞争与协同，从而使竞争中一种或几种趋势化，并由此支配整个系统从无序走向有序，即自组织。

（1）竞争与协同是自组织机制培育的源动力

竞争是企业环境管理自组织机制培育的源动力之一，是系统演化最活跃的动力。因为系统内部诸要素或各组分或系统间的竞争是永存的，它依条件不同可大可小，或强或弱，但由于运动的永恒，系统内部各个组分或子系统的蝉翼就是永恒的，因而它的存在和演化也是永恒的。而竞争的存在和结果则可能造成系统内部或系统更大的差异、非均匀性和不平衡性。从开放系统演化角度看，这种竞争一方面造就了系统远离平衡态的自组织演化条件，另一方面推动了系统向有序结构的演化。竞争是实现资源有效配置的方式与途径，同时，竞争也是一个过程。从过程来看，竞争本质上是一种形成意见的过程，是企业主体不断获取知识、传播知识与扩散知识的过程（哈耶克，2003），是一个开放的、没有穷尽的创新、试验和反馈的过程（Nelson，Winter，1982）。因此，竞争对于企业系统负熵的产生有着积极的作用。知识的创造、传播与扩散及创新的出现都会促进企业系统内外要素的互动，促进更多负熵流入系统内部，从而促进企业系统朝向自组织化方向发展。

企业环境管理自组织机制创建过程中，竞争是全方位的。首先是观念与文化的竞争。企业环境管理自组织系统的演化需要在企业上下树立可持续发展企业文化，需要全体员工强烈的环境保护意识。这一主导观念与文化的树立过程，就是与传统观念和原有文化相互竞争的过程。强烈的环境意识与可持续发展企业文化在企业一旦确立，将形成一股强大的文化动力，推动企业环境管理自组织机制的培育。其次是组织结构与管理制度的竞争。企业组织结构与管理制度朝有利于企业环境管理自组织机制培育的方向演化，这一过程是不同演化方向相互竞争后选择的结果。有利于企业环境管理的组织变革与制度创新是企业培育环境管理自组织机制的组织与制度动力。

第三是技术与学习机制的竞争。技术进步可分为三种类型：边际外部

费用增加的技术进步（X）、边际外部费用减少的技术进步（Z）和中性技术进步（Y）（如图4-8）。培育企业环境管理自组织机制需要通过边际外部费用减少的技术进步，以获得竞争优势，并构成其技术创新动力。有利于自我环境管理的制度创新、技术创新、知识创新，以及其传播与扩散的学习机制，必然也需要和其他不同倾向与偏好的学习机制相互竞争。环境偏好学习机制的形成，有利于强化文化动力、组织与制度创新动力，以及技术创新等动力的综合作用。当然，有利于培育企业环境管理自组织机制的外部环境也存在各种竞争。前面所列举的各种外部驱动因素的形成，都是激烈竞争后的结果，比如政府管制压力。曼齐尼等（Manzini，etc，2003）提出一个具体的关于企业与政府管制者相互竞争协商的模型。通过该模型的检验，竞争后协商结果是：“‘最难缠企业原则’表明，协商结果本质上是由最富有挑战性企业对环境控制的态度而决定的”。因此，政府管制的强制程度其实是政府、企业、社区、环保组织，以及公众等力量相互竞争后形成的结果。

协同是企业环境管理自组织机制培育的源动力之二。协同是指系统中诸多子系统相互协调的、合作的或同步的联合作用与集体行为，是系统整体性、相关性的内在表现。协同会促使系统各子系统和各组分在非平衡条件下使子系统中的某些运动趋势联合起来并加以放大，从而使之占据优势地位，支配系统整体的演化。根据协同主体的不同，可分为内部协同与外部协同。企业环境管理自组织机制的培育取决于企业内部协同，但也离不开企业外部协同作用的发挥。协同正在成为管理魔法中一种愈来愈重要的方法选择。[①] 企业内部协同表达了这样的理念，即公司的整体价值大于公司各独立组成部分价值的简单总和。企业要实现零污染、零缺陷、零库存，没有企业内部各职能部门、各员工间的协同合作，是万万不行的。协同效应能否发挥，与企业组织结构与管理制度密切相关。

良好的组织结构与管理制度可以使协同产生诸多优点：首先，它会使企业环境管理系统产生较低的协同成本，大大降低企业内部管理成本和外

---

① 引自K. 普瑞斯等：《以合作求竞争》，辽宁教育出版社1998年版，第103页。

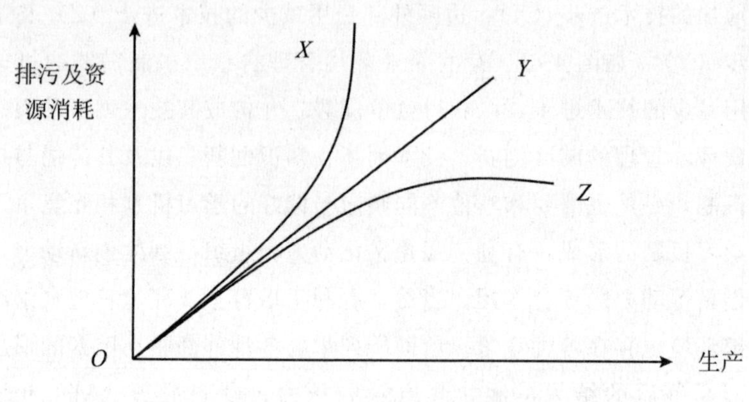

图 4-8 技术进步的类型

资料来源：转引自阎兆万：《产业与环境—基于可持续发展的产业环保化研究》，经济科学出版社 2007 年版，第 110 页。

部市场交易成本，并进一步促进组织结构与管理制度的动态优化。其次，它会促成环境管理系统的自我演化与完善，降低系统内部的不确定性，增强环境管理系统的竞争力和解决即兴问题的能力，并进一步提高系统的协同能力。第三，它会促成资源的重新整合，创造一种新的竞争环境，继续推动整个系统自组织水平的提升。环境考虑进入企业总体经营战略就是企业环境管理竞争与协同整合后的结果。企业内部层次性、差异性、复杂性越大，则协同对于企业越重要。企业复杂的环境问题有时候难以通过自身环境管理系统得以解决，这时则需要跨企业间环境管理系统的协同，这就是企业环境管理自组织机制的外部协同（关于企业环境管理自组织机制外部协同演化的问题留待下章分析）。

竞争与协同相辅相成，共同演进，竞争决定着协同的方式，协同又进一步促进竞争的演化。开放的企业环境管理系统，其竞争的形式是非线性竞争，并促进非线性协同方式的发展。企业环境管理自组织机制的培育离不开企业由原来的价格竞争向基于环境因素的竞争方式转变。环境因素成为企业核心竞争优势为推动企业环境管理自组织机制培育注入强大的经济动力，而企业环境管理自组织机制的培育又会进一步增强企业这一竞争优势，二者在竞争与协同中互动发展。总之，竞争与协同是企业环境管理自组织机制培育的源动力，是融合并强化企业内外各驱动因素综合作用的根

本方式。

(2) 构建自组织动力理论模型

综合内外驱动因素与源动力分析，构建企业环境管理自组织动力的理论模型（如图 4-9）。实线框内为企业主体，实线框以外虚线框以内为外部环境。作为推动企业环境管理自组织机制培育的源动力，竞争与协同融合于企业内外环境，时刻存在。企业环境管理自组织内部动力子系统主要由文化动力子系统、制度创新动力子系统、技术创新动力子系统和环境因素经济动力子系统所构成。

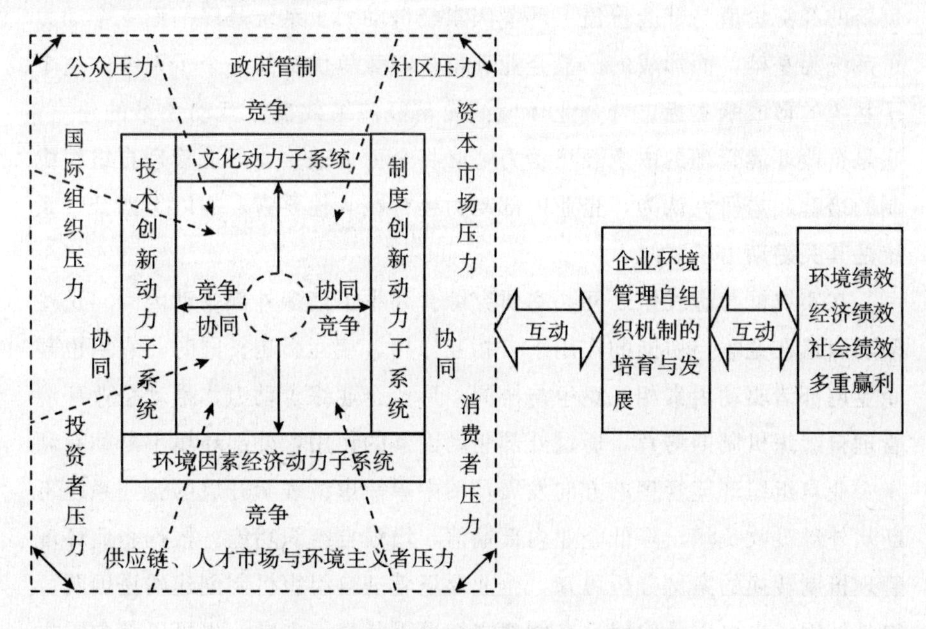

图 4-9 企业环境管理自组织动力的理论模型

资料来源：作者整理得。

文化动力子系统的主要构成要素有：可持续发展理念、环境意识、自然与人类和谐的文化定势、以可持续发展为内涵的文化模式、文化效应等。其动力的表现形式则有：激励力、导向力、凝聚力等。其功能实现过程为：文化动力首先作用于人的思想观念，继而进入企业的各个层面，并广泛影响企业的经营与管理决策，影响企业各员工的行为。企业文化有着强劲的渗透力和遗传性，一旦形成将产生久远的作用。制度创新动力子系统的主要构成要素有：正式制度、非正式制度、组织变革、制度变革等。其动力的表现形式有：约束力、竞争力、合作力、引导力、政策力等。其功能实现过程为：在与内外环境的互动中实现制度变革与组织变革，往往是以点带面，逐步扩散，最后全面突破。

技术创新动力子系统的主要构成要素有：研发机构、全体职员、制度等。其动力的表现形式有：技术推力、市场拉力、扩散力等。其功能的实现过程为：由企业主导构建企业技术创新系统，通过发挥技术创新系统与学习机制的功能来推动企业环境技术创新及其传播与扩散，最后实现技术创新的经济价值与社会价值。环境因素经济动力子系统是以前面三个动力子系统为基础，而形成的凸显企业环境核心竞争优势的一个子系统。这个子系统的形成基本标志着企业环境绩效与经济绩效良性互动关系的建立，它是企业环境管理的内生经济动力，必将全面加速企业环境管理自组织机制的培育。本研究认为，企业内部动力还存在其他要素，但以上四个子系统是其关键动力子系统。

在实线框与虚线框之间，本研究综合列举了诸多外部驱动因素。这些驱动因素在竞争与协同的作用下，相互作用、相互影响。同时，它们也与企业内部诸驱动因素相互竞争与协同，形成企业综合动力，推动企业环境管理自组织机制的培育。通过外部驱动因素的作用，外部环境不断朝有利于企业自组织环境管理的方向发展，图中单箭虚线表示开放的企业系统不断从外部吸收负熵，降低企业内部熵值，增强自组织功能。根据企业环境管理机制转换的案例分析可知，企业环境管理自组织机制创建的诱因既可以是外因，也可以是内因；在创建之初可以是外因主导，也可以是内因主导，但一定是外因主导力量趋弱，内因主导力量趋强，最终内因成为支配力量的这一基本过程。

企业内外驱动因素、企业环境管理自组织机制的培育，以及企业的环境绩效、社会绩效与经济绩效之间是相互支持，相互作用。一方面，在企业内外驱动因素的作用下，企业环境管理自组织能力与水平不断提高，企业环境绩效、社会绩效与经济绩效得到改善与提高；另一方面，改善和提高后的企业环境绩效、社会绩效与经济绩效，又会进一步刺激企业环境管

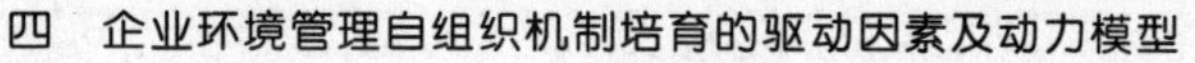

理自组织机制的健全与完善，催生企业内外驱动因素的继续演化，进一步增强其驱动作用。如此，企业内外驱动因素、企业环境管理自组织机制与企业目标之间的良性互动关系就已建立，企业将成为超“标准”执行环境管理的典范，最终内化企业环境外部性问题，实现企业环境、社会与经济绩优目标。

（四）本章小结

培育企业环境管理自组织机制是企业内化环境外部性问题，实现环境、社会与经济绩优的基本路径。本章系统分析了驱动企业环境管理自组织机制培育的外部因素和内部因素，以此为基础，结合自组织理论，构建了企业环境管理自组织动力理论模型。

该模型以竞争与协同作为自组织机制培育的源动力，以企业内部四大动力子系统为内部驱动力，融合严格政府管制、金融与风险管理市场、投资者及供应链相关者、消费者与环境主义者、人力资本市场等外部驱动因素综合构建。企业内部四大动力子系统分别是：文化动力子系统，制度创新动力子系统，技术创新动力子系统和环境因素经济动力子系统。

本章的研究，较为系统地解析了培育企业环境管理自组织机制的作用机理。它将有利于本研究对照分析我国企业环境管理自组织机制培育的现状，也有利于本研究进一步寻求培育企业环境管理自组织机制的相关政策。

五　企业环境管理自组织机制的外部协同演化

基于企业系统内部资源与环境容量的有限性，企业环境外部性问题的进一步内化，可能需要企业结合内外环境，通过选择机制，与外部其他企业一起构成产业生态系统（或者说是产业生态链），相互协同，互助共生。本章将利用超循环与超系统理论，讨论企业环境管理自组织机制的外部协同演化及其实践方式——生态工业园。

（一）企业环境管理自组织机制的外部协同演化

现代系统理论和生态学理论认为，基于系统资源与环境容量（“环境容量”广义上包含“资源可供量”和“污染或熵的可纳量”两项，它是有限的可变量）的有限性，系统的可持续发展难以为继。经济学家丹尼斯·梅多斯和其他一些学者运用系统动力学分析全球系统，撰写了《增长的极限》一书。一些学者悲观地认为，只有控制发展，才可以保持系统的相对稳定，否则系统发展越快，系统资源与环境容量消耗也越快，系统瓦解或崩溃也越快。自组织系统尽管是系统演化发展的较高阶段，但它似乎也难逃瓦解或崩溃的结局，系统到底如何延续其“生命”，这需要新的理论支撑。

1. 超循环与超系统理论

在现实拷问与理论挑战的双重作用下，德国学者艾根在现代系统理论的

基础上提出超循环理论[①]，以破解系统自循环难以持续的困境。所谓“超循环”，原指生命起源过程中，化学分子和生物大分子的一种自组织机理。从其字面上理解，超循环就是循环之上的循环，是维持两个或两个以上动态系统的循环圈。例如，组织层次的跃迁，即在低级组织基础上建立更高级组织层次，然后又在这个组织层次上再建立更高组织层次，即循环套循环再套循环。超循环不仅是一种形式上的循环系统的整合，而且是一种功能性的综合。超循环突出系统间非线性作用，具有自复制、自适应和自进化的功能。超循环所能容纳的信息量要比其他形式上的信息量大得多，从而使得组织的结合更紧密，组分和结构更具有丰富性和多样性，也能使能量汇聚，被系统多次利用、充分利用，最终使系统越来越远离平衡，其非线性特征也越来越强。

吴彤（2001）认为，超循环论有其多种意义：首先，循环利用物质、能量和信息流，可以获得最大产出比。当前循环经济的广泛开发，正是超循环论的现实应用。其次，超循环论为整合和重组资源提供了创造性思想。第三，不同层次的交叉催化，产生“因果”循环，更有利于推动系统的发展与演化。超循环方法是一种结合的高级方法和形式，在结合过程中其源动力仍然是竞争与协同，超循环系统正是在单个系统间内外竞争与协同的作用下形成的。超循环系统的结合存在有多种形式，董京泉（2000）按结合实现的行为方式将结合的形式分成：整合式、吸附式、交织式、注入式、适应式、重构式等，并对结合后形成的结合体也区别为板块型、渗透型、融合型、辐射型和网络型等形式，其中交织、融合、网络等结合形式与循环和超循环方式都密切相关。

胡皓（2002）基于完善可持续发展理论的需要，在自组织理论基础上提出“超系统”思维[②]，人们称之为“超系统”理论。任何一个系统都始终面临各种随机涨落，当系统具有足够有效的负反馈机制时，任何涨落都可以得到抑制而不可能放大而影响系统的稳定。但很难有系统能具备这种

---

① 关于艾根的“超循环”理论，详细可以参考 M. 艾根著《超循环论》（沈小峰，曾国屏译，上海译文出版社 1990 年版）。

② 关于“超系统”思维的详细论述，参见胡皓、楼慧心所著《自组织理论与社会发展研究》一书，该书由上海科技出版社于 2002 年出版。

足够有效的负反馈机制，因此，系统失去稳定就在所难免。当系统具有足够有效的正反馈机制时，它才具有持续发展的条件，但足够有效的正反馈机制也是难以保证的，因此，系统的不可持续也是必然。胡皓认为，竞争就如系统的正反馈机制，促使系统扩张与发展；而协同就如系统的负反馈机制，促使系统维持与稳定。为维持系统的继续存在与发展，在竞争与协同两动力的作用下，系统与系统超越空间，构成更大的系统，实现原有单个系统的“生命”延续，这就是胡皓的“超系统”思维。“超系统”思维的最核心思路，是超出各单个系统，在与其他系统的互利合作、协同进化中，耦合成某种更高层次上的“超系统”，从而在该超系统的进化中，寻求作为其组成系统的可持续发展（超系统结构如图 5-1）。

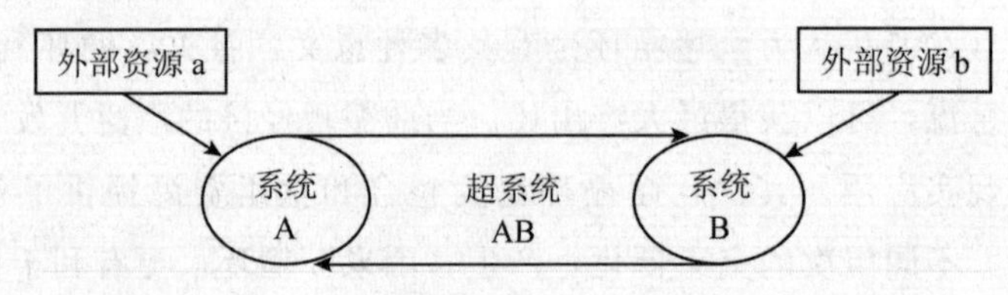

图 5-1　简单超系统结构

资料来源：胡皓，楼慧心：《自组织理论与社会发展研究》上海科技教育出版社 2002 年版，第 82 页。

当然，并不是任何系统都能耦合成“超系统”，它们需要具备一定的条件：通过产物自返循环实现的自利性，与通过产物交互循环实现的互利性，而且往往互利性大于自利性。范阳东、梅林海（2009）认为，超系统理论完善了可持续发展的理论体系，而循环经济则是“超系统”理论的一种现实应用，是实现可持续发展的重要战略与方式。

2. 外部协同演化

徐大伟（2008）认为，企业间的合作不是一种新现象，但企业间绿色合作升级则是一种新现象、新趋势、新课题。[①] 托马斯·施特尔，托马斯·

---

① 徐大伟就企业间绿色合作的问题进行了深入研究。本研究认为，其关于企业间绿色合作升级问题的研究，即为本文所研究的关于企业环境管理相互合作的研究问题，企业环境管理自组织系统一旦发现通过企业合作能更好地提高环境绩效，减少污染时，该系统会主动地变革组织，创新制度，在更大范围内寻求合作，这是企业环境管理自组织系统的一种外延演化。

奥特（Thomas. Sterr，Thomas. Ott，2004）通过实证调查，对德国莱茵地区的研究结果显示，进行区域性企业间合作更适合物质闭路循环和创建可持续工业生态系统。1993 年开始，我国台湾在大型垃圾资源回收项目中新引进了“工业合作”制度，力图在环保领域建立企业间的合作机制。主流经济学从交易成本理论与社会交换等理论，演化经济学则从资源基础理论出发，探讨了企业间合作的产生机理（如图 5-2）。伦维斯（Lenvis）认为，不论产品处于生命周期的何处，产品对环境的影响都已经在设计阶段就被锁定了，因为在此阶段产品的原材料已经被选定，产品的环境绩效也在很大程度上被决定了。企业的环境问题，有时从原材料供应就已经为其埋下了根源，完全依靠单个企业环境管理自组织系统可能难以解决企业所有的环境问题，企业间相互合作，互助共生，是其环境管理自组织机制向外延伸演化的必然选择。

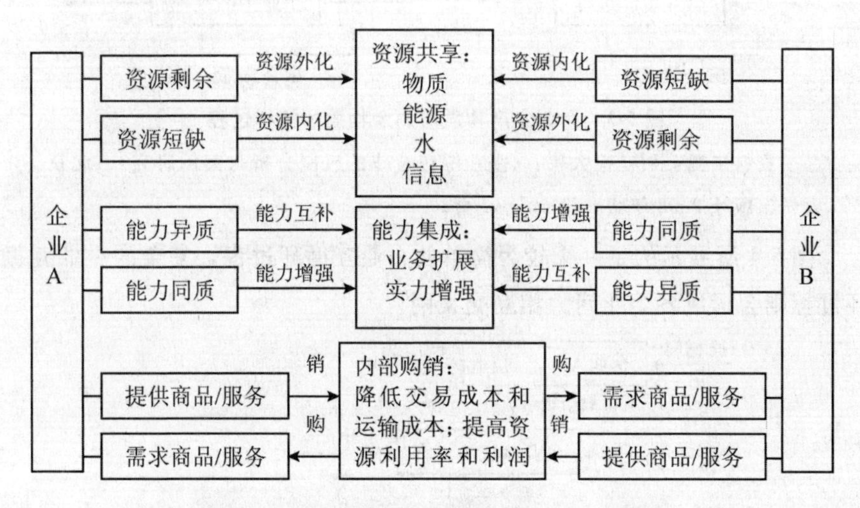

图 5-2　主流经济学关于企业间合作理论模型

资料来源：徐大伟：《企业绿色合作的机制分析与案例研究》，北京大学出版社 2008 年版，第 28 页。

循环经济理论和环境管理学表明，要较好解决企业环境污染问题，需要企业从开环直线生产模式向封闭循环生产模式转变（如图 5-3a）。企业在传统生产工艺流程的基础上，添加局部反馈、回流环境，从而使物质呈现回流状态，使生产过程中所产生的剩余物质在企业自己的其他环节得到重复利用，没有或很少有剩余物质的外排现象，这被生态工业学称为企业的自循环模式。根据企业是否有剩余物质排出，可以把自循环物质流模式分为两类：一类通过自循环无剩余物质排出（如图 5-3b）；另一类是通过自循环有剩余物质排出（如图 5-3c）。当企业存在剩余物质排出时，通过与其他企业的合作组成另一个封闭循环，可以消化该剩余物质，这样就构成企业间的互循环模式，这种模式就是艾根的“超循环”。

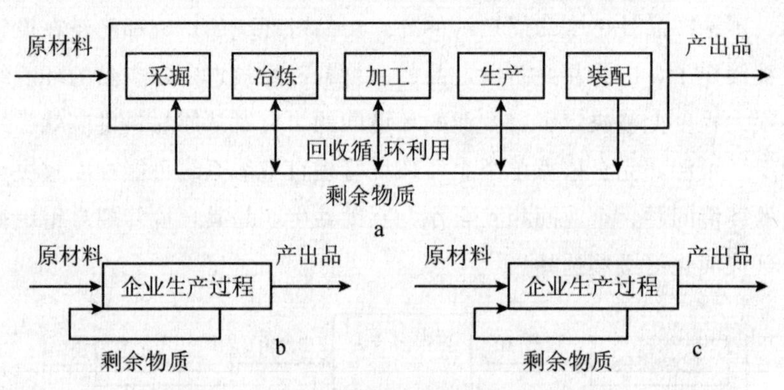

图 5-3 企业生产物质与剩余物质的循环过程

资料来源：引自徐大伟：《企业绿色合作的机制分析与案例研究》，北京大学出版社 2008 年版，第 40－41 页。

图 5-4 所展示的是一个较为简单的企业互循环过程，复杂的企业互循环过程则会形成各企业间的相互交叉网。

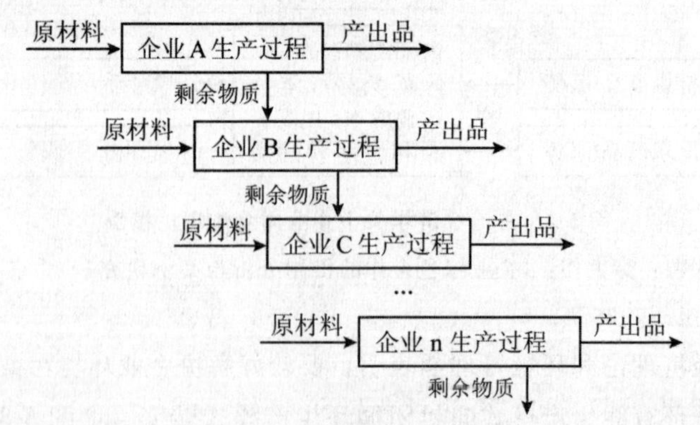

图 5-4 企业互循环简单过程

资料来源：徐大伟：《企业绿色合作的机制分析与案例研究》，北京大学出版社 2008 年版，第 43 页。

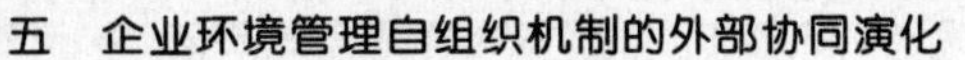

图 5-5 所展示的则为简单二级超级系统，它包括资源开采者、加工者、废物处理者和消费者四个次级系统组成，最终实现有限资源消耗与有限废物的排放。二级超级系统经历成长期、成熟期和衰退期三个阶段后，临近其超系统阈值时，该系统就会主动进行组织结构优化，并与其他系统相互合作，构建更高层次的更大超系统，获取更大的环境容量空间，通过更大空间实现环境管理合作，以解决其环境问题，并实现自身的持续发展。

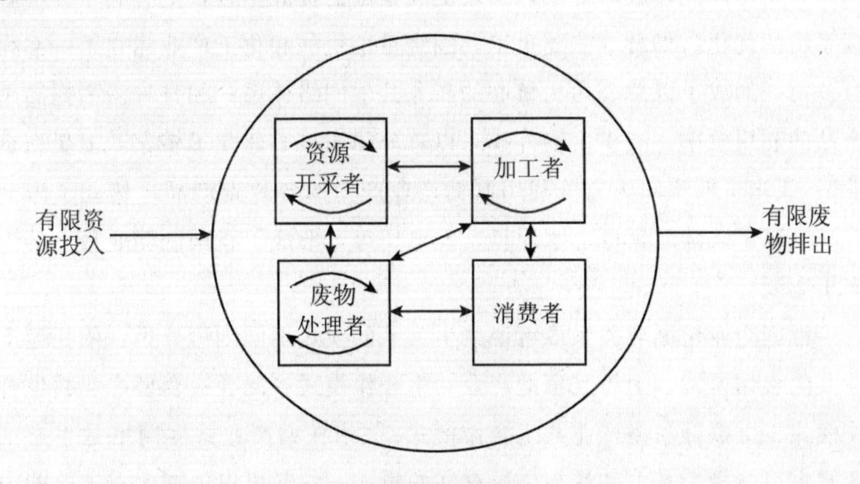

图 5-5　二级超级系统模式

资料来源：徐大伟：《企业绿色合作的机制分析与案例研究》，北京大学出版社 2008 年版，第 47 页。

企业对外合作，无论是构建超循环体系，还是组建超级系统，都有其外部协同演化的基本路径。企业合作关系可分为纵向合作、横向合作和网络合作三种类型。纵向合作是指企业与其上游供应商和下游客户之间的合作，这种合作有利于工艺流程的变革与优化，实现产业链的动态发展。横向合作是指企业与竞争者和互补者之间的合作，有利于知识共享，技术升级，更好地优化环境管理。网络合作是指企业既与上下游企业合作，又与竞争者和互补者合作，形成相互交叉的复杂模式。

具体到企业合作系统时，生态工业学称其为产业共生系统或产业共生体。根据产业共生参与企业的所有权关系，可分为自主实体共生和复合实体共生[①]，这是目前生态工业园工业共生网络中最为普遍的两种形式。自主实体共生是指参与企业都具有独立的法人资格，双方不存在所有权上的隶属关系。它们是随着企业的发展，为降低环境影响，实现互利互惠，而形成的“共生系统”，这种共生模式的代表性案例为丹麦的卡伦堡生态工业园。复合实体共生是指所有参与共生的企业同属于一家大型公司，它们是该大型公司的分公司或某一生产车间。这一模式可以更好地将环保战略融入公司总体经营战略之中，实现更大范围的资源整合，更有利于环境管理系统的优化。如日本三菱重工，围绕重工机械和化工产业建立了一系列分公司，形成了以总公司为核心的产业共生网络体系；朝日啤酒为提高副产品的利用效率，减少废物外排，以总公司为核心建立了多家“卫星型企业”；我国贵糖集团为充分利用制糖产业产生的各种副产品，建立了酿酒厂、纸浆厂、碳酸钙厂、水泥厂、发电厂等，形成了我国制糖业最大的生态工业园。

根据企业超循环关系或者说共生关系的模式不同则可分为：依托型产业共生合作模式、平等互惠型产业共生合作模式、混合嵌套型产业共生合作模式、虚拟链条型产业共生合作模式。[②]依托型产业共生网络是生态工业园中目前最为基本和最为广泛存在的模式。它又可以根据生态工业园中核心企业的数目不同，分为单中心依托型共生网络和多中心依托型共生网络。平等互惠型产业共生网络是指在生态工业园中，各个节点企业处于对等状态，通过各节点之间（物质、信息、资金和人才）的相互交流，形成网络组织的自我调节仪维持组织的运行。该模式的最大特点在于参与企业之间的业务关系是平等的，不存在依赖关系，世界上采用该模式最为成功的生态工业园是加拿大的波恩赛德工业园。混合嵌套型产业共生网络是吸收了前面两种网络模式的优点而形成的多级嵌套的复杂组织网络模式，奥地利施第里尔生态工业园是其典型代表。随着电子技术、计算机技术、通

---

① 关于工业共生系统与工业共生模式的详细论述，可以参考王兆华所著《循环经济：区域产业网络共生》，该书由经济科学出版社于 2007 年出版。

② 同上。

信技术特别是网络技术的快速发展，虚拟链条型产业共生网络逐渐在全球开始出现。它们借助现代信息技术，依靠信息流，围绕价值链、产业链建立开放式动态产业共生联盟，突破空间与地域的限制。综合来看，企业环境管理自组织机制外部协同演化的最典型实践方式应为——生态工业园。

（二）企业环境管理自组织共生合作网——生态工业园

产业生态学作为一个概念在上个世纪 90 年代开始出现，它的支持者认为，产业生态学可以在地方与区域规模上传递可持续发展的多赢结果。[①] 切尔托夫（Chertow MR，2004）认为，产业生态化模式不同于其他绿色产业的目标，绿色产业主要集中在单个企业层面，而产业生态系统则通过相互合作运营，以改善企业间的联合环境绩效，提高利润空间，并潜在地加快经济发展。生态工业园作为产业生态化发展模式的承载者由此开始付诸实践。

在美国，生态工业园发展战略获得了联邦政府的支持，通过总统委员会可持续发展计划，提倡和开发了多个示范点；在欧洲，生态工业园发展战略也获得了鼓励，特别是在挪威、丹麦等国；在亚洲，生态工业园发展战略已经在日本、印度、菲利宾、我国台湾、伊斯兰卡，以及我国都得到了广泛实施。在人们给予生态工业园极大热情与期望时，生态工业园在十几年的实践中，暴露出诸如经济与环境效率低、发展动力不足与系统不稳等隐患或问题，生态工业园的持续发展受到了挑战。[②] 戴维·吉布斯等

---

① 引自 David. Gibbs，Pauline. Deutz，Reflections on implementing industrial econogy through eco－industrial park development [J]，Journal of Cleaner Production，2007，15：1683－1695。需要说明的是“工业”与“产业”的英文都是同一个单词，因此有的人翻译为工业生态学，有的人翻译为产业生态学。

② 关于生态工业园运作机理，本文这里不再作介绍，在此侧重分析当前生态工业园可持续发展所面临的的问题，发现其根源在于培育与发展园区系统自组织机制的严重不足，从而使得企业间网络联合或者废物与物质循环难以实现，未能真正实现经济、社会、环境绩效的多赢结果。

(David. Gibbs，2007）通过对美国、欧洲几十个工业生态园的考察，的确发现存在企业间网络化联合或者废物与物质循环利用的案例较少，大部分生态工业园未能取得预期效果。

1. 园区持续发展所面临的问题

（1）园区系统动态演化能力弱，稳定性差

产业共生网络是生态工业园园内企业生态合作的主要组织形式，它的运行状况决定了园区系统动态演化的路径，也关系到园区的稳定发展。埃伦费尔德（Ehrenfeld. J，2004）认为，产业共生网络不仅仅是一种副产品交换，还包含有技术创新、知识共享、学习机制等多项内容，它随着生态工业园的动态演化而不断丰富。事实上，当前更多的生态工业园是基于政府的支持，仅仅进行着副产品的交换，远没有形成真正的产业共生网络。绝大多数生态工业园仍处于他组织状态，导致自身适应复杂性环境的能力弱，动态演化的内在动力机制的构建滞后，造成进一步演化与发展难以为继。面对不断变化的内外环境，园区系统在自我管理、自我协调与自我发展等自组织机制构建滞后的情况下，其系统的动态演化能力与稳定性必然受到影响。

查尔斯山甲生态工业园是美国早期生态工业园的典型代表，但由于地理位置偏僻、劳动力水平低下、经济支持减弱等多种原因，这个系统已逐步停止园区系统内的循环链接，陷入僵局。卡伦堡生态工业园也曾经因为系统内部协调出现问题，而导致系统内企业产业链接出现断链。我国某著名生态工业园也曾因核心企业高层人事变动，结果导致园区原有的生态工业链条发生断裂、变动。[①] 这些事实表明，当前生态工业园发展相对僵化，其适应复杂性环境的能力弱，推动其动态演化的内部动力培育不足，既影响到系统内产业共生网络的建设，也影响到系统的持续发展，难以实现预期的环境、社会与经济绩效目标。

---

① 相关案例引自武春友、邓华、段宁：《产业生态系统稳定性研究述评》，《中国人口、资源与环境》，2005，5：20－25。

（2）园区系统多样性发展滞后，选择机制功能缺失

演化经济学强调系统本身所具有的多样性特征，只有具备多样性才有利于选择机制功能的有效发挥。对于生态工业园的发展，一直以来，有关方面都过于强调提高园区系统生态效率，而忽视了系统的本质特征和演化发展规律，使得园区系统的自我发展、自我选择受到严重影响。马什（1865）认为，自然环境存在巨大的多样性，独立性和复杂性，它不可能被还原为输出和输入，人类作为在环境中生存的一部分，也不可能被简化为生产者兼/或消费者。[①] 贾根良（2005）认为，经济系统的复杂性和可持续发展使我们不得不采用系统的或有机的方法，而无法恪守方法论个人主义。约翰·福斯特等（2005）认为，诸如企业之类的经济结构是带有自组织特点的复杂适应系统，因而它们理应具备自组织系统的多样性特征。

生态工业园只有具备多样性特征，才能发挥选择机制的功能，才能持续维持系统的动态发展优势。从目前生态工业园的现状来看，其系统层面、产业层面和企业层面的多样性发展都严重滞后，甚至被人为地予以抹杀，致使其系统内外、产业内外和企业内外的互补、协同、合作乃至竞争关系因多样性缺乏而难以建立，系统选择机制因多样性缺乏而功能缺失，由此产生系统结构优化困难，出现僵化等诸多问题也就在所难免。这些问题的连续产生，必然影响系统共生网络的协同效应与竞争效应的发挥，继而影响系统经济竞争力的进一步增强，也影响系统环境与社会绩效的进一步提高，致使园区系统持续发展受到威胁。

（3）园区系统技术与制度创新不足，产生园区“悖论”

关于生态工业园“悖论”问题，学术界存在两种说法：一种说法认为，生态工业园的产业共生既促进又阻碍技术创新，而技术创新也既促进又阻碍产业共生，这就是所谓生态工业园的产业共生“技术创新悖论”[②]；

---

① 该观点引自E. 库拉著：《环境经济学思想史》谢扬举译，上海人民出版社2007年版，第50页。

② 郭莉、胡筱敏等在其《产业共生的“技术创新悖论”——兼论我国生态工业园的效率改进》的论文中提出了该观点，该文发表在《科学学与科学技术管理》2008年第10期。

另一种说法认为，生态工业园建设迅猛发展的客观实际与其现阶段经济、社会与环境效益严重不足之间的矛盾，即为所谓的生态工业园“悖论”。[①]关于产业共生与技术创新的矛盾问题，奥尔登伯格，盖泽（Oldenburg，Geiser，1997）最早系统地对此进行过论述。他们认为，产业共生可能强化企业对有害物质的依赖并削弱技术革新的动力，企业间的强依赖关系是产生矛盾的根源，将清洁生产纳入产业共生体系是有效的解决办法。[②]

当前，大部分生态工业园更关注副产品的交换，并以此作为企业对外宣扬的资本。其实，生态工业园建立的目标不是交换副产品，而是尽可能地减少废物的排放与资源的消耗。一旦企业将目标混淆，企业缺乏清洁生产的技术与制度创新的动力就可以被理解了。此外，更多园区系统以实现产业共生为最终目标，而不是以产业共生作为方式，以保持园区系统创新能力与竞争力，实现持续发展为目标。如此定位，造成清洁生产与产业共生难以协同进化就成为必然。而依靠清洁生产破解生态工业园的产业共生“技术悖论”，也因为清洁生产的技术与制度创新不足而难以实施，造成“技术创新悖论”确实存在，并成为难以破解的难关。关于第二种“悖论”，蔡小军等（2007）认为，它的产生既有主观原因，又有客观原因。主观原因在于生态工业园的设计与发展违背了系统演化的基本规律，以及政府行政部门的过度干预，致使系统自身自组织能力培育不足；客观原因在于生态工业园产业共生的协同演化是一个长期而复杂的过程，需要内外环境的不断孕育与发展，而不是一蹴而就。

宋胜洲（2008）从系统演化角度指出，创新策略导致个体收益水平提高和适应能力增强，有利于实现个体层次上的进化；模仿策略作为创新扩散的方式扩大了适应个体的规模和数量，有利于实现群体层次上的进化；在动态竞争条件下，惯例策略对于个体而言是退化，对于群体而言乃是淘汰。本研究认为，尽管生态工业园容易产生路径依赖和锁定，从而出现所

---

① 蔡小军、张清鹅、王启元等在《论生态工业园悖论、成因及其解决之道》中提出过该观点，该文发表在《科技进步与对策》中2007年第3期。

② 该观点引自Kirsten U，Oldenburg，Kenneth，Geiser. Pollution prevention and industrial ecology［J］. Journal of Cleaner Production. 1997，5：103－108。

谓的“悖论”问题，但可依靠技术和制度创新来破解路径依赖，实现路径的有效变迁。当前园区系统技术与制度创新能力不足，使得园区系统不可避免地陷入路径依赖的困境，造成园区“悖论”的事实。

(4) 园区系统演化路径不通畅，抑制自组织机制培育

生态工业园产业共生网络的形成路径主要分为两种：自发形成和由人为规划设计形成。所谓自发形成是指聚集在园区内的企业因经济利润及其他原因的吸引，在长期合作过程中自我发展起来的一种产业共生网络形式。而“人为规划设计”是指在政府、园区管理者和科研机构的参与下，依靠行政命令、相关政策和技术手段进行规划和设计而形成的。生态工业园是一个复杂的超级系统，经验表明，它的发展显然是离不开政府支持的。它的演化发展应该是他组织与自组织共同作用的结果。复杂系统在不同的演化发展阶段，他组织与自组织的主导作用有所不同，其基本规律是：随着系统的发展，他组织的作用在不断减弱，自组织功能在不断增强，这是系统演化的一般路径。

演化经济学家朗格卢瓦（Langlois，1983）认为，经济系统并不是控制论式的反应器，它们不会被动地接受来自于外部环境的信息，而是针对内外环境的变化相互调整它们的行为。显然，政府的过度干预破坏了生态工业园这个经济系统与外部环境本源的互动演化功能，造成了系统中他组织与自组织的主导作用难以转换，抑制了系统自组织特性的孕育。努力建立复杂性经济学的美国经济学家阿瑟也指出，政府应该避免强迫得到期望结果与放手不管两个极端，而是应该寻求轻轻地推动系统趋向有利于自然地生长和实现合适结构，不是一只沉重的“手”，也不是一只看不见的“手”，而是一只轻轻推动的“手”。[①]

现在看来，由于政府给予生态工业园过高的期望和过多的干预，以及多数园区由外部力量构建而成，造成园区系统既缺乏演化发展的充裕时间，难以建立适宜的系统环境，又缺乏主导系统演化的真正“主角”，致使他组织与自组织共同作用、协调发展的有效机制难以建立，抑制了系统

① 转引自吴彤著：《自组织方法论研究》，清华大学出版社，200：153－154页。

本身自组织机制的孕育与发展，使得系统始终处于组织运行的低级阶段，难以实现系统的演化升级。此外，生态工业园在正式契约有限，而非正式契约因多数生态工业园外部构建而发展滞后的情况下，既难以降低园区系统内各组织间的交易成本或者说协调成本，也难以促进系统各组分的有效合作与竞争，这都会阻碍系统自组织机制的培育，影响园区系统的持续发展。

（二）园区持续发展需要自组织机制的培育

吴鹏举、郭光普等（2008）基于系统自组织视角，对产业生态系统——生态工业园的演化与培育进行了探讨，提出了应重视对园区系统自组织特性的遵循与培育。王兆华（2007）系统分析了生态工业园共生网络复杂系统的运作机理、自组织机理和协同机理。冯之浚、刘燕华、周长益等（2008）从生态工业园的循环经济发展模式出发，按照园区内各主体之间的依赖关系，将工业园系统的发展模式分为自组织单一共生型模式，自组织网络共生模式和自组织虚拟共生模式。胡斌、章仁俊（2008）基于耗散结构理论，对企业生态系统动态演化机制进行了深入研究，认为其演化是自组织和环境选择相结合的结果。本研究认为，生态工业园是超循环理论与超系统理论在实践中的应用，也是企业环境管理自组织机制外部协同演化的一种主要实践方式。生态工业园能否持续发展与园区系统自组织机制的培育密切相关。

（1）自组织突出开放性，创造了系统持续发展的客观条件

开放性是自组织系统的基本特征，是自组织机制的突出功能。系统只有充分开放，才能与外部环境进行物质、能量和信息的交换。生态工业园即使作为一个超级复杂系统，也必然要经历诞生、成长、发育、繁殖、衰老和死亡的生命周期。这个超级复杂系统要在其环境容量之内实现相对持续发展，则需要系统存在一种内在的自我创新、自我组织的机制，该机制以开放性为前提条件。系统自组织机制突出开放性，为系统知识信息的极大丰富创造了条件，为系统内在自我创新机制提供了吸收养分的充分空间。因此，当生态工业园系统构建了自组织机制时，必然也就为园区系统

开启了开放之门，也就为系统持续发展创造了客观条件。

根据熵值理论，保证系统的总熵处于负值状态，是维持系统稳定与持续发展的条件。自组织机制的开放性特征保证了园区系统可广泛吸收外部负熵，以弥补系统内部所产生的正熵。冯之浚等人（2008）认为，自组织是系统存在的一种最好形式，生态工业园要在遵循循环生态演化规律的基础上，以达到自组织状态为目标，为此，积极培育系统自组织机制是关键。自组织机制的开放性特征，正是园区系统所特别需要的。

（2）自组织强调非平衡性，有利于系统共生网络的协同演化

非平衡性是系统有序之源，远离平衡态意味着系统内部存在能量的流动、信息的传递与物质的交换，并促使其各组分或各子系统联系越发密切。园区系统产业共生网络的创建与发展是一个协同动态演化的过程。而非平衡态自组织具有一种“活”的结构，它的系统组分或子系统因为各自的差异性而不断地在进行着合作与竞争，这正好有利于支持园区系统内共生网络的协同动态演化。

非平衡态自组织机制可以真正解决目前生态工业园系统产业共生网络所面临的“技术悖论”，促使系统产生新的组织结构和合作方式，有效实现技术升级与网络升级。系统各组分或各子系统的差异化，是系统非平衡态的一个表象，生态工业园系统追求产业多样化，产品差异化，即是一种不断向非平衡态靠拢的自组织发展迹象。戴维·吉布斯（David. Gibbs，2004）认为，生态工业园系统其产业共生网络的真正构建，是实现园区共赢和持续发展的必然，而非平衡态自组织机制则有利于促使园区产业共生网络的培育与发展。

（3）自组织机制有利于内化环境外部性问题，实现更优环境目标

企业环境外部性问题一直是环境经济学研究的主题。政府干预的诸多方法如征税、补贴、管制等都在尝试内化企业环境外部性问题，而以市场方法内化环境外部性问题也受到日益重视。由于企业环境问题的复杂性与模糊性，致使政府干预与市场方法受到限制，难以有效内化企业环境外部性问题。企业环境保护机制不能从外部去构建，而应依靠企业系统自我发

展，依靠企业的自组织环境管理才能真正内化环境外部性问题。企业自组织环境管理水平的高低，决定了企业环境外部性问题内化的程度。

随着企业环境管理自组织机制的构建，企业在自身难以全部内化其环境外部性问题时，自组织机制会主动向外延伸，通过外部协同演化，以寻求问题的解决之道。产业共生合作网——生态工业园即是企业环境管理自组织机制进一步内化其环境外部性问题的一种主要实践方式。自组织机制的最大优势在于能提高系统对即兴问题的反应能力，能更好地处理复杂问题。基于实现更优环境绩效与经济绩效目标而创建的生态工业园，将继续肩负有效内化园区系统内企业环境外部性问题的重任。自组织机制在内化系统内企业环境外部性问题的优越性，正是园区系统所需要的。因此，培育园区系统自组织机制，有利于内化园区系统的企业环境外部性问题，从而实现园区系统更好的环境、经济与社会绩效目标。

（4）自组织机制有利于培育系统持续发展的内外环境

自组织系统的创建与发展过程，是系统自组织机制功能发挥，自组织结构日益健全，组织能力不断增强，系统内外环境不断完善，系统“自决性”不断增强的过程。生态工业园系统的各组分或各子系统要形成彼此“心灵”的近距离接触，才能各自能动地执行系统所承载的目标，才能持续发展。演化经济学认为，组织文化是为了减少认知距离，即为了相互理解、利用互补能力并实现一个共同目标，而获得一种心理范畴的充分调整，为此，组织将发展出他们自己的专用符号体系：语言、标志、隐喻、神话、礼仪等。①

自组织机制所孕育的系统组织文化，将成为生态工业园系统各组分或各子系统共同的理念，促成各自相互信任与合作的稳固建立。生态工业园系统能否持续发展，关键在于可持续发展理念能否扎根于各参与企业，形成共同的文化理念。一旦形成该理念，则系统将获得驱使其持续发展的强大文化动力。自组织机制为其所孕育的系统内外适宜环境，将引导园区系

① 该观点是演化经济学家巴特·努特鲍姆在1999年7月参加演化经济学国际学术会议上提出来的。

统走上可持续发展之路。当然，自组织机制还能更大程度地激励创新，发挥每个组分的主观能动性，这同样有望带给园区系统制度与技术创新的突破，为园区系统的持续发展提供强劲的动力支撑。

(5) 自组织机制有利于推动系统的自我创新与自我升级

根据超循环与超系统理论，自组织机制在系统不断完善与发展过程中，一旦遇到系统发展阀值时，该机制会促使系统自我创新与升级演化，成长为更大的系统，在升级中实现系统的稳定与发展，在稳定与发展中实现系统的持续。自组织机制的自我创新与升级功能，成就了超系统的进一步产生与发展。生态工业园系统在演化发展过程中，必然也会面临园区系统的发展阀值与系统升级问题。依靠自组织机制在园区系统的培育与发展，将充分发挥自组织机制的自我创新与升级功能，为园区系统的可持续发展创造有效升级的发展路径。当前，利用信息技术的高速发展，通过网络构建的虚拟生态工业园，可以进一步提高园区系统的发展阈值，突破空间与地域的限制。但这些发展路径的选择都离不开园区系统自组织机制的创建与发展。

3. 园区系统自组织机制培育策略

从目前生态工业园实践情况来看，其运转顺利与否的确与其系统自组织水平有着密切关系。加拿大波恩赛德工业园（Burnside Industrial Park）就是一个相对比较成功的案例。该园区系统已经初步培育了系统的自组织机制，提高了园区系统对复杂性外部环境的适应能力，其系统各组分、各企业的网络联系更加紧密，稳定性在不断地自我增强。本研究认为，积极培育与发展生态工业园自组织机制非常关键，这是增强园区系统适应复杂环境能力，实现园区系统持续发展的有效路径。

(1) 要积极塑造良好的园区组织文化，培育合作精神

自组织机制的培育与发展是组织内外动力驱动的结果。良好的组织文化是自组织机制创建与发展最重要的内在动力，是组织结构不断优化的智力源泉，它将系统各组分的“心灵”距离拉近，形成系统的凝聚力，推动着系统的自我发展与创新。而合作是打破零和博弈，实现双赢与多赢的最

重要举措，它对园区系统的持续发展尤其重要。早在1990年，国际可持续发展研究小组就旗帜鲜明地以“合作”为专题进行了研究，并于1992年出版专著《合作：超越竞争时代》。里德·利鞭塞特（Reid Lifset，1997）就认为，园区系统的产业共生不仅是关于共处（Co-location）企业之间的废物交换，而且是一种更加全面的合作。生态工业园系统要积极塑造良好的组织文化，不断培育合作精神，以此驱动系统自组织机制的培育与发展，实现园区系统的持续发展。

（2）要健全政府各项支持政策，重点发挥引导作用

生态工业园在世界范围内的兴起，离不开政府主导作用的发挥。政府的支持与主导对于园区的初始创建有着突出的作用，但也使得园区系统一开始就深深地打上了政府干预的烙印，承载了政府所赋予的多重目标，自然也就抑制了园区系统自组织机制的培育与发挥。当前政府对于园区系统的支持，缺乏对园区系统自组织发展规律的尊重，有干预过度之嫌。政府部门要在尊重园区系统自组织发展规律的基础上，不断完善和健全对园区系统发展的各项支持政策，提高支持的有效性与间接性，更多地发挥对园区的引导作用。政府部门可以通过强化对环境污染的管制，提高环境质量标准，颁布绿色标识，支持环保产业发展，培育民众环境意识等方式，间接地支持园区系统以环境效益换经济收益，为园区系统创造一个良好的外部生存环境，以推动园区系统自我发展与创新。现在来看，政府对生态工业园的支持，需要充分调动政府干预的智慧，任重而道远。

（3）要积极构建园区系统的信息平台，促进系统各组分协同发展

信息对于园区系统自组织机制的培育与发展有着突出的重要。在自组织系统中，存在多种流量，其中信息流量是核心，它引导和支配着系统的制度与技术创新，决定着系统的演化与发展。系统的自我组织与持续发展，需要具有足够有效的正负反馈机制，而信息流正是该机制的主导力量。园区系统“自组织”能力的增强，意味着系统内部有效信息量的增长，并外化为满足系统所需的各种产物的增长，形成了系统的发展。从园区系统当前的实践来看，园区系统信息平台构建相对较好的生态工业园，

其园区系统的产业共生网络就相对较好，其系统各组分的协同发展就得到发挥。因此，要调动园区系统各组分，共同参与系统信息平台的建设，当然也离不开各组分企业内部信息平台的建设。本研究认为，该园区系统的公共信息平台可以考虑委托第三方管理，并逐渐实现开放式管理，拓展信息交流的空间，也为园区系统的延伸发展创造条件。

(4) 要充分发挥市场机制的突出作用，强化园区系统的制度与技术创新

不可否认生态工业园建设过程中外部干预的重要作用，但要积极培育园区系统自组织机制，推动系统持续发展，还得充分发挥市场机制的突出作用。郭莉（2008）等认为，在园区系统产业共生的形成和进化过程中，经济效益是关键，环境效益是基础，技术创新是主要推动力。环境效益可以转化为经济效益，技术创新不仅创造经济效益，同时也创造环境效益，进一步又带来经济效益，环境效益、经济效益与技术创新三者相互协同，相互促进。只有充分发挥市场机制的作用，才能提高园区系统的运作效率；只有实现经济效益，才能充分调动园区系统各企业的自我参与、自我组织与自我创新，逐渐增强园区系统自组织功能。

很明显，对于园区系统自组织机制来说，园区系统的制度与技术创新是其培育与发展的内在动力。园区系统的制度与技术创新和系统自组织机制之间一旦形成良性互动关系时，将真正有利于园区系统的持续发展。当前生态工业园建设，要在政府有效干预的过程中，充分发挥市场机制的作用，强化园区系统建设的制度与技术创新，培育与发展园区系统的自组织机制。一旦自组织机制得到有效创建，将会形成与园区系统制度与技术创新的良性循环关系，从而推动园区系统的持续发展。

（三）本章小结

企业作为一个系统，存在内部资源与环境容量的有限性，必然存在系统发展的阈值。超循环理论和超系统理论为企业突破系统的阈值提供了理

论支撑，企业系统的外部协同演化，构建超循环或超系统为企业系统的持续发展提供了路径。企业环境管理自组织机制的外部协同演化，为企业在更广的范围内，以合作共生的方式，更好地内化环境外部性问题，实现环境、社会与经济绩优提供了路径。

本章以超循环理论与超系统理论为基础，阐释了企业环境管理自组织机制外部协同演化的基本原理与方式，并就其主要实践方式——生态工业园进行了分析。研究指出：当前生态工业园的持续发展存在突出问题，为增强生态工业园的可持续能力，真正缔造园区的产业共生网络，实现企业环境外部性问题的进一步内化，有必要培育园区系统的自组织机制。

六 我国企业环境管理自组织机制培育的实证研究

前面的研究表明，要成为具有市场竞争力，实现环境、社会与经济绩优，实现可持续发展的企业，就必须培育其环境管理自组织机制，它是企业内化环境外部性问题，实现环境、社会和经济绩优的基本路径。同时，本研究也发现，企业环境管理自组织机制的培育离不开企业内外各驱动因素的综合作用。外部驱动因素为企业孕育适宜的外部环境，有利于强化企业内部动力子系统的构建，从而一并促进企业培育环境管理自组织机制，继而促成大量企业朝向优秀，朝向自组织，最终产生一个"集群过程"[①]，推动一个国家和地区实现生态与环境的不断优化。本研究的逻辑思路是从环境困局这一宏观问题出发，立足微观主体——企业，寻找解决问题之道，最后实现宏观困局的破解。本研究从自组织理论视角找到了企业内化环境外部性问题，实现环境、社会与经济绩优的基本路径，可实现研究开始的基本假设。运用理论研究实证分析我国企业环境管理自组织机制的培

① 彭海珍（2006）认为，通过强制实行一个"管制轨迹"（Regulatory Trajectory），迫使企业预期一个更加严格要求的将来和一个环境与健康影响都必须被处理的将来，能够使同一行业中的大量企业朝向优秀，产生一个"集群过程"（Herding Process）。本研究认为，政府的强制"管制轨迹"能否有效还依赖于政府的执行能力，现在看来，只有塑造一个具有强烈环境意识的社会大环境，依靠多个主体的外部监督与施压，才能真正形成一个有效的"管制轨迹"。这就是本文所提出的企业外部适宜环境的孕育，通过它与企业自身的竞争与协同，推动企业朝向优秀，最终促成"集群过程"的发生。

育是有必要的。

（一）我国企业环境管理自组织机制培育的现状

我国生态破坏与环境污染日趋严重，环境问题的宏观困局是存在的，而企业是这一困局的始作俑者。我国企业环境管理自组织机制培育的整体水平远滞后于发达国家，企业环境管理整体朝向他组织，背向自组织，存在外部适宜环境培育不足，内部自身环境管理建设及动力子系统构建滞后，造成自组织机制培育内外驱动乏力。根据驱动企业培育环境管理自组织机制的内外因素，本节分别就内外各主要驱动因素存在的问题展开分析。

1. 政府环境管理问题突出

截至 2006 年底，我国已制定 9 部环境保护法、15 部自然资源法，颁布环保行政法规 50 余项，部门规章、规范性文件近 200 件，国家环境标准 800 多项，批准 57 项国际环境公约，签署双边条约 20 多项，制定地方性环境法规和地方政府规章共 1600 多项，建立了以八项制度为核心，包括命令与控制工具、经济工具、自愿管理工具等多种工具为一体的环境管理政策体系（如表 6-1，表 6-2）。[①] 虽然我国在环境保护方面的法律法规数量并不少，但是远未达到预期的效果。与美国相比较，它们的法律对如何制定环境标准，如制定机构、技术依据、行业分类等都做了详尽的规定，而我国环保法律对制定标准也做了规定，却十分缺少如何实施标准的法律规范。美国的环境标准具有法规的地位，而在我国将标准定义为“统一的技术要求”、“有关部门协商一致的产物”，将环境标准与一般产品标

---

① 所谓“八项制度”即为“环境影响评价”、“三同时”、“排污收费”、“环境保护目标责任”、“城市环境综合整治定量考核”、“排污申请登记与许可证”、“限期治理”、“集中控制”等制度。

准等同看待，不利于环境标准的实施。[1] 这一点是我国的环境标准有效性远远低于美国环境标准的根本原因。此外，我国环境管制法律体系中缺乏对于地方政府对环境管制进行不正当干预的限制，即缺乏针对管制缺位或者“政府失灵”情况的制度安排，具体包括：一是缺乏上级政府环保部门直接制约下级政府环保不作为或不当作为的制度安排；二是缺乏防止地方政府对本级环保部门不当干预的制度安排（王曦，2008）。尽管我国已构建了从中央到地方各级政府为主导、多层次的环境管理机构体系（见图6-1），但政府环境管理问题仍然突出，其强制与引导作用缺乏。

表 6-1　政府对企业实施环境管理的政策工具

环境管理政策	主要政策工具
命令与控制政策	污染排放浓度控制、总量控制、环境影响评价制度、三同时制度、限期治理措施、集中污染控制、双达标政策、排污许可证制度、城市环境综合整治定量考核
经济政策	排污制度、超标罚款、环境补偿、SO2 排放费、排污权交易、节能补贴、拒绝向高污染企业发放信贷的规定
运动政策	关停“十五”小、严查防止污染反弹
自愿手段	环境标志体系、推行 ISO14000 体系认证、清洁生产计划、生命周期全过程污染控制
公众参与制度	环境举报、环境意识宣传行动、非政府环保团体、环境教育

资料来源：据钟水映等《人口、资源与环境经济学》（科学出版社 2005 年版）整理。

表 6-2　我国环境管理具体制度及实施年限

制度名称	实行时间
三同时制度、环境检测制度	1973
排污收费制度、环境影响评价制度	1979
环境统计制度	1981
排污申报登记制度	1982

① 关于中国与美国环境法律与法规的详细比较，可参考李希萍：《中美 EKC 曲线的比较及分析》，《黑龙江对外经贸》，2005，3：129－132。

制度名称	实行时间
环保现场检查、强制应急措施制度、环境污染与破坏事故报告制度	1983
城市环境综合整治定量考核制度	1984
排污总量控制制度、环保设施正常运转制度	1988
污染物集中控制制度、环保目标责任制度	20 世纪 90 年代
环境标志制度	1994
落后工艺设备限期淘汰制度	1995
环境监理工作制度	1996
环境监理报告制度	1997
环保许可证制度	1997 年下达指导性意见包括若干许可证
环境监理政务公开制度	1999

资料来源：根据王华等《环境信息公开理念与实践》（中国环境科学出版社 2002 年版）整理。

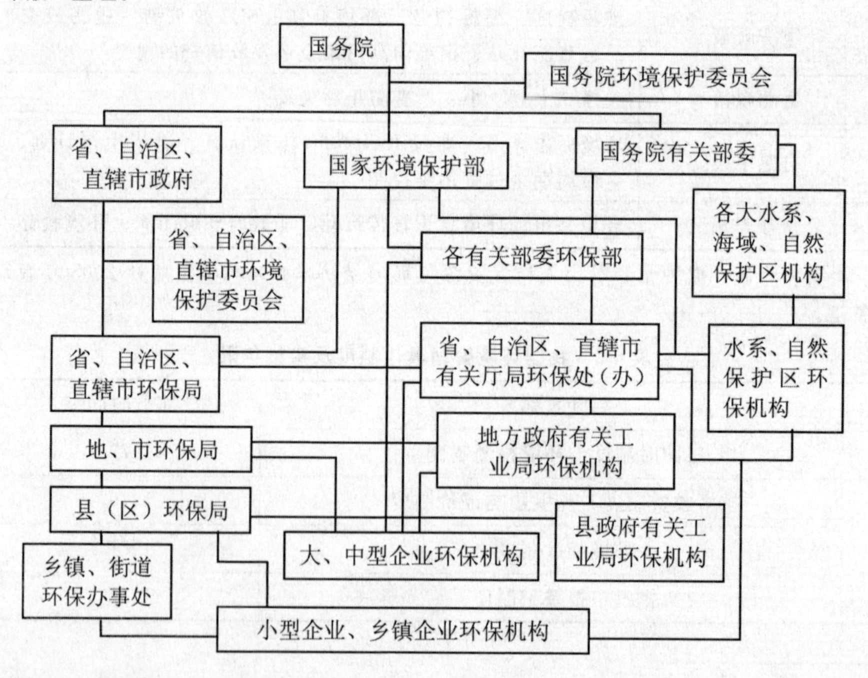

图 6-1　我国环境管理机构体系示意图

资料来源：整理得到。

(1) 环境政策综合化现雏形，但政策培育良莠不齐

我国环境政策体系符合国际环境政策综合化趋势，已现综合雏形（表6-3），但各政策培育与发展良莠不齐，政策间未能相互协调、形成互补，有的甚至存在冲突，从而严重影响政策效力。同时，我国环境政策工具的创新力度不够，在多部门、多行业的博弈中丧失了工具的应有功能，造成政策体系难以丰富，政策操作性不强，产生政策静态、政策锁定等突出问题，难以应对复杂动态的企业环境问题。例如，虽然我国建立了环境标准体系，但其科学性、合理性和完善程度都不足以为控制和解决我国目前面临的环境与健康问题提供支持。环境监管部门只负责执行排放标准，并不负责是否造成严重污染的事实，从而在全国出现“排污达标、血铅超标，各类重金属中毒”等多起事件。我国现行环境标准脱节、错位，环境质量标准与污染物排放标准之间，各污染物排放标准之间缺乏对人体健康保障的考虑，未能建立以人体健康为核心的环境标准体系。我国环境政策主要以命令与控制为主导，符合当前我国社会环境的需要，但管制能力与管制效率却难以实现社会预期，管制效果不良，出现管制成本递增，管制收益递减的尴尬局面。

表 6-3 我国目前常用的具体环境政策及手段

命令－控制手段	市场经济手段	自愿管理手段	公众参与工具
污染物排放浓度控制	征收排污费	环境标志	公布环境状况公报
污染物排放总量控制	超过标准处以罚款	ISO14000 环境管理体系	公布环境统计公报
环境影响评价制度	二氧化硫排放费	清洁生产	公布河流重点断面水质
三同时制度	二氧化硫排放权交易	生态农业	公布大气环境质量指数
限期治理制度	二氧化碳排放权交易	生态示范区（县、市、省）	公布企业环保业绩
排污许可证制度	节能产品补贴	生态工业园	环境影响评价公众听证
污染物集中控制	生态补偿费	环境非政府组织	各级学校环境教育

命令—控制手段	市场经济手段	自愿管理手段	公众参与工具
城市环境综合整治定量考核制度		环境模范城市 环境优美乡镇 环境友好企业 绿色 GDP 核算试点	中华环保世纪行（舆论媒体监督）
环境行政督察			

资料来源：引自张坤民、温宗国、彭立顺《当代中国的环境政策：形成、特点与评价》，《中国人口、资源与环境》，2007，2：1—6。

市场化经济政策工具有所运用，但因相关市场的培育与发展不够，未能获得较好效果。例如，排污权交易已在我国试点多年，但由于环境产权市场、排污权交易市场培育不够，难以真正由市场力量推动而运作，致使该项工具在我国依然未能有效展开实施。粤港排污权交易计划运筹帷幄多年，但仍处于流产边缘。全国各地的排污权交易同样都是雷声大、雨点小。美国国会在 1990 年推出涵盖全国的二氧化硫排污权交易政策，据统计，参加二氧化硫排污权交易的电厂 1995 年二氧化硫的排放量比 1990 年减少 45%，而没有参加交易体系的电厂 1995 年比 1990 年排放量增长 12%。[①] 2003 年 6 月，欧盟立法委员会通过了“排污权交易计划（Emission Trading Scheme，ETS)”指令，对工业界排放温室气体（Greenhouse Gas，GHG）设下限额，并且拟创立全球第一个国际性的排污权交易市场。2005 年欧盟在排污权交易体系下的二氧化碳交易量约为 3.6 亿吨，在 CDM 项目下签署的二氧化碳交易量为 3.9 亿吨。美国和欧盟的实践经验表明，排污权交易确实能起到减排的显著效果。

欧洲泰晤士河管理局通过引入市场机制，加强产业化管理，实施排污收费制度，让泰晤士河重焕勃勃生机。我国引入市场机制，实施排污收费制度治理淮河，却效果迥异。钱冬、李希昆和杨晓梅（2006）认为，淮河治理存在三个显著问题：一是环境决策分隔，未能“综合化”。在治理过程中，政府在决策层面并没有改变地区经济的格局，也未能在决策中将各

① 该数据转引自陈民：《西方发达国家环境经济政策实践与启示》，《社会科学论坛》，2008，10（下）：91—94。

地区发展经济与治理污染有机融合，仍然是单项性和分隔性决策。二是管理模式“行政色彩”浓，未能“市场化”。环境政策的贯彻一般都还是采取强硬的行政命令加以贯彻，环境政策的实施也主要依赖行政手段，即使是所谓的“经济手段”，也多由政府直接操作，需政府投入相当的力量才能施行。三是环境治理公众参与程度低，未能“社会化”。淮河污染治理，自始至终主要是各级政府“孤军奋战”，公众参与的水平极低。未能调动与之利益密切相关的社会公众参与是淮河治污的一大缺陷。这些问题的产生与我国环境政策培育良莠不齐，政策协调与政策创新不足是分不开的。我国是排污收费制度实施较为典型的国家，但收费水平较低，“阻吓“作用小，激励效果不足。排污收费仅仅成为环保部门筹集资金，填补财政预算不足的重要渠道，甚至有些地方还出现“促排增收”的乱象。当前，我国环境政策体系形式综合，但却缺乏综合作用力，有其形，却无其实，致使单项政策较难取得预期效果。

(2) 环境政策操作性、权威性不足，执法队伍能力欠缺

环保部周生贤部长（2006）曾指出，我国环境管理制度存在四大“软肋”：一是经济、技术与实用政策偏少，政策间缺乏协调；二是现有环境法律法规偏软，可操作性不强，对违法企业处罚额度过低，环保部门缺乏强制执行权；三是地方保护主义严重干扰环境执法，有法不依、执法不严、违法不究的现象普遍，地方监管不力；四是执法监督工作薄弱，内部监督制约措施不健全，层级监督不完善，社会监督不落实。究其四大“软肋”产生的原因，除了与政策发育良莠不齐，政策协调与创新不足有关外，也与我国环境政策形成的一般路径有关。

我国环境政策产生路径多数都是“自上而下”，而反观日本，其多数环境政策都是基层创新“自下而上”形成，再“自上而下”全面实施。我国环境政策产生的这种路径容易造成政策较难得到基层政府及社会公众的拥护，并使政策原则性强，但权威性却缺乏，可操作性也差。当然，我国环境政策缺乏权威性也与我国环境管理机构权力设置不当，各地政府可持续发展与环境意识弱与经济发展意识相关联。杨洪刚（2011）专门系统分析了影响我国环境命令控制政策有效性的各种因素。首先，政策设计的缺

陷，制约了我国命令控制政策的有效实施。杨洪刚分别以环境影响评价制度、排污许可证制度和限期治理制度为对象，进行了制度设计缺陷上的分析。其次，条块分割，利益妥协后弱化了我国命令控制政策的强制作用。中央与地方政府之间、环保部门与其他决策部门之间、地方政府与环保部门之间、地方政府与地方政府之间，它们都存在着各自目标与利益的冲突，在相互的目标与利益妥协后，环境命令控制政策必然出现扭曲，难以实现预期的有效性。第三，政府治理目标的多元性，特别是在经济发展目标的影响下，环境命令控制政策因环保目标的边缘化而难以有效执行。

此外，我国环境执法队伍不健全、数量不足，素质不高等问题也较为突出，严重影响执法效率，影响政策强制力和引导力的发挥。同时，我国环境管理部门环境执法资金不足，执法技术缺乏保障也是造成执法任务难以完全履行的主要原因（见图 6-2、6-3 和 6-4 ）。目前，我国很多环境监测只能采取抽查，而且抽查的监测项目还不齐全，难以做到有效执法。越到基层，环境执法部门的执法能力越弱，有些基层环境机构因队伍不齐，技术简陋形同虚设。我国目前的环境政策体系及环境执法能力，很难实现“支持环境创优企业，保护环境守法企业，惩罚环境违法企业”这一良好预期，造成大量企业产生逆向选择和道德风险。为了更多利润，为了更节约成本，一些企业甚至展开了“趋底”竞争。据《实现“十一五”环境目标政策机》课题组调查，四川省 181 个县（市/区）中有 75 个环保局是事业局、合署局和挂牌局，不具备独立的环保行政执法主体资格；山西省目前仍有 19 个县区环保局与其他部门合署、14 个环保局为事业局。四川省有 14 个区县没有建立环保监察机构，有 77 个区县没有环境监测站；重庆市 40 个区县中，有 32 个区县环保监测站没有达到标准化要求，有的还不具备基本的环保监测能力。全国还有 239 个市县尚未建立独立环境监察机构，一些地方环境监察人员编制和实有人数偏少，全国环境监察人员工作常年处于超负荷状态，平均每两个监察人员每年要现场执法 140 次，参与信访调查 16 次，解决污染纠纷两次。以上这些突出问题的存在严重制约着我国政府环境管制的作用效果。

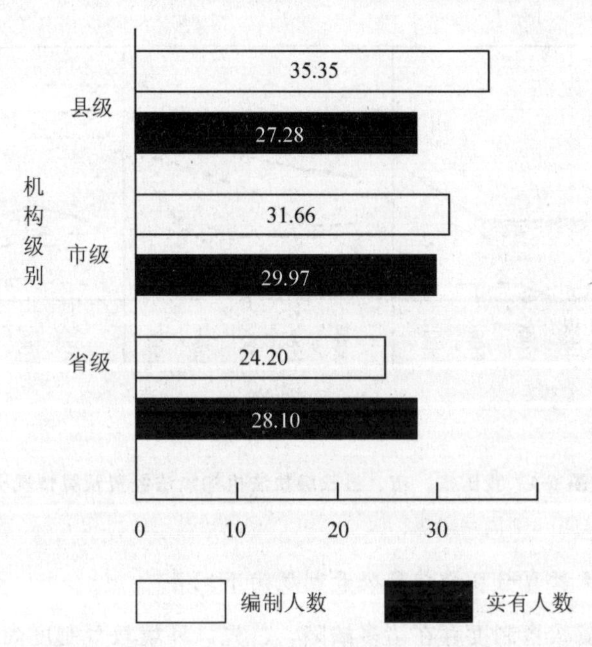

图 6-2　我国省、市、县各级环境执法编制人数与实有人数情况统计

资料来源：引自 2005—2006 年环保总局与美国环保协会联合项目“中国环境执法效能研究”。

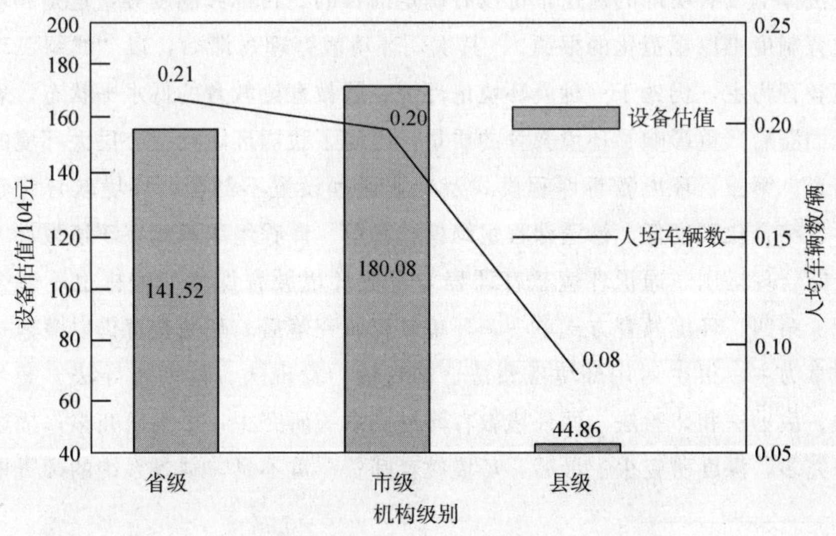

图 6-3　我国省、市、县三级执法机构执法设施拥有情况

资料来源：与图 6-2 同一来源。

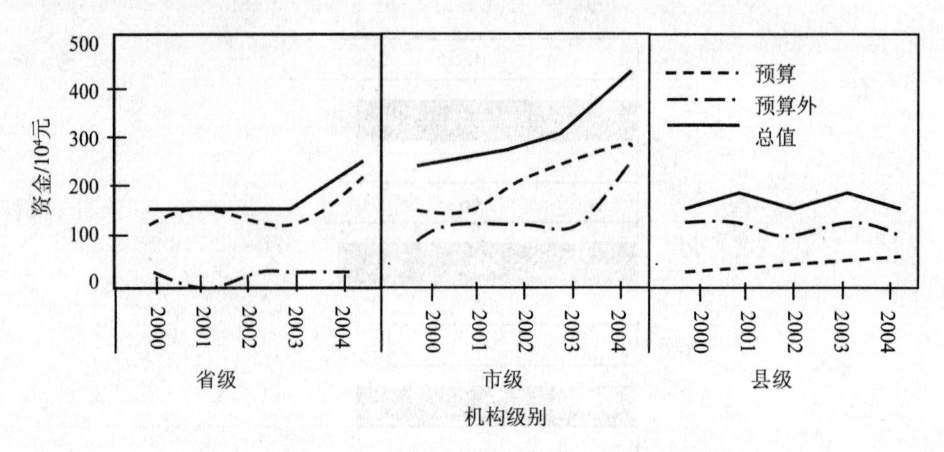

图 6-4　我国省、市、县三级执法机构执法经费预算情况

资料来源：与图 6-2 同一来源。

(3) 环境教育与环境信息公开制度尚不完善

我国环境教育制度存在诸多缺陷，首先，环境教育制度尚未实现法制化与规范化。到目前为止，我国尚未有专门针对全国环境教育的法律法规出台，环境教育与立法之间的联系只存在于个别法律条文的个别词句中，在法律上没有明确的地位，也没有确定的目的、目标和制度等，这是环境教育制度难以规范化的根源。① 其次，环境教育理念滞后，以“浅绿”环境教育为主，仍处于一种就环境论环境、就教育论教育的低水平状态。理念的滞后严重影响了环境教育的质量，阻碍了我国环境社会公民大环境的培育。第三，环境教育课程模式及专业课程设置不健全，环境教育跨学科、综合化程度低。渗透课程组织模式和单一课程组织模式在环境教育中未能合理运用。通识环境教育课程与专业环境教育课程的安排也不够合理。第四，环境教育方式单一，环境教育研究落后。环境教育仍以灌输式教学为主，很少运用环境考察法、调查法、发现法、读书指导法、实习法、演示法和体验法。而环境教育研究则系统研究少，个案研究多；描述研究多，深度研究少。最后，环境教育师资严重不足，缺乏系统的师资培

① 国际上有关国家环境教育立法的基本情况可以参考王民、王元楣：《国际视野下的中国环境教育立法探讨》，《环境教育》，2009，4：37—41。

训制度。当前，我国多数环境教育教师为非环境专业出身，未受过专门的环境培训，缺乏系统学习，难以胜任系统、深入的教学（国内高等院校开展环境教育的概况见表6-4）。

刘纯友、陈卫（2005）认为，环境信息公开制度将引燃企业“变色仗”，有利于促进企业强化环保。李艳芳（2004）则认为，环境信息公开制度是直接决定公众参与环境影响评价机制是否真正形成的核心因素。但我国当前环境信息公开制度却存在较多问题：一是环境信息公开制度存在价值理念的错位。环保行政管理部门虽建立环境信息机构，但其职责主要是为政府部门提供监测数据和资料，而不是以向公众公开为目的，这显然不符合环境信息“社会至上”或“公民至上”的服务理念。二是缺乏立法保障的真正基础。环境知情权是环境信息公开的权利基础，但我国法律法规却没有环境知情权的明确规定。三是环境信息公开的义务主体单一，公布的内容与渠道少。我国法律将环境信息公开义务主体局限于国务院和省一级政府环境保护行政主管部门。如《环境保护法》规定：“国务院和省、自治区、直辖市人民政府的环境保护行政主管部门，应当定期发布环境状态公报。”《政府信息公开条例》总则规定公开的信息包括政府信息和企业信息，但是在分则的具体条文中又限制了公众获取信息的范围。

2010年1月，北京市民杨子向北京市环保局申请公开某医疗垃圾焚烧厂的烟气排放检测数据，法院依据其居住地距相关焚烧厂2.5千米而判定其不具备申请公开的资格，也无提起相关行政诉讼的主体资格，北京市环保局拒绝其环境信息公开的申请。在我国，当前环境信息获取渠道主要为政府公报、新闻媒体、发布会等方式，还没有建立和实行依公民申请而公开环境信息的机制。据绿色和平组织的调查报告显示，2009年调查世界500强和中国上市公司100强，发现其中18家公司在华下属的25家工厂因存在向水体中排放污染物超标的情况而被环保部门在网上公开，依照《环境信息公开办法》规定，它们需要向公众公开污染物排放信息，但受调查全部25家工厂无一家在《环境信息公开办法》规定的时限内公布污染物排放信息。我国发生多起环境事件，事实上就与环境信息未能及时公开密切相关。在当地公众对于环境状况、污染状况毫不知情的情况下，一点儿风吹草动，都可能引发恐慌，导致社会的不稳定，造成公众对政府和企业的信任度进一步下降，使得问题复杂化，严重化。

表 6-4　国内高等院校开展环境教育的概况

校名	课程设置	授课形式	开课教师所属院系	学生数（名/学期）
清华大学	环境与可持续发展	必修	——	全校新生
北京大学	可持续发展导论 环境科学基础	选修	环境科学中心	——
哈尔滨工业大学	人类生态学 科技与可持续发展 工业生态学 环境社会学 荒野行动	选修	环境与社会研究中心	2000 左右
东北大学	环境与发展概论	必修	环境教育联合小组	2000 左右
东南大学	环境与可持续发展导论	选修	环境学院	—
暨南大学	资源环境经济学 环境经济学	选修	经济学院 理工学院	300 200
广州大学	环境保护与可持续发展	选修	环境教育研究所	—
华中科技大学	环境科学导论 人文环境	讲座 选修	环境学院 化学系	100 80
华南理工大学	环境工程导论	选修	环境科学与工程学院	300
华中师范大学	人与自然 可持续发展教育 资源与环境保护	选修	—	1000
南开大学	环境伦理学	选修	环境与社会研究中心	400
上海同济大学	环境科学导论 可持续发展论	必修 讲座 选修	—	—
复旦大学	环境与可持续发展 环境生物技术 生态伦理与美学	选修	—	100—200 30—50
南京大学	环境科学概论	选修	—	200

附注：表中“—”表示资料不清楚或者缺失。

资料来源：经北京大学环境教育研究所田德祥教授《全国环境教育调查》整理得到。

环境教育与环境信息公开制度存在的问题，制约了它们对社会公众环境伦理的有效塑造，也抑制了环境社会公民在我国的培育，致使政府环境管制缺乏坚实的社会基础。

2. 环境非政府组织发展滞后

环境非政府组织通过社会治理、政治参与、监督批评，对政府行为和企业行为可构成有力的制约与监督，是影响政府与企业决策的重要因素，是推动环境保护的重要力量。我国环境非政府组织的起步时间较晚，始20世纪90年代后期。1994年3月31日，我国首家环境非政府组织——中国文化书院绿色文化分院，经民政部注册获准成立：简称“自然之友”。1996年前后，“北京地球村”、“绿色家园”先后成立，与“自然之友”一并成为我国环境非政府组织的三面旗帜。据2006年中华环保联合会数据显示，截止2005年底，我国共有各类环境非政府组织2768个，其中，政府部门发起成立的环境非政府组织有1382个，占49.9%；民间自发组成的环境非政府组织有202个，占7.3%；学生环境非政府组织及其联合体共1116个，占40.3%。但是，我国环境非政府组织发展滞后，处于松散、自发与各自为战的状态，它们活动层次低，规模小，声势弱，社会影响力未成气候。其具体不足有：

一是我国环境非政府组织行政化特点突出，普遍缺乏自主性和独立性。具有强烈的行政化趋向是我国非政府组织的重要特点。一方面，我国非政府组织大多脱胎于政府体系，有些是从政府职能部门转变过来的，有些则是由政府直接创办，因而仍具有浓厚的行政化特点；另一方面，我国非政府组织对政府的依赖性过大。环境非政府组织自然也不例外，它们多数由政府部门发起成立。同时，政府对环境非政府组织实行严格的登记、注册和双重管理体制，使得组织经常受到诸多干涉，带有明显的“官民二重性”。根据《社会团体登记管理条例》的规定，申请成立社团，必须首先向业务主管单位申请筹备，经审查同意后，发起人才能向民政机关申请筹备，经批准后才可以开始筹备工作，包括召开会员大会或者会员代表大会，通过章程，产生执行机构负责人和法定代表人等，并向民政机关申请成立登记。此外，申请成立社团还必须要有挂靠的业务主管单位。这实际结果抬高了公众组织社会团体的门槛，阻碍了民间组织的发展。

二是我国环境非政府组织普遍活动经费不足。据清华大学非政府组织研究中心的调查显示，“我国90%的非政府组织年支出经费在50万以下，只有2%的非政府组织年支出经费在100万以上。而环保民间组织则有76.1%的没有固定经费来源，在2005年一年内，81.5%的环境非政府组织筹集的经费在5万元以下，有22.5%的基本没有筹到经费。大量独立环境非政府组织既无法获得相应的法律地位，也得不到政治认同，约束了其权威性、信任度和行动能力，严重影响和制约着它们筹措经费的能力。

三是我国环境非政府组织深层发展能力弱，组织动员能力不强，国际影响力小。我国大部分环境非政府组织是在上世纪80年代以后发展起来的，成立时间较短，与西方国家环境非政府组织相比，管理经验不足，人员专业素质参差不齐，深层发展能力弱。由于资金有限，公众认同度低，群众基础薄弱，难以吸纳优秀人才，直接导致环境非政府组织整体素质不高，专业化水平低，从而严重影响其组织动员能力。这些问题都制约了组织参与决策过程的“话语权”，以及对决策的影响程度。目前，我国环境非政府组织推行环保实践主要还是以环保宣传环保教育和试图影响政府决策为主，处于环保实践较低层次。

四是我国目前环境非政府组织的公众参与性不足。据中华环保联合会的调查发现，我国环境非政府组织90%以上的公众力量发育在政府部门发起组建的环境非政府组织和学生环保社团。环境非政府组织在我国区域之间、城乡之间和不同领域之间存在较大差距，使得公众力量的开发也严重不平衡。政府发起成立的环境非政府组织因其特殊身份，往往缺乏广泛的公众基础；学生环保社团则因为其特殊的群体，成员普遍年轻，往往缺乏较为专业的知识支撑。这些先天不足的缺陷，进一步限制了组织的作用发挥，难以有效施压于政府及企业，并催醒公众环境意识。①

① 关于我国环境非政府组织发展的现状，可参见石秀选、吴同：《论当前我国环境NGO存在的问题和完善的对策》，《南方论丛》，2009，4：35－37。

3. 公众环境意识不高，参与机制不健全

公众环境意识是衡量一个国家或地区环境保护水平的重要标志之一。公众环境意识的高低影响着政府环境管理运行成本的高低，也影响着社会监督力量的强弱。我国公众环境意识的困境有：一是环境意识的总体水平偏低。2006 年，我国公众的环保意识总体得分为 57.05 分，环保行为得分为 55.17 分，仍然没过及格线。《2007 年零点中国公众环保指数》的调查结果表明，我国公众缺乏相关环境保护知识（见表 6-5）。二是环境意识的政府依赖性过强。公众普遍认为环保工作是政府的事，与个人关系不大。公众对环境保护提出的意见和建议主要集中在政府，最多的建议也是国家应当增加环保投入，比率高达 78.8%。[①]

三是环境维权与环境诉讼艰难，抑制了公众环境意识的增强。我国环境维权的主要渠道有：环境信访、维权代理、向媒体求助、法律援助和自力救济。其中，环境信访是最容易参与，维权成本最低，但是很难得到有效解决。环境诉讼因环境维权举证困难，诉讼双方实力悬殊，政府支持乏力，致使环境诉讼成本高，打击了公众环境诉讼维权的积极性，对公众参与环境保护负面影响大。当前，社会公众在环境纠纷中公认“不闹不解决、小闹小解决、大闹大解决”为法宝时，这一行为已经产生了严重的社会负面效应，并被不断放大，严重干扰了社会的稳定。当然，这与其他环境维权渠道不畅紧密相关。据环保部阎世辉（2006）的一个报告，“在过去 10 年间，全国因环境问题引发的群体性事件上升 11.6 倍，年均递增 28.8%”。

四是公众参与意识不强。我国传统的政治文化属于阿尔蒙德所指称的“臣民型与参与型”混合的政治文化。在这种文化的影响下，公众参与较为冷漠，既是被动参与，也是较低层面的参与。我国公众参与意识薄弱，参与能力不足的一个重要原因之一在于我国公众整体科学素质偏低。据

---

① 该数据转引自吴丽娟、金红艳：《中国环境意识发展的组织性障碍与对策》，《大连民族学院学报》，2008，2：120－122。

2003年中国科协调查显示，我国公众具备基本科学素养水平的比例仅有1.98%，而美国的比例在2000年就已达到17%，欧共体1992年即达到5%。我国公众更符合博克斯分析的“搭便车者和看门人”角色，而不愿承担“看门人”之外的更多责任。日本学者宫本宪一就认为：“环境管理若没有居民参加就不会产生效果。如果没有当地居民的参与，净化河流、保护绿地、保护街区等都是不可想象的。”

表6-5　我国公众对环境污染认知程度调查表

环境污染种类	人数的百分比（%）
废电池是污染源	54.7
塑料袋是污染源	52.9
使用含氟家用电器造成环境污染	20.0
使用手机等电子产品能造成环境污染	<20.0
知道“宁静权”	63.2
知道“清洁水权”	>50.0
知道“清洁空气权、眺望权、通风权和优美环境享受权”等	<40.0
知道环境问题的免费举报电话是“12369”	15.4
拨打过环境问题免费举报电话“12369”	1.6
听说过“环境日”	60.0
知道“环境日”究竟是哪天	15.1

资料来源：转引自零点研究咨询集团《2007零点中国公众环保指数》调查报告。

中国环境文化促进会公布的“中国公众环保指数（2008）”显示，环境污染问题在“我国公众最关注的社会热点问题”调查中排名第三，关注比例为37.7%。调查发现，有81%的公众认为“我对环境保护负有责任”，却只有26%的公众表示“经常采取环保节能行为”。有47%的公众在日常生活中不会向有关部门举报环保违法行为，而经常举报者则只占到6%。公众环保诉求与环保行为的差距表明：一方面，公众对环境的要求越来越高，其环境需求因环境资源的“稀缺”性增强而日益强烈；另一方面，公众主动参与环保的行动则严重缺乏，佐证了其环境意识的薄弱。公

众环境保护意识的低下，其直接后果就是导致公众参与环境管理的层次比较低，其参与环境保护的行为相对消极和被动。

公众参与环保的行动不够也与我国公众参与环境的机制不健全相关。首先，我国公众参与环境的保障机制缺乏完整性。目前仅有《环境影响评价公众参与暂行办法》一部明确规定公众参与的规范性文件，而且还仅限于在环境影响评价方面，环境保护的其他方面尚无相关立法，缺乏其他保障性法律保证公众的知情权、表达权、参与权、监督权。其次，我国公众事后参与多，事前的参与不够。我国多项法律法规都规定，公众有权对环境污染行为进行监督、检举和控告，这反映了环境保护从立法上就缺乏对事前参与的重视，而是将公众参与的重点集中锁定在对环境违法行为的事后监督。2006 年，国家环保总局正式发布了中国环保领域第一部公众参与的规范性文件《环境影响评价公众参与暂行办法》，具体规定了公众参与环境影响评价的具体操作规范。该办法使得公众参与具有一定的事前参与权利，但仍显被动。近年来，在我国发生多起重大工程项目遭遇民众“一窝蜂”式地反对，最后被迫下马。这多少与我国公众一直事前参与不足，致使双方相互信任关系难以建立有关。第三，我国公众获取环境信息的渠道不畅、成本很高。《环境保护法》只确立了环境保护行政主管部门定期发布环境状况公报的义务，并未直接赋予公众环境知情权。政府部门作为环境信息的主要提供者，却时常基于自身利益考虑，仅公布对自己有利的资料，公开的全面性、真实性、及时性都得不到保证，使得公众难以有效获取环境信息，从而影响和制约其参与环境保护和环境维权。我国公众环保参与的“三高一低”[①] 现状，难以成为驱动企业培育环境管理自组织机制的有效动力。

4. 绿色消费市场培育不足

绿色消费是人类对非理性消费活动进行反省和批判过程中兴起，并

---

① 所谓公众环保“三高一低”，即“热情虚高、呼声虚高、代价真高，社会价值真低”，转引自宋欣洲：《环保公众参与的“三高一低”》，《资源与人居环境》，2008，2（上）：41－44。

在20世纪90年代发展成为一种世界消费理念。国际环保专家将绿色消费概括成5R原则："节约资源，减少污染（reduce）；绿色生活，环保选购（reevaluate）；重复使用，多次利用（reuse）；分类回收，循环再生（recycle）；保护自然，万物共存（rescue）。"国内绿色消费研究起步较晚。刘湘溶（1999）指出："绿色消费不仅对绿色产品的消费，而且指对一切无害或少害于环境的消费。绿色产品是对无害或较少有害产品的统称，它包括三层含义：一是指这些产品的生产工艺、生产过程不会破坏、污染环境（或对环境的破坏、污染较轻）；二是指这些产品在使用过程中或使用后不会破坏、污染环境（或对环境的破坏、污染较轻）；三是指这些产品是没有被污染（或污染较轻）的产品。尹世杰（2002）认为，绿色消费是指在一定的生态环境中，人们对物质消费品（包括吃、穿、住、用、行等）的消费，要求无污染、无公害、质量好的、有利于人健康的绿色消费品。黎友焕（2011）指出，绿色消费是一种综合、理性考虑资源利用率、环境营销和消费者权利的新模式，是当代消费发展的大方向，不仅仅是消费者为了保护自身生存环境大的手段，是社会永续发展的绿色要求，更是人类自我超越的一种理念，这种理念带来的消费结构变化、消费模式的变更将为整个社会带来一次文明、和谐消费的大革命。

到2010年，以绿色产品与技术为主的全球绿色消费需求在1万亿美元以上，而我国绿色产值仅占世界市场份额的1%。与发达国家相比，我国绿色消费市场发育明显滞后。这严重制约了消费市场对企业生产的绿色导向作用，弱化了市场对企业强化环境管理的外部驱动力。我国是节能灯生产大国，也是节能灯技术最先进国家，一年生产的节能灯超过17.6亿只，占全球产量90%，但出口占75%以上，只有25%留在国内消费，且都还是以低档节能灯为主。海尔集团以开发绿色电器产品而扬威国际市场，成为我国电器行业成功打入欧美市场的执牛耳者，但海尔集团的绿色电器产品在国内市场却并未受到青睐。这些事实可佐证当前我国绿色消费市场培育与绿色需求是不足的。

表 6-6　我国绿色产品消费意愿调查结果

评价指标	使用过	愿意消费	无所谓	不愿消费
绿色食品	38.7%	53.8%	41.5%	4.7%
绿色服装	37.3%	49.3%	42.9%	7.8%
绿色建材	27.8%	38.7%	40.4%	20.9%
绿色家电	23.1%	28.7%	53.1%	18.2%

资料来源：转引自周英豪、何九思：《我国绿色市场的形成与发展》，《宁夏农学院学报》，2002，1：43－46。

我国绿色消费市场发育不足的表现有：一是消费者绿色需求严重不足，绿色消费意愿不高（见表 6-6）。与发达国家相比，我国消费者在这方面差距较大，这与消费者的环境意识有关。二是政府绿色采购尚未真正落实，使其示范效应尚未显现。尽管我国已制定政府绿色采购制度，但各级政府并未真正落实，使其难以产生示范效用，并引起连锁社会反应，致使政府的绿色消费宣传“苍白无力”，“无人响应”。三是绿色市场仍处于非良性状态运行，制约消费者需求。由于我国绿色标志尚未深入消费者头脑，再加上绿色标志本身还缺乏权威性，绿色市场监管又未到位，使得绿色市场道德风险和信息不对称问题严重，经常上演绿色市场的黑色幽默①，严重混淆了消费者的绿色选择。

一个组织为了在公众面前表现出对环境负责的形象而发布虚假信息被称为“漂绿”。1990 年以来，受绿色消费运动的影响，发达国家一些企业开始漂绿以迎合消费者。发达国家逐渐建立针对漂绿的消费者保护法和广告法，对于违背商业伦理的漂绿行为进行了严厉监督。漂绿行为在我国出现较晚，但势头很猛。2009 年南方周末首次将漂绿概念带入公众视野，并连续三年发布了漂绿排行榜。漂绿现象严重扰乱了我国绿色市场秩序。据质量部门的调查，目前生产的 3000 多种环保产品中，约有 1/5 缺乏可靠性、适用性与结构设计上的合理性，约有 2/5 的产品有待改进。绿色市

① 华南师范大学某教授把在绿色市场上买到非绿色产品乃至假冒伪劣产品戏称为我国绿色市场的黑色幽默。

场产品品种有限，结构单一的现状也制约了消费者的绿色选择。四是居民消费整体水平相对较低，对高价绿色产品难以承受。一方面，居民消费能力不足是绿色消费市场需求不足的原因之一。消费能力不足的确抑制了消费者对溢价绿色产品的需求。另一方面，绿色产品定价机制也存在突出问题，一些产品一旦身披“绿色”标志后，身价就翻番，这种情况在我国绿色市场屡屡发生。当然，我国绿色产品有效供给不足也是影响我国绿色消费市场培育不足非常重要的原因。目前，我国绿色产品供给主要集中在食品业和家电业，其他行业绿色产品供给尚未兴起和发展。我国绿色消费市场发育滞后，造成企业培育环境管理自组织机制的市场驱动力不足。

5. 市场相关主体绿色偏好不强

企业利益相关者是促使企业强化环境管理的外部驱动因素之一，其中供应链企业、资本市场和投资者是企业密切利益的主要相关者。绿色供应链管理又称环境意识供应链管理（environmentally conscious supply chain management），它考虑了供应链中各个环节的环境问题，注重对于环境的保护，促进经济与环境的协调发展。关于绿色供应链管理的确切定义，目前理论界对此还没有一个统一的表述，但总的观点是指在供应链管理的基础上，增加环境保护意识，把“无废无污”和“无任何不良成分”及“无任何副作用”贯穿于整个供应链中（见图 6-5）。绿色供应链管理的兴起，强化了供应链企业间环境管理的驱动压力。构建绿色资本市场，增强资本投资的绿色偏好是发达国家提高企业资本市场环境风险，驱使企业强化环境管理的一种较好的市场手段，已取得显著成效。通过构建绿色资本市场，运用成熟的市场手段，可分别从直接融资（指企业通过发行债券和股票进行融资）和间接融资（指企业通过商业银行获得贷款）两个渠道对污染企业的融资进行限制，具体操作措施有：绿色信贷制度，绿色证券制度包括绿色市场准入制度、绿色增发和配股制度，以及环境绩效披露制度等。

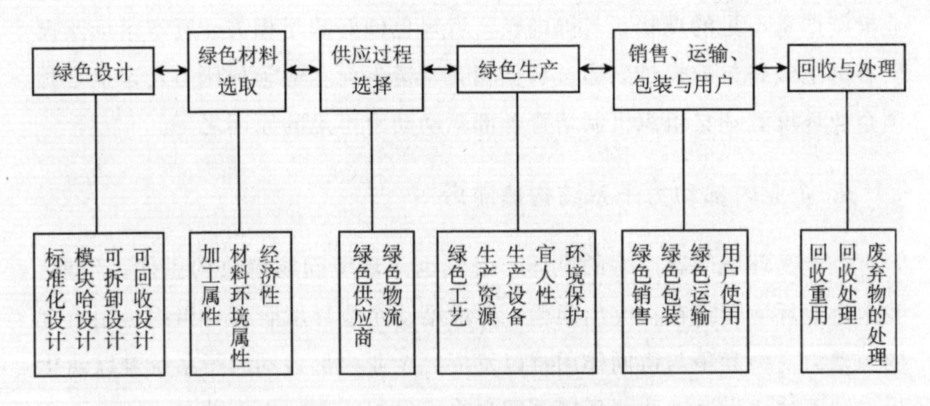

图 6-5　绿色供应链管理的体系结构

资料来源：综合整理得到。

目前，我国供应链管理尚处于探索阶段，绿色供应链管理无论是理论还是实践都处于起步阶段。绿色供应链管理活动具有较强的外部性，绿色供应链管理战略的实施需要微观层次、中观层次和宏观层次的管理创新与技术创新。在我国，陈旧的环境意识束缚了我国企业绿色供应链管理思想的萌芽；不完善的环保制度限制了绿色供应链管理理念的倡导；传统的供应链管理模式又阻碍了绿色供应链管理战略的实施。在这种微观与宏观环境下，绿色供应链管理战略在我国推进十分缓慢。这种现状的存在，使得来自供应链企业间的环境管理压力难以启动。

2007 年 7 月，国家环保总局、人民银行、银监会联合出台《关于落实环境保护政策法规防范信贷风险的意见》，对不符合产业政策和环境违法的企业和项目进行信贷控制。2008 年 2 月，环保部又分别联合保监会、证监会陆续出台《关于环境污染责任保险的指导意见》与《关于加强上市公司环保监管工作的指导意见》，这标志着我国绿色资本市场的管理框架基本形成。但从我国资本市场现况看，其绿色偏好还严重欠缺是客观存在的。环保部副部长潘岳在绿色信贷实施第一阶段后的评价中就坦承，当前绿色信贷的实施并不顺利。

目前，仅上海银行、兴业银行、招商银行等少数几个银行签订了《银行界关于环境与可持续发展的声明》，尚未有国内商业银行加入赤道原则，这都说明我国金融市场绿色偏好严重不足的现状。我国环保产业、绿色产业投资严重不足的现状，与国内投资者绿色偏好缺乏相关。资本市场及投资者绿色偏好欠缺，难以通过利益相关者链条向企业施加压力，这也是我国企业环境管理自组织机制培育外部驱动动力不足的原因之一。

6. 企业内部动力子系统构建滞后

企业是环境问题产生的主体，必然也是环境问题解决的主体。当前，我国企业环境管理存在突出问题，造成推动企业环境管理自组织机制培育的源动力——竞争与协同作用难以发挥，企业内部各动力子系统难以演化生成，无法成为驱动企业环境管理自组织机制培育的内部动力。

（1）可持续发展企业文化普遍缺失

从文化社会学角度看，环境危机是现代工业文明与环境文化相脱节的一个反映，这也是一种所谓的“文化滞后”。美国学者奥格本认为，与生物进化不同，社会的进化应该用“社会变迁”这个概念描述，而社会的变迁主要是文化的变迁。他将“文化滞后”定义为：文化各部分变迁速度不一致，而调适也不总是及时的，往往有一个滞后效应，从而导致了各部分关系的紧张。为克服环境危机，就需要积极培育和发展可持续发展的环境文化，以弥补这种“文化滞后”。

我国企业环境管理理念落后，仍认为环境保护和治理主要是政府和社会的责任，仍以末端治理、单兵突进、短期效果为主。多数企业仍然将环境保护与自身经营对立起来，更别说将环境管理融入企业总体经营战略之中。有些企业经营目标仍片面追求产品数量增长而忽视质量和资源可持续利用，忽视公共利益，未能以“双优”、“双绿”和“双赢”作为主要经营目标。[①] 多数企业实施环境管理仅是法律强制驱使下的被动应付行为，缺乏主动性。

司林胜 2001 年底面向全国大陆除西藏外的所有省份，对不同规模、

① 一些学者把企业产品质量与环境标准要达优秀称为“双优”；把企业及产品要达到 ISO14000 环境管理标准体系与环境标志产品认证称为“双绿”；把实现经济效益和环境效益称为“双赢”。

不同经济类型的企业就环境管理问题进行问卷调查，结果显示：持有“环境保护与资源可持续利用是企业生产经营应该承担的基本责任，不容忽视”这一观点的企业比例为76%；持有“环境保护要增加企业的经营成本，资源可持续利用则可能制约企业的发展，要具体问题具体分析”这一观点的企业比例为21.2%；持有“为了抓住发展机遇，有时要牺牲环境保护和资源的可持续利用”这一观点的企业比例为2.8%。[①] 这一结果似乎表明我国大部分企业环境保护与资源可持续利用意识较强，但企业的状况与公众的状况有着相同的特征：有想法无行动，有意识不参与。

我国企业文化建设与发达国家企业文化建设相比，还有很大的差距，这可从我国长寿企业偏少可以看出，而对可持续发展企业文化的塑造则显得普遍缺失。我国实施产业结构调整与经济增长方式转换战略从“九五”规划就开始提出，现进入“十二五”规划，但产业结构调整与经济增长方式转换仍未实现质的突破，这说明我国产业结构调整与竞争增长方式转换战略和可持续发展战略未能得到企业的真正落实。这也反映了当前我国企业塑造可持续发展企业文化普遍缺失的现状。没有先进思想武装的企业，必然不会有先进行为。没有可持续发展企业文化的我国企业，意味着企业内部文化动力子系统未能构建，必然失去培育企业环境管理自组织机制的文化动力。

(2) 企业环境管理组织基础薄弱

我国企业环境管理组织基础薄弱，首先，表现在环境管理目标缺失。成金华，谢雄标（2004）指出，部分企业无明确环境管理目标，特别表现在我国乡镇企业身上。据东洋经济月报统计，日本企业即使是在经济不景气、企业效益不佳时，仍有45%的企业强化环境管理目标，只有8.5%的企业对其环境目标有所放松。[②] 而我国企业环境管理目标模糊，一旦经济

① 该调查数据引自司林胜：《中国企业环境管理现状与建议》，《企业活力》，2002，10：16—18。

② 数据来源于杨书臣：《日本当前企业环境管理的特点、措施及政府的对策》，《日本研究》，2003，2：21—25。

目标与环境目标发生冲突时，多数企业都以牺牲环境目标换取经济目标的实现。

其次，表现在环境管理组织机构不健全。部分企业专设环保部，对企业环境保护进行统一管理；部分企业设安全与环保部或质量安全与环保部，行使环境管理职能；多数企业没有环境管理职能部门，将环境管理职能直接落到基层单位，事实上就意味着没有相应的组织机构。总体而言，国有大中型企业环境管理机构设置比较健全，但其他小型企业、私营企业和绝大多数乡镇企业环境管理组织机构缺位与失位严重，从而造成环境管理缺乏组织基础，管理职能难以落实。

周新、高彤（2001）在研究我国有关环保法律和行政法规时发现，在具有法律约束力的环境保护基本法及污染防治法律中只规定了企事业单位环境保护职责，而在建立健全企业环境管理机构方面却是空白，仅在1984年针对环保机构建设的“国务院关于环境保护工作的决定”第三条中指出：“在大、中型和有关事业单位，也应根据需要设置环境保护机构或指定专人做环境保护工作。”此外，在行业环境保护管理条例中，如冶金行业、化工行业、建材行业和电力行业等，做出了关于健全企业环境保护机构、加强企业自主环境管理的规定。但这些行政规章缺少普遍强制约束力，企业环境管理机构具体应如何设置仍无章可循，这应为我国企业环境管理机构设置缺失或失位严重的制度根源。

在环境管理组织基础薄弱的条件下，我国企业环境管理的组织变革与管理创新缺乏根基，从而造成企业内部组织与管理的制度创新动力子系统难以构建，致使企业环境管理自组织机制培育缺少该内部动力子系统的有效驱动。

（3）企业环境技术创新严重不足

尽管技术不是万能，且技术本身是一把“双刃剑”，但不可否认技术对企业污染控制与预防还是有着不可替代的作用。艾默里·B. 洛文斯等（1999）为实现其“自然资本主义”之路，提出要大幅度地提高自然资源的生产率，而促使企业提高生产率的具体方法有两个：一是实施全方位设计；二是采用创新技术。而环境技术创新遵循环境生态经济发展的一般规

律，能够降低能源和原材料消耗，最大限度的降低对环境的危害，使得经济和环境协调一致发展，以企业生态效益和经济效益共同发展为目标，突破了传统技术创新手段的缺陷。环境技术创新是基于新型生态学的一个新的创新体系，引导技术创新朝着有利于生态系统改善、节约资源能源、生态建设与社会同步发展的目标前进。它以生态环境保护为中心，不仅重视环境保护，更注重兼顾企业生产利益。因此，环境技术创新不仅提高了企业经济效益，更改善了企业的环境绩效（王丽萍，2013）。

但我国企业环境技术创新却严重不足，难以有效改善企业环境污染，提高污染预防与治理的实际效果和企业环境管理水平，并实现环境管理多重收益。我国学者孙亚梅、吕永龙、王铁宇等（2007）以环境技术专利表征创新水平，采用绝对指标与相对指标、专利结构布局系数（或特化系数）与技术创新主体结构布局系数，用以衡量我国各省市环境技术创新水平的空间分异，并具体分析了其不平衡性的原因。他们的研究结果表明，绝对指标评价的环境技术创新水平，呈现“东高西低”的格局；相对指标表征的环境技术创新水平，大部分省市的评价结果基本上在 0.1—0.5、0.59—1.04 之间，空间分异不明显；东部地区省市发明专利、企业专利特化系数较高，如天津、香港、北京、上海的发明专利特化系数均在 1.3 以上，香港和上海的企业专利特化系数大于 2，但是发明专利、公司企业专利这 2 项最具价值的专利技术创新水平均较高的省市非常少。课题组认为，我国环境技术创新水平整体水平与发达国家存在较大差距，水平相对落后。随后，该课题组（2008）继续以专利为衡量技术创新水平指标，对国内外企业环境技术创新水平的差异进行了分析。研究结果表明，1986—2005 年期间，国内外企业环境技术创新水平逐年增强，但我国企业的环境技术创新主体地位仍未建立；同国外企业相比，我国企业的原始技术创新能力不强，且我国企业的环境技术创新也主要以短平快为主，难有革命性的技术突破。技术创新能否产生关键是其孵化器是否合适，企业环境技术创新缺乏必然与企业环境管理制度相关联。

当前，环境管理在我国尚未得到企业普遍重视的前提下，企业要实现环境管理组织变革与管理制度创新的难度很大。在企业环境管理组织变革与管理创新难以实现的前提下，必然难以有效激励环境技术创新，也无法得到应有的人力、资金等各类资源的支持。相比非环境技术创新来说，环境技术创新更加不受我国企业管理者的重视，我国企业环境技术受到了抑制。在缺乏技术创新支持的前提下，企业也将难以突破以价格竞争与差异竞争的传统手段，难以形成环境差异化竞争优势。我国企业环境技术创新的严重不足，使得企业内部技术创新动力系统系难以形成，从而难以驱动企业环境管理自组织机制的培育。

（4）企业环境管理价值创造能力弱

世界可持续发展工商理事会（WBCSD）1997 年发表了题为《环境业绩与股东价值》的报告书。该报告书提出了企业推进环境经营获得竞争优势的 9 个重要手段。即：①全面实行环境经营的企业战略；②开发环境友好型产品；②环境关联投资；④改善能源效率；⑤减少排放量和废弃量；⑥对废弃物再生利用；⑦降低资金筹措成本；⑧改善资源生产性；⑨提高产品的服务化和功能。美国学者波特（2000）和日本学者细田道隆（2002）等学者对此都进行了系统的研究，实证结果表明环境管理的确能给企业带来价值的创造。在我国，由于企业管理者没有看到环境管理投入也是一种投资，具有价值创造功能，始终认为环境管理投入仅增加企业成本，是企业的负担，造成当前我国企业环境管理投入一直未受到企业上下的重视，偶尔的投入都是为应付政府管制才实施的。资金投入不足是我国企业环境管理面临的最大障碍。企业环境管理成本（包括污染治理设施的投资和运行成本）一般占企业生产成本的 3%－5%。在投资严重不足的情况下，要吸引环境管理人才，培养环境管理人才，留住环境管理人才是无法想象的。

当前，我国企业环境管理人才缺乏严重，多数环境管理人员都是由非专业人士组成，或兼职，或临时拼凑。在我国企业环境污染日益混合，治理与预防难度越来越大的情况下，专业环境管理人才、技术人才的缺乏成为我国企业环境管理的瓶颈，造成我国企业环境管理价值创造能力弱，使得企业环境管理投入、环境管理及技术人才与环境管理价值创造能力之间陷入恶性循环，即投入少，人才缺乏，价值创造能力弱，

企业越不重视，投入进一步减少，人才越缺乏，价值创造能力越弱。一些学者提出了资源生产率概念，从而引出污染视为资源的无效率使用的观念。这说明控制污染、预防污染就是提高资源生产率，就是为企业创造价值。我国企业污染控制与预防能力不足，就意味着其为企业创造价值的能力弱。

本研究认为，企业环境管理价值创造能力的提升是企业环境管理自组织机制持续运行的前提。而我国企业环境管理价值创造能力弱的现实，使得企业内部环境因素经济动力子系统难以构建，从而难依靠内部经济驱动力推动企业环境管理自组织机制的培育。

（5）企业环境意识不高，民主意识不强

杨沛霆（2008）曾指出，环境意识决定组织命运。中国企业家调查系统组织实施的“2004 年中国企业经营者问卷跟踪调查”表明，企业经营者认为当前经济生活中按严重程度排序的五个重要问题中，能源供应紧张问题排第一位，环境保护问题排第四位，这说明我国资源与环境成为了抑制企业发展的重要瓶颈，但并不说明我国企业经营者就已经具有较高的环境意识。《财富》（中文版）2007 年 3 月公布的调查数据显示：43％的被调查者认为影响中国企业承担责任的最大障碍来自于企业对责任观念的认知不够。企业对责任观念的认知更多地体现在企业高层和管理者的管理理念与决策中。特别是对于我国占据 90％的中小企业来说，企业家的责任认知就代表着企业的责任认知。耿闪清、方丽娟等（2007）等专门针对我国西部工业企业环境意识进行了全面调查。调查结果显示：一是企业管理者对于 ISO14001 环境管理体系还不够了解，对可持续发展和环境管理的认识也不够深刻，对企业环境报告的认识还局限于环境影响的技术指标方面；二是企业管理者对披露环境信息认识还不到位，ISO14001 环境管理体系认证尚处于萌芽阶段；企业环境信息的供给无法满足信息使用者的需求，目前的网络披露也没有彻底改变传统披露方式的缺陷；三是企业管理者对网络环境报告在内容、格式和技术方面的改革具有较强的期待；四是企业管理者普遍被动地期望政府进一步加大环境保护。

表 6-7　旅游企业环境意识综合得分

	环境知识	环境态度	环境评价	环境行为	环境意识
得分	58.62	61.40	62.27	46.38	56.43

资料来源：转引自刘丽梅：《旅游企业环境意识的调查研究——以内蒙古草原旅游发展为例》，《世界地理研究》，2008，2：166－174。

表 6-8　旅游企业对草原地区面临问题和发展目标的重要度排序情况

排序	面临问题	发展目标
第一位	教育落后	经济发展
第二位	贫困	科教进步
第三位	环境问题	环境保护
第四位	自然灾害	人口控制
第五位	人口过多	社会公平
第六位	牲畜过多	

资料来源：与表 6-7 来源相同。

据统计，在 2006 年前两个半月时间内，国家环保总局就已接到各类突发环境事件报告 45 起。其中由于企业违法排污造成的环境事件 9 起，占 20%。[①] 这一数据说明我国企业环境意识与环境责任缺失严重。国内专门针对企业及高层环境意识的调查较少，而针对公众环境意识调查的则较多。刘丽梅（2008）专门针对旅游企业的环境意识进行实地问卷调查，最后得到所调查旅游企业环境意识综合得分为 56.43 分，未能及格（见表 6-7）。同时，该研究也对企业关于草原地区所面临问题和发展目标的重要度进行了调查（见表 6-8），并要求旅游企业给草原地区环境保护与经济建设的重要程度打分，有 45.7% 的旅游企业给经济建设打满分，只有 34.4%的企业给环境保护打满分。这些调查数据进一步说明我国企业环境意识普遍不高。

另外，我国企业环境管理过程中的民主意识不强，内部环境信息不通

① 该数据转引自杜小伟：《政府规制下企业环境责任缺失的成因、对策分析》，《广西财经学院学报》，2009，3：16－19。

畅，难以调动企业员工全体参与环境管理，激发全体员工实施环境创新行为，员工在工作过程中其环境行为相对比较被动。这都严重制约了企业环境管理创新，使得环境管理较难产生突变。企业从高层到普通员工环境意识普遍不高，企业民主氛围不浓，环境信息不畅，这严重影响了企业可持续发展文化的塑造，也严重制约了企业环境管理与环境技术创新的产生，从而阻碍了企业内部动力各子系统的构建，影响企业环境管理自组织机制的培育。

（6）企业环境管理对外合作与协同能力差

企业环境管理制度体系的建设决定了企业环境管理对外合作与协同的能力。目前，我国企业环境管理体系建设滞后较为严重。司林胜（2002）通过对我国企业实施环境标志计划、ISO14000 标准认证和清洁生产情况的考察，发现我国企业环境管理体系建设滞后严重。关于 ISO4000 标准认证的调查显示：只有 16.9％的企业已经获得了该标准的认证；正在申请的企业为 22.5％；而 60.6％的企业还没有申请认证。对于企业未申请 ISO14000 环境管理系列标准认证原因的调查显示：有 53.8％的企业因“还不具备条件”而未申请认证；31.7％的企业“对这一系列标准还不了解”而未申请认证；10.7％的企业之所以未申请认证是认为“实施 ISO14000 环境管理系列标准对企业要求太高，无益于经济收益的提高”。ISO14000 标准认证并不是企业强化环境管理体系建设一劳永逸的做法，它仅是企业强化环境管理过程中的一个步骤，一个阶段。企业只有进一步依托自身的资源优势，根植于企业自身，培育内生于企业的环境管理体系才能真正发挥环境管理的全方面功能。

尽管我国已从 2003 年 1 月起开始实施《中华人民共和国清洁生产促进法》，但我国企业清洁生产效果却不明显。毕俊生、慕颖和刘志鹏（2009）在研究中发现，作为促进清洁生产主要抓手的清洁生产审核进展十分缓慢。调查结果显示：全国仅 9000 余家企业开展审核，按第一次全国经济普查数据计算，仅占工业企业总数的 0.62％。经济发达地区的江苏省、浙江省和上海市，江苏省有 2％ 的企业开展清洁生产审核，浙江省为 0.75％，上海市仅 0.25％，部分省市清洁生产审核工作尚未开展。张锦高、杜春丽（2006）研究发现，我国钢铁企业清洁生产存在的问题：一是推行清洁生产还比较缓慢，尚未有突破性进展；二是清洁生产实施的层面较低，企业整合力度不够；三是行业整体清洁生产水平不高，未能发挥其优势。这一些研究充分反映了我国企业清洁生产的现状。我国自1993年起开始实施环境标志计划来促进企业环境管理建设。但调查显示，只有14.6%的企业“已获得了中国环境标志”；34.4%的企业“正在申请”；有49%的企业“还没有申请，以后可能会申请”；有2%的企业并“不打算申请”。

针对我国企业环境管理对外合作与协同能力的情况，可从我国行业或区域循环经济、生态工业园的发展水平上得到体现。发展循环经济和生态工业园，政府的政策引导固然重要，但中坚力量应该是企业，企业才是真正的参与主体。而当前我国无论是循环经济还是生态工业园的发展，都充分体现了政府的强势干预，而缺乏企业的真正参与，存在参与主体模糊或缺失。这严重影响了产业生态共生网络的真正建立，也制约了产业共生系统的协同演化。这是我国循环经济和生态工业园未能实现突破的核心问题，也是国外生态工业园持续发展中所面临的一个突出问题。[①] 我国企业环境管理在对外合作和协同发展的能力不足，使得企业尚难通过向外演化，实现企业外的物质循环与产业共生，以减小和内化企业环境外部性问题，实现环境、社会与经济绩优。

（二）我国企业环境管理自组织机制培育的反思

在导论部分，本研究总结了我国生态退化与环境污染的严峻形势，这是我国企业环境管理的宏观背景。通过前面系统分析驱动企业环境管理自

---

① 沈满洪（2006）指出发展循环经济需要解决四个关键问题：一是规模不经济问题；二是循环不经济问题；三是循环不环保问题；四是循环不节约问题。本研究认为，这四个问题的解决都离不开企业的真正参与，只有真正建立了产业生态共生网络才能解决这四个问题。

组织机制培育各内外驱动因素在我国企业环境管理的现状，并结合企业培育环境管理自组织动力理论模型研究，本研究发现，我国企业环境管理自组织机制培育的外部驱动因素作用乏力，适宜外部环境孕育不足，而内部驱动各动力子系统尚未有效建立，难以真正主导企业环境管理自组织机制的培育。以培育企业环境管理自组织机制作为内化我国企业环境外部性问题，实现企业环境、社会与经济绩优的基本路径，是否适合我国目前状况下的企业的选择？这值得深入探讨。

1. 与环境绩优国家企业自组织机制培育的对比思考

托姆，托马斯（Tomer，Thomas，2007）全面评价并论述了当前的环境绩优国家企业环境管理现状。将我国生态及环境保护的宏观背景与企业环境管理现状，对比环境绩优国家生态及环境保护的宏观背景与企业环境管理现状，两者之间企业环境管理整体组织状态存在显著差异。本研究粗略地分别勾画出我国企业环境管理现状图（如图 6-6 左图）与环境绩优国家企业环境管理现状图（如图 6-6 右图）。我国企业环境管理整体组织状态背向自组织，朝向他组织，而环境绩优国家企业环境管理整体朝向自组织，背向他组织。企业环境管理组织转换过程是一个连续统，要区分企业处于他组织状态还是自组织状态，可以通过其组织的整体状态来初步划分，当然也可以通过测量其环境管理系统的具体熵值来进行精确判断。当前，我国企业大部分仍处于他组织环境管理状态，其企业所占比重高，所以曲线左边较高，这与我国中小企业环境管理制度普遍缺乏，多数企业环境策略完全被动、投机的状况是一致的。当然，我国有少部分企业目前也已进入自组织环境管理状态，有的自组织程度较高，成为国际环境创新的先导企业，但所占的比重太低，所以曲线右边是无限接近横轴的。

我国企业环境管理整体趋势背向自组织环境管理与我国当前宏观生态与环境形势日益严峻是相吻合的。对环境绩优国家来说，它们的大部分企业介于他组织与自组织相互交织的状态，有少部分企业处于他组织环境管理状态，也有部分企业处于自组织程度较高的环境管理状态，企业环境管理整体趋势朝向自组织环境管理，这一状态造就了环境绩优国家生态与环境日益改善并趋于优化。

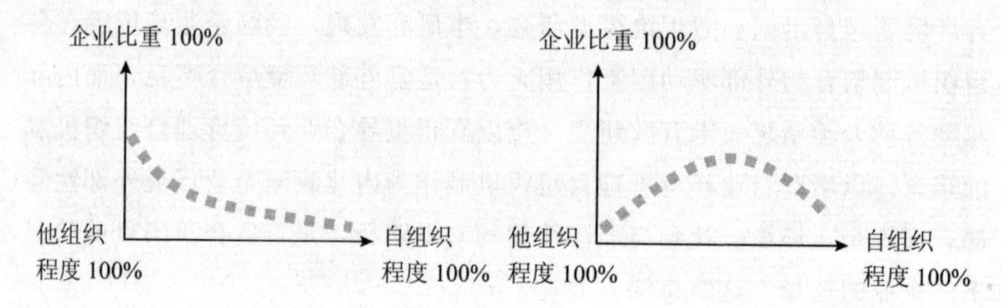

图 6-6　我国企业环境管理与环境绩优国家企业环境管理的现状

资料来源：作者整理。

本研究认为，环境政策综合化是基于不同环境管理组织状态企业及企业异质性的需要而不断丰富发展后的结果。而环境绩优国家的环境政策以市场化和自愿性政策为主导则是基于其企业自组织环境管理整体状态的需要而安排的。通过这一对比分析，本研究认为，不能因为我国企业大部分处于他组织环境管理状态，就否认依靠企业环境管理自组织机制培育是内化企业环境外部性问题，实现环境、社会与经济绩优的基本路径。环境绩优国家之前也经历了这样的一种状态或过程，在经过外部适宜环境的不断孕育，企业内部动力各子系统的初步构建，通过内外驱动因素的综合作用后才逐步过渡到当前的这种整体状态，其环境政策综合体系的构建也是不断演化、不断健全发展而成的。

同时，本研究认为，我国环境政策以命令与控制为主导，强调政府管制的突出作用，从我国企业环境管理整体状态来看，充分发挥政府环境管制的强制性的确是当前我国国情的迫切需要。而环境绩优国家以市场化与自愿性政策为主导，但其并不是以降低或者弱化政府强制管制效力为前提，只是环境管制政策没有像其 20 世纪 70 年代那么强势。其原因在于：环境绩优国家的强制环境政策所针对的企业比重小（如图 6-6 右图曲线的左边），而市场化和自愿性政策所针对的企业比重大，所以前者辅助，后者主导。而我国强制性环境政策所针对的企业比重大，市场化和自愿性政策所针对的企业比重小，因此前者主导，后者辅助是必然。虽然两者之间存在这一显著差异，但二者环境管理政策体系所呈现的综合化、丰富化的

共同特征是一致的。

一些学者的研究认为，发达国家和环境绩优国家的环境政策的行政手段出现了弱化，市场化和自愿性手段得到强化。而艾伯林，克韦尔(Eberlein，Kerwer，2004）认为，发达国家新旧环境政策工具之间存在四中相互关系：可能相互补充而不趋于统一；可能相互融合；可能相互竞争与冲突；或者一种工具完全主导另外一种，或者完全取代另外一种。乔丹等（Jordan，etc，2003）把这四种作用的方式分别称为：共存、融合、竞争和替代。霍利蒂尔（Heritier，2002）通过考察欧盟及其成员国的应用实践发现，新工具的使用还没有出现一种明显的由规制型工具向治理型工具转变的趋势，也没有出现一种明显的放松规制的迹象。这说明，新旧工具更多地是相互融合与相互共存，而不是替代与竞争。本研究支持夏光(2001）等学者的研究结论：支持当前我国环境管理仍以政府命令与控制为主导，在提高管制效率的同时，综合发展其他环境政策工具。环境政策的综合化和丰富化是适应我国企业环境管理自组织机制培育的需要，也是企业环境管理水平差异化、多元化的客观要求。

2. 对我国企业自组织机制培育动力的思考

综合我国企业环境管理自组织机制培育现状与企业环境管理自组织动力模型进行思考是有必要的。该模型以竞争与协同作为自组织机制培育的源动力，以企业内部四大动力子系统为内部驱动力，融合严格政府管制、金融与风险管理市场、投资者及供应链相关者、消费者与环境主义者、人力资本市场等外部驱动因素综合构建。企业内部四大动力子系统分别是：文化动力子系统、制度创新动力子系统、技术创新动力子系统和环境因素经济动力子系统。

首先，国内市场经济体制尚不完善，制约了竞争与协同这一培育企业环境管理自组织机制源动力的发挥。我国经济体制与国有企业改革在不断深化，但国有经济原有的弊端还继续存在，市场行业垄断问题还很突出，市场经济还并不成熟。这使得我国市场经济的企业竞争不充分、不完善，市场秩序混乱还存在，市场无序竞争还很突出，企业间的有序竞争与相互协同和企业内的有序竞争与相互协同都面临多重障碍。一旦竞争与协同难以发挥作用时，自然影响到企业组织机制的演化发展。当前的国内市场，竞争与协同作为企业环境管理自组织机制培育的源动力还严重不足。

其次，外部软驱动力的强化是当前我国企业环境管理自组织机制培育的关键。企业环境管理自组织机制培育的外部驱动力可分为硬驱动力和软驱动力，政府强制管制属于硬驱动力，而其他大部分属于软驱动力。软驱动力是当前我国培育企业环境管理自组织机制的“短板”，单靠硬驱动力事实上是很难抑制我国生态与环境继续恶化趋势的。而我国环境强制管制这一硬驱动力之所以缺乏效率，效果不佳，原因也与软驱动力培育不足相关，导致硬驱动力缺乏社会基础，难以有效实施。政府强制环境管制政策只有与社会其他软驱动力相互配合，才能产生事半功倍的效果。因此，积极培育企业外部环境软驱动力是我国环境管理的关键。

第三，大部分企业内部动力子系统尚难构建，使得内生动力难以产生。尽管我国有个别企业通过突变得以形成环境管理自组织机制，但外部环境的非适宜，使得大部分企业内部动力子系统尚难构建，从而影响内生动力的真正产生。企业内部各动力子系统之间相互竞争，也相互协同，企业环境管理自组织机制的培育可能靠其某一子系统实现突破，但其机制的巩固与发展一定离不开各动力子系统的共同作用。不同的企业可以采取不同的突破策略，一些企业可以环境技术创新作为构建内部动力子系统的开始；一些企业可以塑造企业可持续发展文化作为构建内部动力系统的开始；一些企业可以组织变革与管理制度创新作为构建内部动力子系统的开始。应该说，环境因素经济动力子系统是其他三个动力子系统综合作用后的结果，然后再进一步推动各自动力子系统的进一步深化发展，继而促进企业环境管理自组织机制的培育。

第四，生态与环境价值观的塑造是我国社会从政府到企业，再到公众都最为迫切需要的。我国社会从政府到企业，再到公众都迫切需要塑造生态与环境机制观。生态与环境价值观贯穿于企业内外环境，有着深远的影响。在我国经济与政治体制改革过程中，经济发展与环境保护的冲突需要它去让政府部门做出正确的决策；企业环境与经济目标的冲突也需要它去

让企业家重新考量环境价值；公众的消费行为和其他社会行为同样也需要它去让大家做出改变。通过它可以有效提升我国各社会主体的理性水平。当前，我国社会各主体生态与环境价值观的缺失，是阻碍各主体行为改变的思想根源，是其主体理性不足的根源，当然也是我国企业培育环境管理自组织内外动力不足的思想根源。

从我国企业环境管理基本现状及自组织动力情况来看，我国企业环境管理自组织机制的培育尚处于外部驱动为主导的初级阶段。此时，政府环境管理政策和社会大环境的孕育最为重要。通过适宜外部环境的孕育，逐步激活企业构建内部各动力子系统，推动企业培育环境管理自组织机制，实现我国企业环境管理总体趋势由背向自组织环境管理向朝向自组织环境管理的转变，最终实现我国生态与环境趋优。

3. 与环境库兹涅茨曲线（EKC）的对比思考

环境库兹涅茨曲线（the Environmental Kuznets Curve，EKC，见图6-7 右图）假说认为，在经济发展的初期阶段，随着收入增加环境质量将不断恶化，当收入越过某一特定的“转折点”（turning point）后，环境质量将得到改善，即“污染—收入”之间存在一种“倒 U”型的发展轨迹。一些学者认为，EKC 是对经济自然演进规律的一种描绘，即经济发展需要经过“清洁”的农业经济、“污染”的工业经济以及“清洁”的服务型经济（Arrow et a.l，1995）。在这个过程中，经济活动中的规模效应（scale effects）、结构效应（composition effects）和技术效应（technological effects）（Grossman and Krueger，1991）对“污染—收入”之间的“倒 U”型关系起到了决定性作用。宏观的经济结构变化和生态环境的转变，最终要落实到具体的微观主体身上。企业作为主要的污染源，它们的经济行为汇总综合后，将促成这一结果的最终发生。

尽管有诸多学者在考证我国环境库兹涅茨曲线是否存在时提出了反对意见，但它作为统计数据的经验总结还是得到了许多学者的认可，有一定的合理性。对比我国的企业环境管理整体组织状态（见图 6-6 左图），即可发现，我国企业环境管理自组织整体处于以外部驱动为主的初级阶段与我国当前社会经济处于环境库兹涅茨曲线左边是相吻合的。我国目前的环境形势表明，当前我国仍处于环境库兹涅茨曲线的左边，环境污染与经济产出之间仍处于同向变动位置，尚未跨越环境污染的最高点。这与我国企业环境管理整体组织状态朝向他组织，背向自组织是相吻合的。因此，可以进一步思考，当我国企业环境管理总体组织状态朝向自组织时，意味着我国社会经济可能就已跨越环境库兹涅茨曲线的最高点，进入曲线的右边，环境污染与经济产出之间变成反向关系，即环境污染趋于减少，而经济产出仍保持增长。

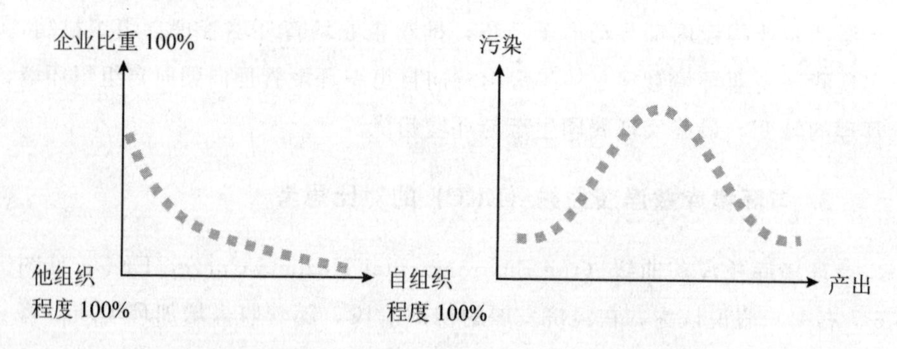

图 6-7　我国企业环境管理状态和环境库兹涅茨曲线

资料来源：作者整理。

环境经济学在寻找如何跨越环境库兹涅茨曲线这一“高山”的对策时，具体提出经济转型、产业升级、能源战略调整和技术创新等基本建议。本研究从自组织理论视角，提出内化企业环境外部性问题，破解环境困局的基本路径应是培育企业环境管理自组织机制。企业是污染产生的主体，也是治理和预防污染的主体，同时，它们也是影响消费者行为最为重要的组织。通过积极培育企业环境管理自组织机制，实现我国企业环境管理整体朝向自组织，将实现企业环境外部性问题的基本内化，扭转当前我国生态退化与环境污染继续恶化的不利局面，最终破解我国环境污染困局。这也意味着我国跨越了环境库兹涅茨曲线这一“高山”。与环境经济学家的基本主张相比，基于企业环境管理自组织机制培育，既重视政府管制的硬约束，也重视市场机制对企业环境管理的激励与软约束，又从企业本体出发，以激活企业自身的潜力和自我环境管理为目标，最终实现企业

与社会的和谐、持续发展。从自组织理论视角研究企业环境管理机制，实现了复杂问题与综合、系统处理方法的结合，其思路是新颖的。

4. 新时期我国环境与发展战略转型的思考

在新的时期，我国环境与发展战略转型的背景深刻影响着企业环境管理自组织机制的培育。因此，思考我国当前环境与发展战略转型的特征是有必要的。目前，我国已踏上环境与发展战略转型的征程，在发展理念、发展目标、发展道理、发展原则、战略部署、工作目标和措施等方面都有着鲜明的转型特征。

首先，树立了科学发展观和建设社会主义和谐社会目标。十六届三中全会（2003 年）提出了“坚持以人为本，树立全面、协调、可持续的发展观，促进经济社会和人的全面发展”，即科学发展观。党的十七大报告和新修订的党章对此均作了重要论述，“科学发展观第一要义是发展，核心是以人为本，基本要求是全面、协调、可持续，根本方法是统筹兼顾”。2006 年十六届五中全会提出了构建社会主义和谐社会的八大目标和任务，其中“资源利用效率显著提高，生态环境明显好转，加快建设资源节约型、环境友好型社会”是重要内容之一。科学发展观和建设社会主义和谐社会目标是标志我国进入环境与发展战略转型的最大特征，也是指导和推动转型的总纲领。

其次，新型工业化道路和和平发展道路。2002 年召开的中共第十六次全国代表大会提出，从现在起，要坚持以信息化带动工业化，以工业化促进信息化，走出一条符合 5 项标准的新型工业化道路：科技含量高、经济效益好、资源消耗低、环境污染少、人力资源优势得到充分发挥。针对日趋复杂的国际政治经济新形势和全球化趋势加快的大背景，中央又提出要走和平发展道路的新战略。2007 年十七大报告向世界做出了“环保上相互帮助、协力推进，共同呵护人类赖以生存的地球家园”的积极号召。

第三，处理环境保护与经济发展关系的“三个转变”。2006 年召开的第六次全国环保大会上温家宝总理指出，“做好新形势下的环保工作，关键是要加快实现三个转变”：一是要从重经济增长轻环境保护，转变为保护环境与经济增长并重，要把加强环保作为调整经济结构转变经济增长方式的重要手段，在保护环境中求发展；二是从环保滞后于经济发展转变为环保和经济发展同步，做到不欠新账，多还旧账，改变先污染后治理，边治理边破坏的状况；三是从主要用行政办法保护环境转变为综合运用法律、经济、技术和必要行政办法解决环境问题。“三个转变”从战略到战术，三者逐步深入具体，相互依赖、相辅相成，构成了新时期环保工作的总路线。

第四，经济发展从“又快又好”转向“又好又快”。全国人大第十届五次会议将多年提倡的“又快又好”改为“又好又快”。这一转向对经济与社会、经济与资源的协调发展有着不同意义，其直接表现是，政府确定经济增长目标的原则变了，即以优化结构、提高效益和降低消耗、保护环境为前提。

第五，设置节能减排等人口资源环境约束性指标。2006 年，我国第一次在五年国民经济和社会发展规划中明确系统地设立了人口资源环境数量目标，而且有些目标是约束性指标。2007 年 4 月，成立以温家宝总理为组长的国务院节能减排工作领导小组，发布了节能减排工作方案，采取多项对策措施，以确保节能和污染减排两项约束性指标的实现。

第六，循环经济立法和其他政策动向。《中华人民共和国循环经济促进法》已于 2009 年 1 月 1 日起施行，该法的颁布实施，将对我国经济活动减少资源消耗、降低污染排放、提高经济效益发挥重大的作用。今后几年，将是我国相关经济政策改革大刀阔斧的几年。节能减排指标将进入政府工作目标责任和政绩考核；资源税改革也将进入快车道，预计不久将发布。①

以上几个特征的总结归纳，充分表明环境保护作为基本国策真正进入了国家经济社会的主干线、主战场和大舞台。这对我国企业来说既是机遇

---

① 关于我国环境与发展战略转型的特征，中国环境与发展国际合作委员会专题政策研究课题组进行了深入研究。这里所总结的我国环境与发展战略转型特征参考了课题组的研究成果，该成果发表在 2008 年 1 月 4 日《中国环境报》。

又是挑战，今后一段时间将是我国企业环境管理翻天覆地的时期。这样的一个宏观背景，对我国企业环境管理自组织机制的培育将产生突出影响，将有利于加快外部适宜环境的孕育，从而加速我国企业环境管理自组织机制培育的进程。

（三）国内企业自组织环境管理的案例分析

前面的论证表明，环境绩优国家企业环境管理整体朝向自组织，背向他组织，而我国企业环境管理整体组织状态背向自组织，朝向他组织。在我国当前的社会环境下，培育企业环境管理自组织机制是否仍是企业成为具有竞争力、能持续发展，并实现环境、社会与经济绩优的基本路径呢？本节以广州珠江啤酒股份有限公司为例，探讨其培育企业环境管理自组织机制，获取环境竞争优势的基本过程。

1. 案例企业珠江啤酒股份有限公司概况

广州珠江啤酒股份有限公司（简称珠江啤酒）是一家以啤酒生产为主体，辅以啤酒配套和相关产业的大型国有企业，是中国制造业500强、中国纳税500强，是广东乃至全国环境保护与治理的企业标兵。珠江啤酒股份有限公司的主要成绩：①珠江啤酒是中国驰名商标、中国名牌产品和绿色食品；②拥有国家级企业技术中心和博士后科研工作站，率先推出了我国首创的珠江纯生啤酒，20项先进技术填补国内空白；③广州总部啤酒生产能力突破150万吨，成为全球单厂最大的啤酒酿造中心之一；④实施清洁生产，厉行节能减排，各项消耗指标处于啤酒行业领先水平；⑤2003年8月，珠江啤酒成为广东省第一家、国内同行第一家正式通过清洁生产审核验收的工业企业；2005年底，珠江啤酒荣获国家环保领域的最高荣誉——国家环境友好企业；2008年初，珠江啤酒成为广州市唯一一家荣获“广州市创建国家环境保护模范城市先进集体”的工业企业；⑥全力打

造企业文化，提升核心竞争力，以珠江啤酒之魂，指引珠江啤酒发展方向，以珠江啤酒之神，夯实珠江啤酒发展基础，以珠江啤酒之形，描绘珠江啤酒发展宏图；⑦全面应用 ERP（企业资源计划）、ZBB（零基预算管理）、VPO（生产最优化管理）等现代化管理工具，先后通过 ISO9000 质量管理体系、ISO14000 环境管理体系、OHSAS18000 职业健康安全管理体系、HACCP 食品安全体系等认证；⑧自 2006 年广东省环保局实施企业环保信用评级以来，珠江啤酒名列第一，连续三年荣获“绿牌”。

2. 公司实施自我环境管理的主要经验及具体成绩

珠江啤酒股份有限公司以“高标准，高起点”为建厂原则，于 1985 年建成投产，是我国首家全面引进国外先进工艺和设备建成的现代化大型企业。公司一直注重环境保护与经济的协调发展，早已全面超越国家和地方环境标准，实施自我环境管理，全面预防和控制企业环境污染，不断提升环境、社会与经济绩优。珠江啤酒股份有限公司主要经验有：

首先，企业高层具有超前的环境意识，高度重视环境保护，环境考虑早已进入企业总体经营决策中。一直以来，珠江啤酒之所以能采取大手笔方式，投入巨资预防和控制企业环境污染，这都离不开企业高层的高瞻远瞩。当我国于 2003 年开始启动清洁生产战略时，珠江啤酒早已于 1998 年成立了清洁生产委员会，开始开展“清洁生产”工作。当循环经济成为我国产业经济发展热点时，珠江啤酒在清洁生产战略实施后早已实践循环经济发展战略，并成为我国食品行业发展循环经济的最佳参考范例。

其次，健全和完善各项环境保护管理网络，制定完善的环保管理制度和环保目标责任制。公司以引入 ISO14000 环境管理体系认证为平台，全面完善和丰富各项环境管理制度，划清各部门环境责任，广泛调动公司员工参与环境管理的积极性与创造性。公司成立以总经理为第一责任人，副总理协助的环境职业健康安全生产管理委员会，详细明确公司全部 17 个部门各自的环境责任，并设置专门的机构和环境管理人员负责落实各项环境管理措施。

第三，完善各项管理手段，健全激励与处罚制度。公司为调动全体员

工参与环境管理，创新环境管理实践，不断创新和完善各项管理手段，给予更大的管理弹性，激励员工创新性思维。通过科学制定管理考核制度，将职工收入与其工作效果，如节能降耗等挂钩，培育员工自觉开展清洁生产，鼓励员工创新环境管理。

第四，不断改造生产工艺，强化技术创新，追逐环境、社会与经济绩优。为实现更低、更少的污染和消耗，公司使用无毒无害原材料，采用先进生产工艺，调整产品结构，实施技术改造、优化生产流程，提高设备运行效率。公司始终以实现技术领先、质量领先、管理领先、规模领先与效益领先为目标，打造具有国际竞争力的啤酒企业。

第五，积极塑造可持续发展企业文化，发扬员工主人翁精神。公司确信，保护环境，才能追求品质。为此，公司积极塑造可持续发展企业文化，培育员工主人翁精神。公司坚持定期开展各项文化活动，宣传环境知识，弘扬可持续发展理念。通过开展“赞我身边的普通人”活动，凝聚员工的团队精神。鼓励员工结合个人工作岗位提交创新题案，调动员工的积极性与创造性，践行主人翁精神。

第六，以清洁生产和循环经济战略为平台，实现公司环境、社会与经济绩优，环境因素已成为企业核心竞争优势。

珠江啤酒股份有限公司通过实施自我环境管理，以超越国家和地方管制标准，有效处理生产过程中所产生的各项污染。啤酒生产过程产生的主要污染物为有机废水、麦糟等固体废物以及电厂所排放的废气污染。珠江啤酒依靠有效的管理措施和技术创新，在污水、废气、噪声及固体废物预防和治理方面均取得显著成绩。珠江啤酒公司所取得的具体成绩有：

首先，污水处理方面。公司产生的废水包括灌装废水、酿造废水、浸麦水、车间清洁水等，废水特性为有机污染，处理前废水特性为：①COD含量为2329.36mg/l；②BOD含量为710.90mg/l；③SS含量为549.94mg/l。公司通过采用IC－AS污水处理工艺，其中IC内循环厌氧反应器是目前处理有机废水最先进的厌氧处理装置，其厌氧部分采用先进的内循环高效厌氧反应级数（IC厌氧反应器），该污水处理装置日处理污水能力为25000吨（污水处理工艺流程如图6-8），经环保部门监测，处理后的水质排放远远低于广东省污水排放限值（见表 6-9），该污水处理工程是广州市污水处理示范项目。

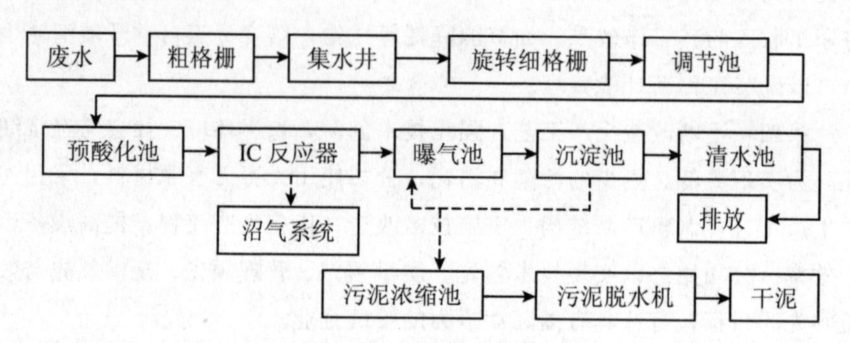

图 6-8 污水处理工艺流程

资料来源：根据调研整理。

表 6-9 广东省水污染排放限值标准及珠江啤酒排放情况

广东省水污染物排放限值标准（DB44/26－2001）标准第 2 时段二级标准					
名称	COD	BOD	SS	磷酸盐	氨氮
数量	110mg/l	30mg/l	100mg/l	1mg/l	15mg/l
珠江啤酒公司 2006 年污水排放情况（单位为 mg/l）					
2006 年 1 月	38.5	9.3	17	0.71	3.84
2006 年 2 月	39.4	9.6	18	0.75	4.02
2006 年 3 月	40.3	9.9	15	0.76	3.14
2006 年 4 月	46.1	11.2	24	0.86	4.32
2006 年 5 月	38.5	8.6	18	0.67	3.87
2006 年 6 月	36.2	8.3	16	0.63	3.69
2006 年 7 月	34.1	8.1	15	0.61	3.42
2006 年 8 月	39.2	9.1	18	0.67	3.84
2006 年 9 月	36.7	8.9	17	0.65	3.67
2006 年 10 月	39.5	8.9	18	0.71	3.84
2006 年 11 月	34.9	7.9	16	0.61	3.54
2006 年 12 月	32.8	7.6	15	0.59	3.29

附注：珠江啤酒公司 2006 年污水排放数据由广州铁路环境监测站监测得出。
资料来源：根据调研整理。

其次，废气处理方面。珠江啤酒的废气主要来自于公司两台 75 吨/时

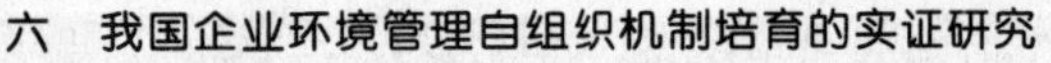

锅炉，其主要污染物包括烟尘、二氧化硫。《广东省大气污染物排放限值》（DB44/27——2001）火电厂标准为烟尘为 200mg/m^3、二氧化硫为 1 300mg/m^3。珠江啤酒采用静电除尘＋循环流化床脱硫塔＋布袋除尘组合的除尘脱硫工艺（如图 6-9）。经过处理后的烟尘排放浓度小于 50mg/m^3，二氧化硫排放浓度降低到 400mg/m^3 以下，实现“无烟排放”。烟气排放也安装了在线监测系统，实行了 24 小时在线监控。

第三，噪音处理方面。珠江啤酒的噪音主要来源于设备机械产生，为了防止噪声污染，公司对噪声大的设备都安装了消音装置，部分车间还安装了密封性能好的铝合金门窗，并通过加强设备的维护、保养，确保设备稳定正常运行，减少噪音污染。根据广州市环境监测中心站 2006 年对公司各重要区域的监测显示，各监测点的噪音值均低于广东省《工业企业界噪声排放标准》所规定的排放标准。

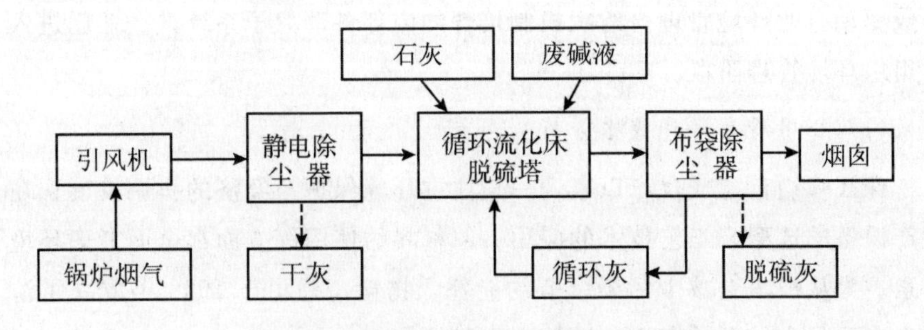

图 6-9 珠江啤酒公司烟气处理工艺流程

资料来源：根据调研整理。

第四，固体废物处理方面。珠江啤酒的固体废物主要包括啤酒生产过程中产生的麦糟、废酵母、废纸以及污水处理过程中产生的污泥等。各种固体废物全部进行分类回收后，进行综合利用，危险废物全部交有环保资质单位处理。2006 年固体废物产生总量 216 003.05 吨，综合利用量为 211 581.85 吨，综合利用率达到 97.95％。2006 年各种固体废物产生量、来源及处理情况为：①污泥 3 991 吨，主要来自污水处理，全部交有资质单位按有关要求处置；②碎玻璃 9 716 吨，主要来自玻璃瓶搬运、贮存、灌装过程中破碎而产生，通过回收做为玻璃瓶原材料使用；③湿麦糟 13 2431 吨，主要来自啤酒生产糖化过程中，做为饲料直接出售；④废酵母 6

774 吨，主要来自啤酒发酵完成后的剩余物，经饲料厂加工制成干酵母粉出售；⑤废纸 9 879 吨，主要来自灌装车间生产的废纸箱和使用后的废纸箱，回收后卖给相关单位作为造纸原材料使用；⑥危险废物 51.14 吨，主要包括废油、职工医务所的医疗垃圾、废日光灯、废电池等，全部按照有关规定交符合环保资质单位处理，并按规定办理危险废物转移联单。

3. 公司实施清洁生产与循环经济战略的分析

前面仅介绍了珠江啤酒自我环境管理及末端治理的基本概况，让人只能通过其排放标准远远低于国家和地方排放限值而判断其环境绩优，似乎难以说明珠江啤酒已进入自组织环境管理阶段。下面，本研究将结合珠江啤酒全力实施的清洁生产与循环经济两大战略的分析，探讨珠江啤酒已将环境考虑融入企业总体经营战略，环境因素已成为其核心竞争优势，并已形成驱动企业环境管理自组织机制培育的内部各动力子系统，企业已进入自组织环境管理阶段。

(1) 公司清洁生产战略分析

珠江啤酒自建成投产以来，一直注重环境保护与经济的协调发展，在生产设备的选型、工艺技术的应用、原材料的使用等方面都全面考虑环境因素。为从根本上减少污染，节约能耗、物耗，公司于 1998 年成立了清洁生产委员会，开始实施“清洁生产”战略。

首先，强化采购管理，提高原材物料质量。在原材物料采购工作中，珠江啤酒坚持“比质、比价、比服务”的“三比”原则，对采购物资的信息公开化，并充分考虑其环境影响。同时，公司强调生产与采购物料的平衡，实施原材料的“零库存”管理，并注意原材料的保质存放、包装材料的可回收利用等工作，从源头开始控制环境影响。

其次，采用先进生产技术和清洁生产工艺。通过先进生产技术和清洁生产工艺的采用，实现生产高效率、生产短周期、消耗低水平、污染少排放等诸多良好结果。珠江啤酒在国内首次采用快速发酵工艺，使啤酒发酵周期只需要 12 天，比传统发酵工艺缩短了三分之二的时间，大大提高了生产能力，降低了运行成本，极大地节约了能源。公司通过大量实验比

较，较早采用过氧化氢和过氧乙酸类消毒剂对设备进行消毒，既保证了消毒效果，还大大减少了对环境的污染。公司作为国内首家引进先进再生型 PVPP 啤酒处理系统，同时在糖化过程中取消添加甲醛，提高了啤酒的非生物稳定性，减少了环境污染。此外，公司的先进工艺技术还有纯生啤酒生产技术、啤酒离心分离技术、萨拉丁深层发芽工艺、高效热回收麦芽烘干技术等三十多项，其中填补国内啤酒生产技术空白的就有 19 项。

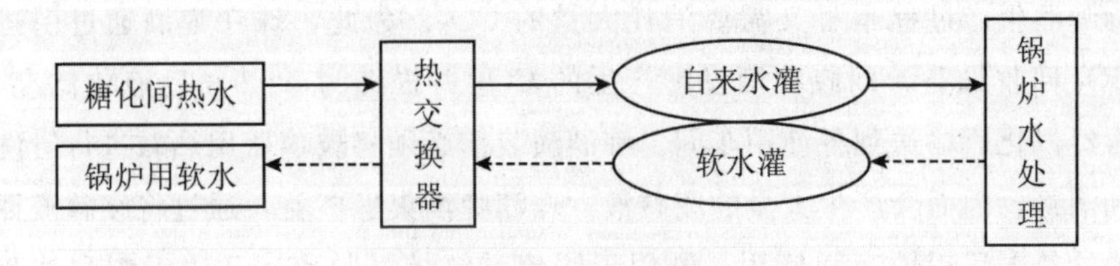

图 6-10　糖化热水回收流程

资料来源：根据调研整理。

第三，采取多项措施，强化管理，加强节能降耗技术改造。啤酒生产中能源消耗占生产成本比重约 10%，抓好节能降耗，既能降低生产成本，提高经济效益，又能减少排放。通过对车间冷凝水回收系统进行技改，将各车间蒸汽冷凝水收集后，输送至锅炉车间直接作锅炉用水，每天可回收蒸汽冷凝水约 500 吨。糖化车间采用冰水冷却麦汁，产生热水，除部分用作糖化车间自身的投料、料糟及设备清洗外，每天可剩余 80℃ 的热水约 700 吨，为此，公司通过技术改造实现热水回收利用（如图 6-10）。

在综合能耗控制的其他方面，珠江啤酒采用加装变频装置、提高机器设备效能等节电措施降低电耗；通过采用高温远红外涂料技术降低锅炉煤耗；通过科学制定各项能耗考核指标，加强对各车间能耗的跟踪考核，使各项能耗指标处于可控状态。酒液成本约占啤酒生产成本的 60%，1997 年前公司酒液总损失率为 13%。为降低啤酒生产成本，减少酒液损耗量，减少物耗与排放，珠江啤酒建立了一套行之有效的酒损管理系统，强化计量统计管理；通过在过滤机前增加酵母离心机，预先除去酒液中部分酵母和凝固物，并通过对过滤机实施工艺改造和过滤过程助滤剂添加工艺的调整，使单机过滤量由原来的 500 吨/批次，提高到 1 500 吨/批次的水平；通过引进国际上先进的酵母压榨机和先进的膜振动酒液回收系统，回收酵母中的酒液，既减少了废酵母直接排放对环境的污染，又回收了高品质啤酒，减少了啤酒生产的损耗。

第四，针对 CO_2、洗瓶废碱液实施回收利用。CO_2 是啤酒发酵过程中产生的副产物，每吨啤酒在发酵过程可产生约 20kg CO_2 的排放，这不仅会对环境造成影响，形成温室效应，而且也是一种资源的极大浪费，因为啤酒生产过程本身又需要消耗大量的 CO_2。为此，珠江啤酒通过引进 CO_2 回收设备，回收啤酒发酵产生的 CO_2 并提纯为 99.9%后液化储存，再经汽化后输送到各使用车间。啤酒灌装前必须将玻璃瓶用热碱进行清洗和消毒，因而会产生大量的废碱液。珠江啤酒集思广益，通过将废碱液回收给热电厂锅炉车间使用，既用于脱硫系统烟气脱硫，又用于中和冲灰水，每年不但节约中和锅炉冲灰水需加投 30%液碱 200 吨，还大大减少了污水处理负担。

表 6-10　1998 年—2003 吨啤酒耗能对比

	98 年	99 年	00 年	01 年	02 年	03 年	03 年较 98 年增效
吨酒综合能耗（kg/t）	147	117	109	100	87.45	82.62	2783.4 万元
吨酒耗电（kWh/t）	116	106	100	92.6	89.79	86.75	964.3 万元
吨酒耗煤（kg/t）	89	65.4	69	48.3	43.42	37.36	1214.7 万元
吨酒耗水（t/t）	11.7	9.4	8.1	6.3	6.07	5.63	504.4 万元

资料来源：根据调研整理。

珠江啤酒实施清洁生产战略取得了显著成效，推动公司环境、社会与经济绩优上了一个新的台阶。首先，综合能耗显著下降。通过实施清洁生产，公司综合能耗从 1998 年吨啤酒综合能耗 147kg 标煤下降到 2003 年的 82.62kg 标煤（国际先进水平为 115kg 标煤），同比下降 43.8%（见表 6-10）；节水效果显著，在连续啤酒产量逐年上升的情况下，总用水量反逐年下降（见表 6-11）（吨啤酒耗水国际先进水平为 6t）。

表 6-11　1998 年—2003 年用水量情况

	98 年	99 年	00 年	01 年	02 年	03 年
年用水量/万 t	487	489	467	435	436	432
啤酒产量/万 t	46	57	66	70	74	86

资料来源：根据调研整理。

其次，物耗显著减少。通过开展降酒损活动，酒液总损失率大幅度下降（见表 6-12），达到国际先进水平（酒液总损失率国际先进水平为 5%—6%）。酒损效益为 6 916 万元，扣除酒损活动中的投入 600 万元（设备改造 90 万，新增设备系统 200 万，增加计量仪器 10 万，“酒损奖 300 万”），酒损实际增效 6 300 万元。同时，其他物耗如玻璃瓶、瓶盖、纸箱等损耗指标也大幅度下降（见表 6-13），在节约大量资金的同时，收获了环境影响更少。

表 6-12　1999—2003 年酒液总损失对比

	总酒损	降酒损增加产量/t	平均售价/（元/t）	增加效益/万元
99 年	5.22%	14983	2720	4075
00 年	4.18%	6656	2800	1864
02 年	4.14%	2590	2910	760
03 年	4.05%	770	2810	217
合计				6916

资料来源：根据调研整理

表 6-13　其他各项物耗对比

	98 年损耗率	03 年损耗率	03 年产量（个）	单价（元/个）	节支额/万元
瓶损	2.01%	1.07%	855600	0.43	534
瓶盖损	2.28%	1.75%	855600	0.0398	28
纸箱损	1.20%	0.23%	855600	2.0	2563

资料来源：根据调研整理

第三，“三废”处理效益显著。通过改造工艺，完善生产流程，强化了“三废”的综合利用，产生了良好的环境与经济效益（见表 6-14，表

6-15）。废气治理中所产生的干灰用于水泥生产，每吨 90 元，每年可增近 200 万元的经济效益。此外，公司主要污染物吨啤酒排放量显著下降，充分显示其环境影响日趋降低（见表 6-16）。

表 6-14　200—2002 年综合利用情况

	2000 年	2001 年	2002 年
干饲料量/t	4435.05	3510.13	3047.16
干饲料价值/万元	335.12	321.26	247.21
干酵母粉产量/t	460.60	479.42	735.72
干酵母粉价值/万元	187.99	206.84	282.56
回收 CO_2 量/t	7908	9742	11111
回收 CO_2 价值/万元	790	970	1100

资料来源：根据调研整理

表 6-15　2002 年固体废物综合利用情况

	综合利用量/t	单价（元/t）	经济效益（万元/a）
麦　糟	89 077.3	140	1 247.08
碎玻璃	7 623.82	125	95.30
废纸皮	5 215.24	860	448.51
灰　渣	39 622.61	10	39.62

资料来源：根据调研整理

表 6-16　1998 年—2006 年主要污染物吨啤酒排放量情况

	98 年	99 年	00 年	01 年	02 年	03 年	04 年	05 年	06 年
COD 排量 kg/t	0.43	0.45	0.35	0.47	0.22	0.18	0.15	0.22	0.13
烟尘排量 kg/t	0.57	0.32	0.33	0.70	0.57	0.42	0.20	0.035	0.034
二氧化硫 kg/t	3.06	2.08	2.80	3.18	2.39	0.70	0.36	0.43	0.39

资料来源：根据调研整理

（2）公司循环经济战略分析

珠江啤酒 1998 年实施清洁生产战略，到 2003 年 8 月成为广东省第

一家、国内同行第一家正式通过清洁生产审核验收的工业企业。公司高层并没满足已有成绩，在持续推进清洁生产工作的同时，实施循环经济战略。

首先，继续推进技术改造，发展循环经济。珠江啤酒先后启动技术含量高，环保效益显著的错流膜过滤、糖化二次蒸汽热能回收、沼气回收综合利用、变压器低压回路节电改造等四大循环经济项目。2006 年 6 月 5 日，珠江啤酒投入 1200 万元研究的错流膜过滤取代硅藻土过滤技术成功启用，该技术具有确保产品质量、高效率、低损耗、节约资源、保护环境的特点，是我国乃至亚洲啤酒酿造技术的重大突破，使我国啤酒酿造技术首次与国际同步。应用错流膜过滤技术，每吨啤酒的过滤耗水量比硅藻土过滤下降 25%，过滤酒损下降 80%。启动糖化二次蒸汽回收项目，使糖化煮沸时间从每锅 90 分钟减少到 60 分钟，不但使生产效率提高 33.3%，每年还节约蒸汽 5 万吨，直接创造经济效益 900 多万元。启动沼气回收发电项目，通过对污水处理产生的沼气经过脱硫处理后用于发电和制冷，每年可产生电力 700 多万度，创造经济效益 560 万元，该项目得到国家发改委批准后申请为 CDM 项目，于 2009 年 12 月 20 日在联合国成功注册，成为国内啤酒行业第一家成功注册 CDM 项目的企业。启动低压回路节电改造项目，有效降低了谐波污染，节电率达到 6%，一年还可节电 540 万度，创造经济效益 400 多万元。

其次，加强过程控制，促进循环利用。珠江啤酒积极采取相关措施对啤酒生产过程中产生的“废物”如 CO_2、酒糟、废酵母、冷凝水、废碱液等“废物”的循环利用，变“废”为“宝”，抓好能源的梯级利用，既实现无废料排放，又达到综合利用资源的目的。

第三，健全和完善制度，强化管理，提高员工综合素质及环境素养。公司制度《珠江啤酒节能手册》，对生产的每个工序进行节能规范，并将手册发至班组集中组织学习，从而达到规范操作的目的。每年定期对一些重点能耗设备操作工人进行岗位培训，实行持证上岗制度，全面提升员工操作技能和操作水平。建立能、物耗分析制度，定期召开分析会，对每月各种消耗指标对比分析，查找原因，即时解决。

表 6-17　2004—2009 年吨啤酒能耗对比

	04 年	05 年	06 年	07 年	08 年	09 年
综合能耗 kg/t	83.33	82.45	82.67	76.6	74.85	72.22
吨酒耗电 kWh/t	87.58	86.47	85.4	85.32	85.55	85.61
吨酒耗水 kg/t	5.42	4.99	5.17	4.77	4.75	4.81
吨酒耗煤 kg/t	39.97	37.68	39.19	33.3	30.95	29.44

资料来源：根据调研整理。

珠江啤酒股份有限公司实施循环经济战略，取得了显著成效，2005 年被国家发改委纳入中国啤酒行业“循环经济模式”示范工程，2005 年 11 月被评为国家环境友好企业。首先，实施循环经济战略后的综合能耗及用水情况。清洁生产战略使珠江啤酒的综合能耗及用水指标走进国际先进行列，而循环经济战略的实施则进一步强化了珠江啤酒在综合能耗及用水指标方面的国际先进水平（见表 6-17，6-18）。

表 6-18　2004—2009 年啤酒产量与用水量对比

	04 年	05 年	06 年	07 年	08 年	09 年
总用水量 wt	457	480	521	492	402	356.6
啤酒产量 wt	100.5	122.5	134.7	138.2	120.1	98.91

资料来源：根据调研整理

其次，废物循环综合利用情况。珠江啤酒在强调清洁生产的同时，进一步强化资源循环利用与回收，取得环境与经济双重收益（见表 6-19）。

表 6-19　2004 年一2008 年综合循环利用情况

	04 年	05 年	06 年	07 年	08 年
麦糟回收量（吨）	116374	116009	132431	132320	98694
麦糟价值（万元）	1400	1543	1634	1636	1269
CO_2 回收量（吨）	16400	18739	23408	25199	21376
CO_2 价值（万元）	1500	1687	2071	2374	1924
酵母回收量（吨）	1120	1094	1330	1355	175
酵母价值（万元）	410	377	400	475	470

资料来源：根据调研整理

近5年来，珠江啤酒股份有限公司在环保、发展循环经济方面投入近1.7亿元，在取得环境绩优的同时，产生经济效益超过3.82亿元。通过上述分析，我们认为，珠江啤酒股份有限公司已经形成了驱动企业环境管理自组织机制培育的内部各动力子系统：文化动力子系统、制度创新动力子系统、技术创新动力子系统和环境因素经济动力子系统，是我国少数进入自组织环境管理阶段的企业之一。[①]

（四）本章小结

本章在考察我国企业环境管理自组织机制培育现状时，分别就外部主要驱动因素存在的突出问题进行了分析，也对我国企业在环境管理自组织机制培育中内部各动力子系统构建存在的问题进行了探讨。内外驱动力量不足，造成了我国整体企业环境管理自组织机制的培育远滞后于发达国家，特别是环境绩优国家。

为此，本研究分别从四个方面对我国企业环境管理自组织机制培育进行了反思。首先，通过与环境绩优国家企业环境管理自组织机制的对比思考，我们找到了我国生态退化与环境污染日益严重的根源所在，那就是我国企业环境管理总体趋势是背向自组织，朝向他组织，而环境绩优国家企业环境管理总体趋势是朝向自组织，背向他组织。其次，通过对我国企业环境管理自组织动力进行思考，我们认为，我国市场经济体制不完善，制约了竞争与协同这一培育企业环境管理自组织机制源动力的发挥；外部软驱动力是当前我国培育企业环境管理自组织机制的“短板”，积极培育企

---

① 在收集典型案例相关资料以及实地调研过程中，本研究得到了广东省环保厅、广州市环保局、广东省环保产业协会、珠江啤酒股份有限公司、广汽本田汽车有限公司的大力支持，特别感谢广东省委党校王玉明教授，广东省社科院赵细康教授，环保厅规划财务处罗世衍处长、环境监测与科技标准处王大力处长，广州市环保局政策法规处郑则文处长，广东省环保产业协会易颂辉高工，珠江啤酒股份有限公司吕丹高工，以及广州汽车集团马部长、广汽本田汽车有限公司李部长、李科长、刘系长、陈楚、罗宇奇等人的热心帮助与接待。

业外部环境软驱动力是我国环境管理的关键；我国大部分企业内部动力子系统难以构建，使得内生动力难以产生；生态与环境价值观的塑造是我国社会从政府到企业，再到公众都最为迫切需要的，它有利于提升各社会主体的理性水平。第三，通过与环境库兹涅茨曲线（EKC）的对比思考，本研究认为，一个国家或地区通过培育企业环境管理自组织机制，实现企业环境管理整体朝向自组织时，也就意味着它们已经跨越环境库兹涅茨曲线这一“高山”，进入到环境与经济发展良性循环阶段。与环境经济学家跨越环境库兹涅茨曲线这一“高山”的基本主张相比，本研究的思路是独辟蹊径的。第四，对新的时期我国环境与发展战略转型进行了思考，它是培育企业环境管理自组织机制的时代背景。

为探讨我国企业同样适应这一规律：培育企业环境管理自组织机制是内化企业环境外部性问题，实现企业环境、社会与经济绩优的基本路径。本章最后通过一个国内企业创建和发展自组织环境管理，不断内化企业环境外部性，实现环境、社会与经济绩优的典型案例分析，证明该基本路径在我国也是可行的。

七　培育企业环境管理自组织机制的政策研究

通过企业环境管理机制转换的案例分析以及对驱动企业环境管理自组织机制培育的内外因素探究，本研究认为，外部因素是条件，内部因素是根据，二者相互影响，综合促成企业环境管理自组织机制的培育。要培育企业环境管理自组织机制，重点在于挖掘和壮大由内外各因素所形成的综合驱动力，主要涉及外部适宜环境的培育和企业内部动力子系统的构建。为此，培育企业环境管理自组织机制的政策主要从外部适宜宏观环境、行业环境的培育和企业内部各动力子系统构建等三个方面着手。

（一）培育外部适宜宏观环境的政策

根据马丁·雅尼克（Martin Janicke，2008）的观点，现代环境公共治理呈现立体和网络特色的模式特征（如图 7-1），企业作为当前的主要污染源，受到诸多不同层次的外部因素影响。从宏观层面来看，政府部门、环境非政府组织以及社会公众是培育适宜外部宏观环境的重要力量，它们成为构建环境公共治理模式的三个核心主体。因此，培育企业环境管理自组织机制外部适宜宏观环境的政策应从这三个主体出发。

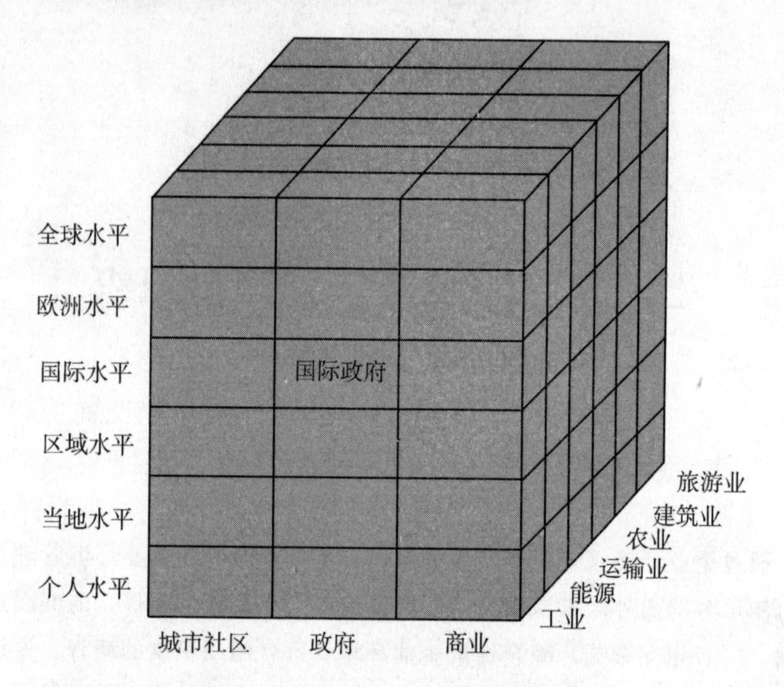

图 7-1　现代环境公共治理的立体模型

资料来源：转引自 Martin Janicke，Ecological modernization：new perspectives［J］. Journal of Cleaner Production. 2008，16：557－565。

1. 政府部门

政府部门有着特殊的身份，既能利用环境立法，发挥强制环境管制的作用；又能依靠经济杠杆培育“绿色市场”，引导“绿色消费”，间接向企业施压。尽管驱动企业环境管理自组织机制培育的外部因素很多，但政府角色及其环境管理政策仍发挥着突出作用，是促成和强化其他驱动因素的初始力量。对于发展中国家来说，强化政府环境管制，提高管制能力尤为重要。

（1）健全与完善综合化环境管理政策体系

根据企业本身的异质性与企业环境管理自组织水平差异的状况，有必要健全和完善综合化的政府环境管理政策体系，不断创新环境管理政策工具，从而实现政策实施地相机抉择，提高政策有效性。发达国家环境政策

演变的历程，是其政策体系与手段不断丰富、综合发展的过程，而不是政策间的相互否定。环境政策综合化、多元化、弹性化是当前国际环境管理的发展趋势。我国环境管理政策体系综合化、多元化和弹性化的健全与完善，要从管理体制改革入手。环境问题的复杂性和环保工作的系统性，使统一监督管理与多元中心治理并存成为当前环保工作的基本要求，综合决策和分散管理是环境管理的重要宗旨。我国环境管理应由环境统治向环境治理转变，应以构建环境公共治理模式为目标，逐步实现当前的权威型环境治理模式向环境公共治理模式转变，这是提高环境政策效率，实现环境治理有效的基本路径，是当前环境污染发展特征的客观要求。

首先，针对处于他组织环境管理状态的企业，继续实施环境管理强制管制政策，并提高管制效率，增强其威慑力。要根据社会发展的实际情况，适时调整市场准入、退出规制及其他强制性规制，逐步提高产品标准、技术规范与技术标准、排放绩效标准、生产工艺规制等，避免环境管制陷入静态化或锁定状态，发挥强制管制政策的最低安全保障功能。我国这类企业目前数量比较多，其企业比重比较高，因此，政府环境管制工作的压力仍非常大。一方面，需要政府全方位加大改革力度，强化环境管理能力；另一方面，政府需要积极激发其他社会力量，引导其他社会力量，并与其他社会力量相互配合，才能增强其管制能力，提高其管制效果，更好地搞好环境管理工作。

其次，对处于较低环境管理自组织水平的企业，要发挥“大棒”、“胡萝卜”与“说教”等多重政策的综合作用，积极引导、激励企业创建环境管理自组织机制。依靠“大棒”政策坚定企业强化自我环境管理的信念，促使其树立向环境绩优企业竞赛的理念，而不是“趋底”竞赛；运用“胡萝卜”政策激励企业强化自我环境管理，挖掘企业潜力，促使其尽快实现环境管理价值创造功能；利用“说教”政策搭建政企合作平台、互动合作，实现政府与企业及社会的共同合作、优势互补，全面推动企业自我环境管理。如此“软硬”兼施，促成企业创建环境管理自组织机制的启动与发展。

第三，对于具有较高环境管理自组织水平的企业，则实施更大弹性的管理政策，注重与企业的相互合作。一方面，利用政府优势，为企业提供技术支持与信息咨询，进一步强化企业环境竞争优势，为其环境管理自组织机制的进一步升级提供经济动力。另一方面，利用企业环保先导技术及相关信息反馈，相关政府部门可进一步健全和完善相关产品标准与技术规范，推广其先进环保技术，并优化环境政策工具。双方的信息交流与沟通成为合作的重要方式，他们之间不是管制与被管制关系，而是互利合作关系。

本研究认为，环境政策综合化是培育企业环境管理自组织机制，提高政府环境管理政策效率，有效实施相机抉择管理机制，实现权威型环境统治模式向环境公共治理模式转变的必然要求。①

（2）健全与完善环境信息公开与环境诉讼制度

维夫克·拉姆库玛等（2009）指出，信息获取权、决策的公共参与权和司法补救权等构成环境治理新范式的三项原则，信息获取权是使环境治理更加透明的基础，环境诉讼是司法补救权的一种实施方式，有利于提高公众环境意识，阻止破坏环境规则的行为。环境信息公开制度是增强环境治理透明度，维护环境信息获取权的一项重要制度。环境信息公开又称坏境信息披露制度，是一种全新的环境管理手段。它承认公众的环境知情权与批评权，通过公布相关信息，借用公众舆论和公众监督，对环境污染和生态破坏的相关责任主体施加压力。健全与完善环境信息公开制度，需要着手以下几个方面：

首先，要强调公众参与权，尊重公民环境权。环境信息公开制度只有与社会公众的参与实现了互动才能真正产生巨大作用。调动公众参与的积极性，就必须要以尊重公民环境权为前提。因此，需要积极培育我国环境公民社会，激励环境公民积极维护其环境权益。其次，要建立和完善企业环境信息强制披露制度。实施强制企业环境信息披露制度，有利于激励最透明企业，打击“环境败德”企业。真正做到让守纪者受益，违纪者受

① 关于环境政策综合化与企业环境管理自组织机制培育与发展的相互关系，本人专门撰文进行了详细论述。

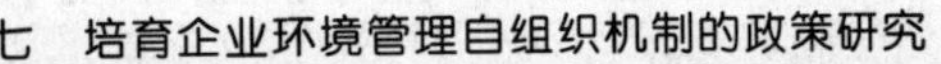

损。当前，实施强制企业环境信息披露制度的难点在于如何实现企业环境信息披露制度的标准化，这有利于企业环境信息披露工作的推进，也有利于企业的纵向和横向比较，从而为企业找准目标，明确定位创造条件。第三，要进一步完善政府环境信息公开的方式，理顺环境信息的传导机制。当前，政府环境信息公开主要采取环境警告、环境标志和公开信息内容等三种方式。这三种方式无论是在发达国家还是在发展中国家都有待进一步完善。环境信息公开后，还需要有效的传导机制，才能发挥“信息疗法”对企业的约束与激励作用，弥补因有限监督资源、过低处罚及管制执行上的软约束而导致强制管制工具的“阻吓失灵”。因此，有必要进一步理顺环境信息的传导机制，建立更多渠道，以有效传播环境信息。第四，有必要建立企业环保数据库，构建环境信息公开资源库。美国政府目前已建立包括20万家大型制造企业的纵向研究数据库（LRD），内容涵盖了每一家企业的各项信息，更重要的是包括各个制造公司污染物排放和污染控制等相关数据信息。本研究认为，我国环保部门在主导环境信息公开工作上应从重形式深入到重内容上；我国环境非政府组织则应从侧重单纯追求环境信息公开为主发展到以使用环境信息为主；强制企业环境信息公开应要实质性突破，并上升到国家立法，以大力推动企业环境信息公开。

表7-1 我国环境公益诉讼的实验性案件

受理时间	案　件	受理法院
2007年12月27日	贵阳市两湖一库管理局诉贵州天峰化工有限公司	清镇市环保法庭
2008年12月9日	广州市海珠区检察院诉陈忠明（新中兴洗水厂）	广州市海事法院
2009年3月31日	广州市番禺区检察院诉卢平章（东涌东泰皮革染整厂）	广州市海事法院
2009年4月27日	丹灶镇政府诉天乙公司、苏国华、郭由永等	佛山南海区人民法院

受理时间	案　　件	受理法院
2009 年 7 月 6 日	朱正茂、中华环保联合会诉江阴港集装有限公司	无锡环保法庭
2009 年 7 月 28 日	中华环保联合会诉清镇市国土资源管理局	清镇市环保法庭
2009 年 8 月 20 日	重庆市绿色志愿者联合会诉云南华电和华能两水电公司	武汉海事法院

资料来源：引自《中国环境发展报告（2010）》第 274 页。

另外，环境信息公开制度的有效实施，需要与环境诉讼制度的相互配合。一方面，要通过建立和完善环境诉讼制度，提高污染者被诉讼的风险。另一方面，要建立和疏通环境诉讼的各种渠道，降低公众环境诉讼成本，增强公众环境维权的意识，以改变公众遇到环境维权就“躲”、“躲”不了就“逃”的现象。此外，要在开放环境组织公益诉讼主体资格的基础上，进一步开放公民个人主体资格。2011 年 9 月 20 日，自然之友以及重庆市绿色志愿者联合会就云南曲靖铬渣污染事件向曲靖市中级人民法院提起公益诉讼。2011 年 10 月 19 日，云南曲靖市中级人民法院受理了该公益诉讼，被认为是我国环境公益诉讼的破冰之诉（该事件之前的实验性环境公益诉讼案件见表 7-1）。中国政法大学环境法学教授王灿发认为，铬渣污染事件公益诉讼案是我国环境公益诉讼的历史性突破，也是我国无利益相关者提起公益诉讼的一个良好开端。2012 年 1 月 11 日，贵州省清镇市环保法庭通过公开审理，当庭宣判支持中华环保联合会对贵州省修文县环保局环境信息公开申请的全部诉讼请求，这是我国环境信息公开第一例公益诉讼胜诉案。环境信息公开制度与环境诉讼制度相互配合，相得益彰，互动发展，将共同提升社会公众的参与意识与环境意识，更好地发挥其他社会角色的作用。

（3）完善环境教育制度，倡导可持续发展理念

环境教育是一种旨在提高人们处理其与环境关系能力的教育活动，也是一个人们认识环境价值，澄清人类与环境关系概念的过程，它必须贯穿于人们制定环境政策和形成环境行为准则的过程之中。环境教育起着其他

环境管理制度难以替代的作用。环境教育的内容主要包括：环境科学知识、环境法律法规知识和环境道德伦理知识。台湾学者杨冠政（2004）认为，环境教育的终极目标应是环境伦理。有学者实证分析了我国企业环境伦理与企业主动环境管理之间的相互关系，结果表明，环境伦理对于企业主动环境管理有着积极作用。的确，环境技术是一把“双刃剑”，而只有环境伦理才能塑造人的思想，改变人的行为。人只有具备正确的环境态度和价值观，才能做出理想的环境行为。因此，环境教育的核心内容为环境道德伦理。环境教育的意义主要体现在它对可持续发展战略的推动，以及对社会公众环境意识的孕育与提升，最终促成环境公民社会的形成。

健全与完善环境教育制度，首先，要强化环境教育立法，加大环境教育投入。由于环境教育的基础性作用，理应得到政府部门的高度重视，有必要通过环境教育立法，以保障环境教育的贯彻落实。与此同时，通过环境教育立法，保障环境教育的基本投入。其次，要完善环境教育层次体系。环境教育是一个系统工程，既包括学校环境教育，又包括在职环境教育，还包括社会环境教育。学校环境教育是环境教育实施的主要阵地，其延伸范围从幼儿园教育到高校各层次教育，是提升公众环境意识的“育苗工程”。在职环境教育则侧重于环保系统相关人员、企业相关人员，以及各级领导干部而进行的环境科学、环境法律法规知识与环境道德伦理知识的继续教育与在职培训。它是提升环保系统和企业环保部门在职人员专业素质，增强其执法能力和执行能力的主要途径，也是增强领导干部环境责任意识的重要渠道。社会环境教育主要是针对公众实施的环境教育，其目的在于提高公众的环境意识。要建立多种渠道，以利于实施社会环境教育。要充分发挥广播、电视和报刊等新闻媒体的作用，使环境宣传教育社会化。在网络时代，有必要积极利用网络媒介，宣传环保，普及环保知识。当前，应继续强化政府在环境教育中的主导作用，积极倡导可持续发展理念，以提升民众环境意识。

(4) 健全生产者延伸责任制度，积极培育绿色市场

生产者延伸责任制度是发达国家上个世纪90年代以来所创立的一种产品导向环境管理制度的创新形式。该制度涉及产品生产链条上的诸多相

关利益企业，因此，在强化企业自我环境管理方面，有着非常强的驱动力和辐射力。1991年，德国出台的“包装法”，成为国际上第一部以生产者延伸责任制度为核心的环保法规。该法规的出台，造就了德国包装企业环保技术与环境管理水平质的飞跃，成为世界环保先导者，实现了社会、经济与环境绩效的多重赢利。生产者延伸责任制度的实施，依赖于政府相关法律制度的建立与完善。日本是亚洲最早实施该责任制度的国家。为此，日本政府相继公布《容器和包装物的分类收集与循环法》、《家用电器循环法》、《废旧汽车再资源化法》等多项政策法规。

生产者延伸责任制度的实施将促使相关产品市场重新整合，并使绿色市场迅速膨胀。绿色市场的膨胀，构成了驱动企业环境管理自组织机制培育的市场需求拉动力。政府部门应采取多项措施，继续培育和壮大绿色市场。一些国家通过环境税制改革，推动绿色产品与绿色技术的开发，支持绿色市场。丹麦、挪威和荷兰是当前执行环境税最多的国家，也是欧洲各国中最具有竞争力的国家（表7-2为环境税的有效性评估）。[①] 一些国家则启动政府绿色采购计划，身先士卒，做大绿色市场。围绕政府绿色采购制度，一要制定政府绿色采购办法；二要建立绿色采购标准，发布绿色采购清单；三要建立绿色采购网络；四要公开绿色采购信息，完善监督机制。

目前，继哥本哈根国际气候会议之后，各国政府纷纷出台多项政策措施，以支持新能源产品开发与低碳技术开发，其中我国和美国在这方面所聚集的资金最为雄厚。预计不久，新能源产品与低碳产品市场将迅速膨胀，从而驱动企业强化节能减排与环保技术与产品的开发，提升企业环境管理水平，继而推动企业环境管理自组织机制的创建与发展。

---

① OECD国家绿色税制改革的详细介绍可参见傅京燕：《OECD国家的绿色税制改革及其启示》，《生态经济》，2005，5：46—49。

表 7-2 对环境税有效性的评估

	手段	环境功能	环境效果	刺激效果
财政性环境税	硫税（瑞典）	增加低硫燃料份额；采用治硫措施	减少硫排放 6000 顿，相当于总量的 6%；减少柴油中硫含量的 40%；1/4 纳税人减少硫排放均达 70%	平均削减成本 10 瑞典克朗，低于税率 40 瑞典克朗，效果明显
	CO_2 税（挪威）	减少 CO_2 排放	1991－1993 年 CO_2 排放的增长率下降 3%—4%	未知
提供刺激型收费	含铅汽油差别税率（瑞典）	减少含铅汽油份额	1988—1993 年铅排放减少 80%	税率差超过了脱铅汽油的额外生产成本
	柴油差别税率（瑞典）	增加低污染柴油份额	柴油机车硫排放减少 75%，在城市为 95%；减少了颗粒物、烟、NOx、HCL 和 PAC	税率差超过了一、二级油的额外生产成本
收回成本型收费：使用者收费	家庭废物收费（荷兰）	促进污水处理费用在用户的合理分摊	家庭废物减少 10%－20%	未知
收回成本型收费：指定收费	电池收费（瑞典）	收回、收集、处置和信息费	铅电池回收率达 95%；汞、镉电池份额下降	收费使电池回收具有可行性

资料来源：欧洲环境局：《环境税的实施和效果》，中国环境科学出版社 2000 年版，第 41 页。

(5) 开展全面环境质量评估，实施循环经济战略

开展全面环境质量评估，能明晰人类活动对环境产生的影响，有助于政府部门考察环境政策的成效，为进一步制定高效的环境政策以及推动人类的可持续发展提供依据。当然，通过摸清家底，以事实说话，更有利于开展环境教育，宣传环境保护。2007 年 10 月 10 日，欧洲环境署（EEA）

在贝尔格莱德欧洲环境部长级会议上发布了《欧洲环境——第四次评估》报告（EEA，2007）。而在此前，欧洲环境署分别于1995年、1998年和2003年在索菲亚、奥尔胡斯和基辅欧洲环境部长级会议上发布了前三次欧洲环境状况评估报告（EEA，1995；1998；2003）。开展全面环境质量评估已成为欧洲环境政策和环境计划的重要内容。欧洲成为世界环境保护的先驱，环境状况优异，应与其各国政府未雨绸缪，通力合作，以环境状况评估为依据，制定高效环境政策的一系列努力是密不可分的。

全面环境质量评估的主要内容包括6大方面：一是环境、健康与生活质量；二是气候变化；三是生物多样性；四是海洋和海岸环境；五是可持续消费与生产；六是环境变化的驱动部门。[①] 开展全面环境质量评估涉及面广，工作量大，时间长，因而需要政府主导予以实施。我国应积极着手开展此项工作，并制定和成立开展此项工作的机构，实现该项工作的制度化。这是我国严峻生态与环境形势下的迫切需要，有利于全国上下真正认清形势，统一思想，积极行动。

当前，实施循环经济战略成为各国政府实施资源节约与环境友好战略的一种重要经济形态。政府部门应以发展循环经济为平台，大力推广清洁生产，以此推动企业环境管理的组织变革与管理创新，实现管理水平的升级与管理空间的延伸。企业环境管理水平的升级意味着企业环境管理自组织机制的创建与发展；企业环境管理空间的延伸意味着企业间环境管理的合作——生态工业园的发展。加拿大政府在发展循环经济，推广清洁生产，促进环境与社会可持续发展方面取得了卓著成效。[②]。加政府充分发挥环境法律法规与方针对清洁生产的引导作用，先后实施《能源效率法案》、《污染预防－联邦行动战略》、《履行污染预防的CCME（加拿大环境部长理事会）承诺》等多项法规及政策，既促进了企业环境管理水平的提升，又启动了生态工业园的发展。2009年1月1日起，我国正式实施

① 关于欧洲开展全面环境质量评估的详细情况，可参考熊永兰、张志强：《开展全面环境质量评估，促进环境管理与环境改善》，《科学对社会的影响》，2008，3：10－14。

② 具体内容可参考吕健华：《环境与可持续发展：加拿大清洁生产的经验及启示》，《新远见》，2008，8：44－52。

《中华人民共和国循环经济促进法》，该法的实施将有利于进一步推动我国循环经济战略的实施。

(6) 构建以绿色 GDP 为核心的政绩考核新机制

建立科学合理的政府绩效评估体系，是温家宝总理在 2005 年政府工作报告中的要求。为引导地方政府改变过去“重经济、轻社会、轻民生”，一味追求 GDP 的高速增长的错误思想，增强地方政府重视环保的理念，扭转中央环境政策在地方被异化的现实，有必要构建以绿色 GDP 为核心的地方政绩考核新机制。

首先，要将经济建设考核为主向经济、社会与民生建设全面综合考核转变。为了实现经济社会的全面协调发展，也为了我国生态文明社会的全面建设，必须重新为领导干部的政绩考核制定更加全面的考核指标体系，并将生态保护与环境治理等绩效指标作为核心指标。江苏省无锡市在考核领导干部中设立经济发展、资源环境、社会发展和生活质量等四类指标体系，其中核心指标有 20 项。在核心指标体系中，经济发展类只有 3 项，占 15%；资源环境、社会发展和生活质量类 17 项，占 85%。这种淡化经济考核，强化民生指标考核的机制，将有利于引导政府官员的工作重心实现转变。

其次，要从注重短期效应考核向突出长期效应考核转变。地方政府实施“短平快”项目，其中一个非常重要的目标就是要实现在任领导的良好考核，促使政府诸多项目过于注重短期效应，而忽视项目的长期影响。为是实现这种转变，有必要将现在的统一考核标准向分类指导、因地制宜的考核转变。要引导地方领导干部将生态建设和环境保护贯穿于整个社会经济发展的全过程，以实现社会经济可持续发展为目标。

第三，要重视“软指标”考核，建立“幸福指数”和谐标尺。软硬指标的划分，其实是旧 GDP 考核机制的“不良遗产”。在过去，所谓“硬指标”，就是以 GDP、财政税收这类指标为核心的经济发展成绩；所谓“软指标”，就是以城市污水处理、产值能耗、森林覆盖率等这类环境指标。基于现在我国生态退化与环境污染的严峻形势，有必要将原有的“软指标”硬化，而让原有的“硬指标”软化。党的十八大会议明确提出建设美丽中国、幸福中国和社会主义生态文明，这就需要在地方政府绩效考核中要纳入“幸福指数”。当前，各个地方都在构建幸福指标体系，这是一个好的开始。

2. 环境非政府组织

西方发达国家环境治理能取得实质性的好转，与环境非政府组织的努力是分不开的。上个世纪 50－60 年代，环境非政府组织主要实施激进的环境运动，它们成为迫使当局严格实施环境管制的重要力量。西方发达国家环境政策的转变过程是一个自下而上的过程，这也与环境非政府组织在西方有着雄厚的组织力量有关。环境非政府组织是依法建立的、非政府的、非盈利性的、自主管理的、非党派性质的、具有一定自愿性质的、以环境保护为目的开展活动的社会组织。张密生（2008）认为，环境非政府组织是当前环境管理的创新力量，是环境教育的先锋队，是环境信息的传播者。环境非政府组织在培育外部宏观适宜环境过程中，有不可替代的作用。我国环境公共治理模式的逐步构建过程中，环境非政府组织有着突出的作用。

(1) 转变方式，积极与政府和企业展开合作

随着社会环境的变化，环境非政府组织的领导人逐渐认识到，激烈对抗模式可能会降低环境运动的社会影响力，从而开始采用参与战略替代早期的对抗战略，并不断丰富其影响政府与企业环境决策的手段。随着网络技术的发展，网络化运作方式得到了环境非政府组织的充分利用。环境问题的跨流域、跨境性和全球性，使得环境非政府组织非常重视新通讯技术，尤其是利用互联网作为开展运动和组织之间的协调及动员的工具。例如，1996 年环境非政府组织利用互联网，建立了捍卫热带雨林原住民权益的“保存国际”和“雨林行动网络”。同样，“食物第一”则是由加利福尼亚一个环境团体与发展中国家的环保团体共同建立的网络环境保护组织联盟。我国当前对抗性环境事件日益增多，特别需要环境非政府组织在这个过程中积极转变方式，在获取理想效果的同时，尽可能减少对社会的负面效应。

为进一步扩大环境非政府组织的影响力与作用力，有效开展各项活动，环境非政府组织有必要转变方式，积极开展与政府和企业间的相互合作。政府部门需要健全环境非政府组织发展的相关法制法规，确立和保护环境非政府组织的地位和合法权益。政府部门要加快形成系统和配套的NGO的相关法律体系，降低NGO合法化门槛，简化NGO登记程序，把大量游离于法律制度之外的NGO纳入管理制度之内，改变当前重监管轻培育的局面，在法律制度和税收制度上予以保障，以促进整个NGO的发展。而环境非政府组织应不断健全与完善自身管理的制度框架，提高组织与管理能力。这是环境非政府组织、政府部门与企业相互开展合作的基础。环境非政府组织要勇于探索，进行观念更新、组织创新、制度创新、职能创新，不断提高自身的专业素养和独立精神；要强化组织的内部管理，加强组织自律，不断规范自身行为，维护和争取组织权利。环境非政府组织与政府部门各自角色不同，可以相互补充，相互协作，从而更能提高双方工作效率。

而环境非政府组织与企业的合作也有着很大的空间。20世纪80年代后期，麦当劳因其环境方针而饱受批评，特别是对其周围遍布的聚苯烯包装盒，公众批评更甚。环境非政府组织——环境保护基金会于1989年开始与麦当劳合作，组建联合工作组，为其修正整个公司的环境方针，并发表为子孙后代保护环境的承诺。通过联合工作组的共同努力，麦当劳在源头减量、重复利用、废物回收，以及废料堆肥等方面取得了显著成效，重新塑造了麦当劳环保领导者的良好形象。[①] 本研究认为，环境公共治理立体模式的构建，就需要政府、企业、社会公众与环境非政府组织间的相互监督与相互合作。

（2）加强组织间的交流与合作，提高组织综合能力

目前，世界各地的环境非政府组织发展迅速，但组织良莠不齐。为此，一方面，要强化组织自身的能力建设，提高组织会员的专业素养。另

---

① 该案例选自世界资源研究所：《国际著名企业管理与环境案例》，清华大学出版社2003年版，第3—35页。

一方面，要加强环境非政府组织间的相互交流与合作。发达国家环境非政府组织发展时间长，组织建设、能力建设，以及活动方式相对于发展中国家来说，更加成熟、专业，其组织成员既理性又专业。发展中国家的环境非政府组织应积极向它们学习组织运作模式，活动开展方式，特别是要学习其获取生存空间，维护组织权利的相关经验。我国环境非政府组织应同国际环境非政府组织建立经常性的联系机制，融入国际环境非政府组织的活动中，积极参与国际环境非政府组织的论坛、研讨会、交流会以及年会等活动，通过交流不断提升自身实力和影响，进而更好地发挥组织的能量。

一些环境问题具有跨区域、跨国界、全球性等特征，在面对这些环境问题时，更需要组织间的相互协作，联合行动，才能产生更好的作用力与影响力。首先，有必要在区域乃至世界范围建立相关协调机构，实现环境非政府组织间交流与合作的制度化。这一制度的实施更有利于组织间环境信息的扩散与传播，扩大组织影响力的辐射范围，强化组织对政府及企业的压力。其次，在强调合作的同时，要注意组织各自的分工。环境问题涉及范围广泛，每个环境非政府组织都需要有自己侧重的活动范围，从而使组织的影响分布环境问题的各个领域。第三，要加强组织成员的培训与学习，这是提高组织综合能力的基本途径。一个有力量的环境非政府组织，一定是一个知识型的组织。环境非政府组织既需要靠影响力来战斗，更要靠其专业知识来做其战斗的武器。例如，美国环境保护基金会，该组织成立于 1967 年，其组织成员包括众多的综合科学家、生态学家和律师等力量。只有具备扎实的专业知识，该组织才能为麦当劳出谋划策，才能使其获得显著的环境绩效。

（3）加强与其他非政府组织的合作，拓展其影响力

环境问题有时往往与其他社会问题交织在一起，此时就需要环境非政府组织与其他非政府组织展开合作，共同施加影响。当前，越来越多的企业进行环境管理标准体系认证，一般来说，企业通过认证环境管理标准体系，尽管初始阶段其企业环境管理体系是一个外生嵌入的系统，但通过企业自身的努力，可以实现由外生嵌入逐渐向内生发展转换，从而提高企业

环境管理水平，触发企业环境管理自组织机制的培育。

目前较为典型的环境管理标准体系认证有两类：BSEN ISO14001：1996 和生态管理与审计方案（EMA_S）[①]。ISO14001 标准体系由国际标准组织（ISO）开发形成，生态管理与审计方案（EMA_S）则由欧盟开发。但无论是 ISO14001 标准体系，还是 EMA_S 欧共体立法委员会 761/2001 规章都存在不同程度的缺陷。为此，环境非政府组织可以通过加强与国际标准组织的合作，以推动 ISO14000 标准体系的进一步完善，使其应用更加广泛，从而产生更为积极地推动企业强化环境管理的作用。

另外，环境非政府组织也可以与非政府人权组织合作，共同应对相关问题，毕竟环境问题有时也涉及人权侵犯。20 世纪 90 年代，环境非政府组织与人权组织联合，成功促使耐克公司改善其劳工工作环境，提高其劳工待遇，强化其环境管理。这一例证说明，环境非政府组织通过加强与其他非政府组织合作，能进一步拓展其影响力，发挥其作用。当然，环境非政府组织也要加强与社区组织的联系与沟通。随着我国社会结构转型，“社区制”逐渐取代了“单位制”，社区组织的发展为 NGO 提供了良好的组织基础，环境非政府组织有必要加强与社会基层的民众自助组织和社区组织的紧密联系，这是组织壮大的组织基础。

3. 社会公众

社会公众具有多重角色，既可能是企业的员工，直接参与企业内部的环境管理；又可能是企业产品或服务的消费者，直接决定是否接受企业的产品或服务，从而影响企业的生产经营决策；还可能是环境非政府组织成员，密切关注企业的环境行为。企业必须密切关注社会公众的诉求（图 7-2 显示了公众的关注焦点），这是企业生存之道。社会公众是联系企业内外环境的重要纽带，在培育适宜外部宏观环境中，其影响力和渗透力最为突出，我国需要环境公民社会的形成与发展。

---

① 我国学者张秀敏对 ISO14001 标准和 EMA_S 规章进行了比较研究，详细可参考张秀敏：《企业环境管理体系及其改进研究》，《科学·经济·社会》，2008，3：54—57。

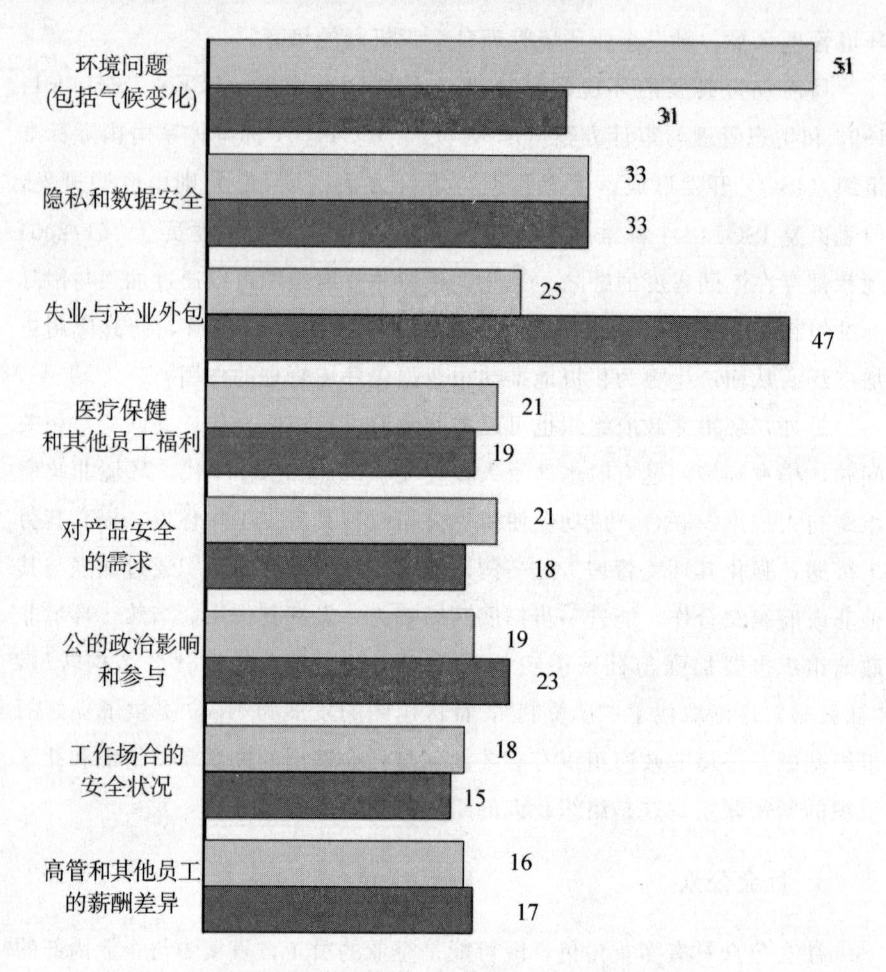

图 7-2 受访公众最关注的问题排列前三位百分比

附注：这是麦肯锡公司的调查结果，图例上方横柱显示 2007 年数据百分比；下方横柱显示 2005 年数据百分比，2007 年受访人数为 2687 人，2005 年受访人数为 4238 人。

资料来源：引自希莉亚·博尼尼等（Shelia Bonini，etc）：《威胁 CEO 的社会问题》，《中国企业家》，汤潇淘译，2008，Z1：138—140。

（1）健全社会公众参与制度，拓宽公众参与渠道

社会排斥理论认为，公众环境权益实现过程中面临诸多社会排斥（如图 7-3），只有打破这张社会排斥网，才能真正发挥社会公众在培育适宜

外部宏观环境中的突出作用。社会公众参与环境管理，首先，需要从法律上得到规范化、制度化的保障，以法律形式明确政府、企业及公众在环境事务和环境管理中的权利和义务。其次，要通过引入环境诉讼或建立独立于政府的第三方环境仲裁机构，对环境纠纷进行仲裁，疏通环境维权障碍，降低环境维权成本。同时，因环境信息的不对称性，举证环境污染的信息获取对于社会公众来说较为艰难，因此，有必要建立被告方举证责任制，从而降低公众参与及维权成本。第三，要建立和完善一系列切实可行、操作性强的配套机制，对公众参与环境保护的途径、方式和程序做进一步扩展，鼓励公众多层次参与环保。要改变过去主要靠检举和揭发各类环境违法行为的事后监督，加强事前干预，从过去的末端参与到预案参与、过程参与和行为参与，从事后监督的参与到事前与事中参与，从环境个案的参与到环境决策参与，使公众参与的方式多样化，实现从微观参与到宏观参与。如此，公众环境权益才可以在社会体制排斥环节有所突破，而有利于公众更好地参与环境管理，发挥公众人数多、力量大，影响范围广的诸多特点，积极向企业与政府施加压力。

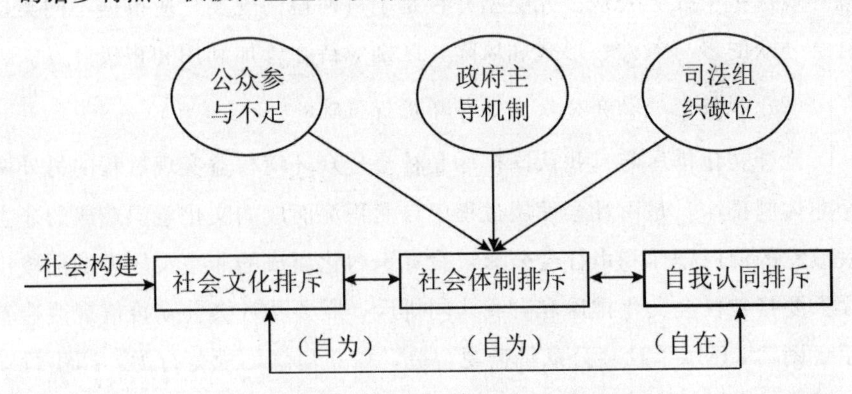

图 7-3　公众环境权益实现过程中的社会排斥

资料来源：转引自夏志红：《从社会排斥的视角分析中国公众环境权益的缺失》，《中国人口、资源与环境》，2008，2：49—54。

第四，要积极培育公众的参与意识。传统“官本位”文化和“倒政治参与”所导致的公众主体参与意识薄弱、迷信国家力量、对社会生活冷漠疏远等问题仍突出，需要积极培育公众参与环保的主体意识。提高公众参与环保意愿的同时，提高其参与能力。依据公众参与意愿和参与能力，以及与政府的关系，可将其分为四种类型：一是共同治理者；这些公众参与意愿强烈，参与能力强，是政府最好的合作伙伴。二是潜在共治者；这些公众参与意愿强，但是参与能力弱，他们是共同治理的潜在力量。三是主动型参与者；这些公众参与意愿弱，但是参与能力强，他们是政府服务的检验器。他们拥有较强的环保治理能力和资源，但积极性不高，参与目的在于为自身发展谋求良好的政策环境和空间，或是为获得更好的服务。四是被动型参与者；这些公众参与意愿与参与能力都弱，是需要积极开发和挖掘的群体。针对不同类型的社会公众，在进一步提升其参与意识的同时，应发挥各自的特点，让其在环境保护中扮演好不同的角色。共同治理者应积极参与到环境保护的决策制定与评估中，潜在共治者则应该在环境政策、环保知识的宣传和环境保护行为的监督方面发挥更多作用；主动型参与者应该利用其优势积极监督政府与企业的环境污染行为，并积极反馈治理效果，被动型参与者则更好地扮演好环境治理效果的反馈者。我国当前环境保护中社会公众多元类型并存是不可回避的现实，应根据不同类型社会公众的参与条件、形式和风险，区别对待，善加利用和积极开发。

(2) 积极塑造社会公众生态与环境价值观

社会文化排斥与自我认同排斥是社会公众环境权益实现过程的另外两个非体制排斥，是由社会发展过程中自然积淀而成的文化意识造成的非主观故意的消极排斥和由社会公众自我意识内化而成的非主观故意的消极排斥。要打破社会文化排斥和自我认同排斥，需要从社会公众价值观改造着手。图 7-4 显示了社会公众价值观塑造，树立信念，规范行为，产生行动的基本过程。社会公众通过生态与环境价值观的塑造，将有利于树立高度的社会责任感，从而成为环境管理、环境保护与环境治理的主人翁，克服当前我国所存在的公众环保“三高一低”现象[①]。

① 所谓公众环保“三高一低”，即“热情虚高、呼声虚高、代价真高，社会价值真低”。转引自宋欣洲：《环保公众参与的“三高一低”》，《资源与人居环境》，2008，2（上）：41－44。

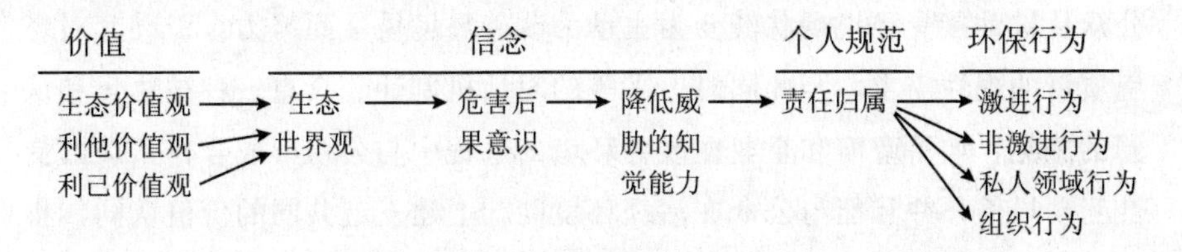

图 7-4　价值—信念—环保行为过程

资料来源：转引自常跟应：《国外公众环保行为研究综述》，《科学·经济·社会》，2009，1：79—85。

（3）以社区环境圆桌会议为载体，提升公众组织化水平

参加环境非政府组织是公众参与环境的有效组织形式。当前，应继续推动环境非政府组织向深层次方向，以更大程度地影响政府与企业决策。除此之外，为更好地提升公众组织化水平与参与能力，创新和开发其他多种渠道也是非常必要的。社区环境圆桌会议就是一种社会公众参与环境管理的新载体，它是社会民主化进程中的产物。

首先，社区环境圆桌会议为社区公众直接参与当地环境保护提供了新的途径，降低了公众参与生态保护与环境治理的成本，便于公众了解政府和企业环境信息并对其环境行为进行监督，对政府特别是企业的环境表现形成较大的社区民意压力，有助于促进其环境治理与预防行为的有效实施。其次，社区环境圆桌会议通过充分的信息沟通和专家指导，有助于消除居民因信息不对称和专业知识缺乏而造成的不必要的环境矛盾，同时为政府和企业向公众发布环境信息提供了平台，有助于增进政府、企业和公众间的了解、理解和信任。我国近期各地围绕 PX 项目上马所爆发的多起环境群体事件，就与各地政府未能与公众进行有效沟通而引起。公众对于项目缺乏真实的了解，出现“一窝蜂”式的盲目反对。这事实上已经造成很大的社会成本消耗，也产生了不好的社会负面影响。第三，通过社区环境圆桌会议制度，能够较好地完成相关环境知识的宣传与沟通，实现社会经济与环境保护的多重收益，而不是多方受损。社区环境圆桌会议将通过社区内各种利益团体之间的平等对话与协商，为社区公众提供良好的环境利益表达、疏导、协调和保障平台，通过增进环境信息的交流和沟通，使

公众从被动接受环境现状转变为主动为改善环境质量而努力，引导其对环境质量的理性需求。与此同时，平等的对话机制让公众有一种被尊重和认同的感觉，如果政府和企业在改善环境的过程中与公众形成合作共赢的良性互动局面，并且能与公众在治理环境问题上建立起共同的价值认同，将在客观上降低公众的环境需求。社区环境圆桌会议制度，是提升包括公众代表在内的参与各方的环境意识，促使其改善环境行为的重要机制。

2006年以来，世界银行与国家环保总局合作在我国部分地区进行了社区环境圆桌会议的试点。在江苏常州、泰州和盐城三个地区的试点工作已经逐步开展，目前已召开不同类型的环境圆桌会议8次。南京大学课题组（2009）通过对会议进行后的110份有效调查问卷的统计分析显示，81%的参与者对会议的形式和预期效果都持肯定态度，其余19%的参与者虽然对会议的效果表示担心，但对会议的形式同样持肯定态度；54%的参与者在会后对当地的环境质量有了更迫切的诉求，同时，37%的参与者能够更加理性和宽容地对待当地的环境质量；97%的参与者认为在会议召开后对政府和企业环境信息的了解有了不同程度的提高。通过对会议过程的考察和问卷调查，课题组认为已经初步观察到社区环境圆桌会议对促进环境保护和社会和谐的积极作用。社区公众以社区环境圆桌会议为载体，使自身真正成为具有环境权益和意志的独立主体，从而拥有一个利益主体应该有的谈判协商、订立契约并监督契约执行的权利，对牵涉自身环境权益的政府行为和企业行为能够进行有序的协商谈判。因此，本研究认为，社区环境圆桌会议应成为一种新的政府、企业与公众多方协商的主要渠道，在公众互动参与中促进社区公众参与环境组织化水平的提升，从而有利于使公众改善自身环境行为，并成为一名合格的环境施压者。

（二）培育外部适宜行业环境的政策

要严格将影响企业环境管理自组织机制培育的环境划分为宏观环境、

行业环境和企业内部环境是很难的。根据环境公共治理立体模型，本研究将企业所属行业和局部市场划分为外部行业环境。在这个外部行业环境中，本研究认为，企业所属行业、贸易市场与资本市场对企业环境管理自组织机制培育的外部驱动作用最为明显。因此，培育外部适宜行业环境的政策主要从以下三个环节着手。

1. 加强行业自律管理，推动环境管理升级

行业环境对于企业的影响，随着市场经济与经济一体化的日益发达，其作用日益明显。行业组织既是企业相互联合一致对外共同应对行业风险，促进行业升级的平台；也可成为制裁和影响行业内企业的一个重要途径。在推动市场有序秩序，良性协调发展方面，行业组织起到越来越重要的作用。

要培育适宜企业环境管理自组织机制发展的行业环境，首先，就要积极培育行业可持续发展理念，构建行业与自然、环境和谐发展的行业或产业文化。积淀可持续发展理念和与自然、环境和谐发展的行业或产业文化是一个长期的过程，也是一个复杂工程，这对于打破当前环境文化滞后的困局非常重要。它们一旦形成将产生长久而深远的影响，这需要行业协会认真主导，需要行业内领袖企业的率先示范。

其次，要洞察政策与市场发展趋势，规划行业绿色发展前景，强化行业管理。随着生态退化和环境污染日趋严重，人类可持续发展日益受到挑战，严格环境管制是大势所趋，绿色消费，去物质化产品与服务的市场将日益膨胀，这应成为行业规划远景发展预期，从而明确行业技术开发方向，环保低碳应成为制定行业标准的重点考虑要素，从而推进整个行业市场的可持续发展。

第三，要加强行业自律，提高行业标准。当 1984 年联合碳化物公司（Union Carbide）设在印度博帕尔的分厂发生毒气泄漏事故后，美国化学工业制造商协会（Chemical Manufactures Association，CMA）的领头企业，立刻创立了一个名为“负责关爱”的组织，并制定了一系列的行业规则。1988－1994 年，美国化工企业有毒物质的排放量下降了近 50%。美国化学行业通过行业自律管理，不断提高行业技术标准，促使行业内企业不断强化技术开发，增强环境管理的积极性，使得化学制品的环境污染程度显著下降，化学制品生产工艺不断升级。

为进一步强化行业管理，发挥其作用，有必要更好地规范行业内管理，强化行业内信息交流与沟通，并有效制定行业技术标准。行业技术标准、产品标准的统一，将有利于节约资源，减少浪费，并有利于废物集中回收与处理。同时，各企业可以通过行业联合，进行环境技术与环境管理创新的集体攻关，有利于促进整个行业环境技术标准的大升级。以改善环境、降低环境影响导向的行业技术标准的每一次升级，都将产生显著的环境绩效，也显著地影响着行业内企业的环境管理。本研究认为，建立独立的、有效的行业内企业协调机制就显得非常重要。

2. 完善绿色贸易制度，做大绿色市场

绿色贸易制度根源于保护生态环境和国民健康的需要，能产生一种市场“倒逼”作用，激励企业进行绿色技术与管理创新。通过完善绿色贸易制度，做大绿色市场，有利于实现绿色市场与绿色企业之间的互动发展，从而推动企业由外生他组织环境管理向内生自组织环境管理转变。

首先，要健全各项绿色贸易制度，协调各层次标准。当前有关绿色贸易制度包括：绿色技术标准、绿色环境标志、绿色卫生检疫制度、绿色包装制度、绿色加工和生产方法标准、绿色关税和市场准入等。而这些标准与制度存在多种层次，有国际标准、区域标准、国家标准、行业标准、企业标准。因此，有必要建立相关的协调机制，以减少因标准差异而产生的诸多问题。绿色贸易制度成为发达国家一种新的贸易壁垒，需要发展中国家不断优化贸易结构的同时，健全和协调好各项绿色贸易制度。

其次，要完善环境标志认证与环境审计制度，提高其权威性。当前环境标志认证与环境审计制度还比较混乱，不同国家认可不同的环境标志和环境审计报告，造成企业较难适从，有必要通过国际机构来协调，形成较为统一的环境标志认证与环境审计制度。国际行业组织与机构应该积极沟通与交流，促进相关工作向前推进。当前，增强各国有关环境标志认证与

环境审计相关制度的透明度是较为现实的操作方式。

第三，要积极推动绿色贸易中介机构的发展。当前，围绕绿色贸易中介机构的发展在发达国家较为成熟，但在发展中国家则还比较滞后。因此，应就绿色贸易中介机构的发展积极展开国际间的相互交流与合作，推动绿色贸易中介机构在世界各国的平衡发展，从而有利于推动绿色贸易在全球的发展，做大整个全球绿色市场，增强来自市场对企业环境管理自组织机制培育的经济驱动力。

3. 健全制度，强化资本市场的绿色导向

保罗·勒诺伊，贝努瓦·拉普兰特，迈特·罗伊（Paul Lanoie，Benoit Laplante，Maite Roy）早在1998年就实证分析了资本市场对企业污染控制的激励作用。他们认为，资本市场能够产生各种激励，特别是在环境信息公开制度比较健全的情况下，资本市场对企业以及企业管理层都有着较强的激励与约束作用。图7-5显示，在不同的地区，环境问题都是最能影响股东价值的社会问题。而来自资本市场的激励与约束作用正是促成环境问题成为影响股东价值最有威胁问题的主要原因之一。因此，突出资本市场的绿色导向作用，健全各项制度，强化资本市场对企业绿色信息的反馈，将对企业环境行为产生强大的激励和约束作用，有利于促进企业环境管理自组织机制的培育。

首先，要完善绿色信贷制度。通过金融行业协会，健全绿色信贷制度，提高环境违规企业的融资成本，放大其融资风险。我国绿色信贷制度尽管已经初步建立，但还有待进一步强化其制度的落实。这既需要金融行业监管部门的推动，也需要金融行业协会的倡导。其次，要建立和健全生态保险制度。依靠保险市场监督企业环境污染行为，促进企业实施环境风险的预防与控制。利用保险杠杆，即可以促使企业事前预防环境风险，获得保险利率优惠；又可以为企业环境风险的真正发生提供事后保障。企业越强化环境管理，其生态保险费率越低，成本越节约，风险越小。第三，要建立和健全证券市场的绿色门槛，完善证券市场上市企业环境信息公开制度。在这方面，我国证监会及证券市场可以积极向日本证券市场学习。

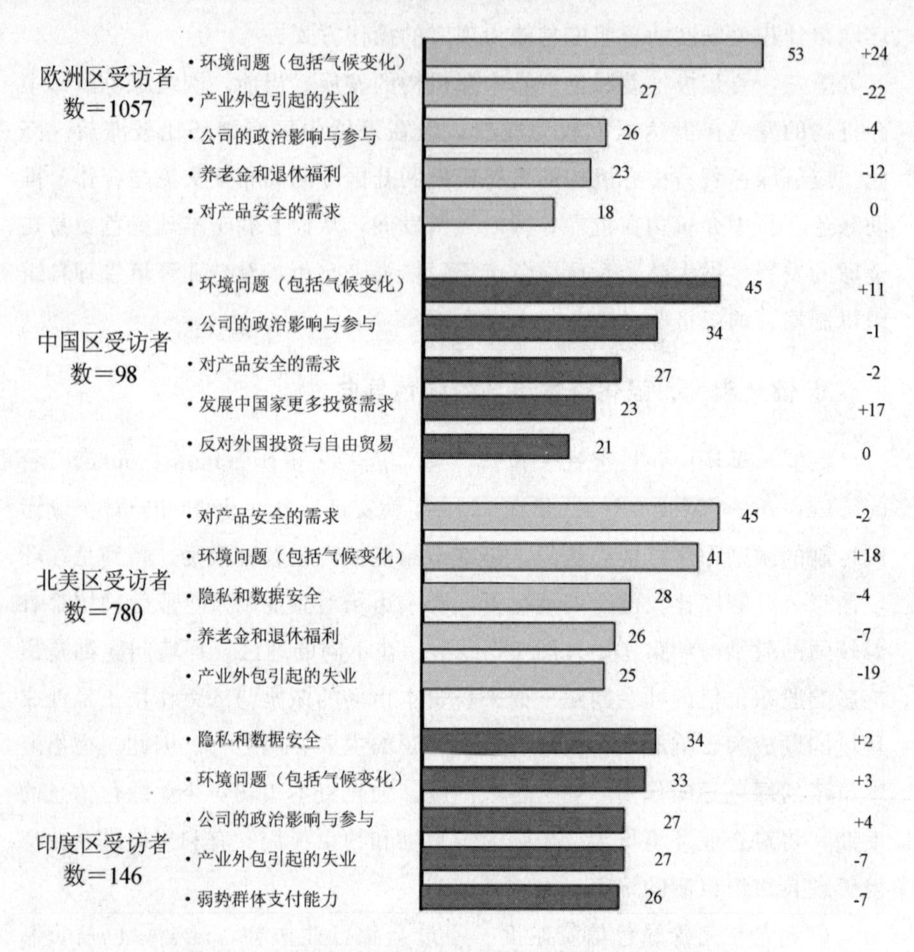

图 7-5 不同地区影响股东价值的社会问题调查结果

附注：该数据来自 2007 年麦肯锡调查报告，是受访者选定给定问题排前三位的百分比，后面纵列数据是 2007 年与 2005 年该百分比的变化。

资料来源：转引自希莉亚·博尼尼等（Shelia Bonini，etc）：《威胁 CEO 的社会问题》，《中国企业家》，汤潇润译，2008，Z1：138－140。

它们在设置绿色门槛的同时，实行上市企业环境信息公开化，并规定环境信息公开的具体内容与格式。目前，国际上许多证券市场已经开始出台上市企业环境业绩考评制度，为企业上市设立绿色门槛。同时，对于已上市企业，则要求其定期或不定期公布其环境信息，加大了市场监督的力度，

从而有利于强化资本市场对企业环境管理状况的绿色反馈。

以上制度和措施的有效实施，都离不开企业环境信息的获取。因此，建立企业环境信息数据库，定期公布企业环境信息，允许环境非政府组织和社会公众查询企业环境信息资料尤显重要。

（三）构建企业内部动力子系统的政策

前面关于培育宏观环境和行业环境的政策都是基于企业外部驱动，营造外部适宜环境而提出的。根据外因是条件，内因是根据的定律，培育企业环境管理自组织机制，关键还在企业内部动力子系统的构建，它们是驱动企业环境管理自组织机制培育与发展的内生动力，是企业持续强化环境管理的决定性因素。

1. 塑造可持续发展企业文化，构建文化动力子系统

凯瑟琳·A·雷默斯（Catherine A. Ramus，2002）认为，要鼓励创新性环境行为，企业和企业管理者需要有一种环境远见和策略。而约翰·F·托姆（John F. Tomer，2007）则认为，环境治理需要企业的环境承诺。刘翠英、闫忠昌（2002）在总结日本企业环境保护经验时提出，企业的环境承诺是企业有效环境管理的前提条件。本研究认为，所有这些的实现，都离不开可持续发展企业文化的塑造，离不开企业全体员工环境意识的显著提高。日本三洋公司的决策层认为，向企业员工进行环境意识教育和可持续发展教育应当作为公司文化建设的重要组成部分，从某种意义上说，它们是企业的生命。三洋公司提出“热爱地球和人类”的企业口号，将人类生活的“舒适、温暖、美好”作为企业发展的远大理想。

郭艳红、刘永振（2003）认为，优秀的企业文化是促进企业各要素之间产生协同、减少内耗的有效办法。文化思想在企业的传播与教育，可以启发企业组织对社会和民生的人本性看法，提升企业的社会共享价值观，

推进企业与社会的密切合作关系。因此，以可持续发展为理念的企业文化一定是一种开放的企业文化，是在与社会文化和价值观相互影响、相互渗透中而动态发展的一种文化。开放的企业文化有利于促进企业环境管理系统自主与外界环境进行资金、人才、信息、物质供给和社会需求等方面的交换和交流，在创造和学习中持续改进环境管理策略，打破孤立带来的稳定静态，使环境管理系统远离平衡状态，呈现充满生机和活力的有序结构，从而不断增强环境管理系统感应外界环境的能力，提高系统自组织功能。

塑造可持续发展企业文化，首先，需要加强企业高层可持续发展理念的塑造。企业管理者一般会选择在企业运作中将自己的价值观念与企业的管理模式相连接，因而企业管理者，特别是企业高层对于企业文化的塑造影响突出。企业高层的个人偏好和价值观，就可能就是企业本身的特色与价值理念。鞠芳辉、谭福河（2008）认为，企业高层观念的“绿色”，需要具备以下素质：一是要具备可持续发展的长远观念，将保护环境作为企业的基本任务，促进生态与经济的协调发展；二是要树立环境资源价值观，将“环境”纳入资源范畴，将环境恶化带来的损失以及环境治理带来的费用纳入成本；三是要树立环境法制观念，研究环保法规，自觉以有关法规约束企业的行为；四是要树立环境道德伦理观，以高度的社会责任感，积极投入保护环境。黄俊，陈扬等（2011）实证分析发现，企业环境伦理是影响企业实施主动性环境管理的主要前因，企业的可持续发展绩效则是企业主动性环境管理的主要后果，主动性环境管理对于企业环境伦理与可持续发展绩效之间的关系具有显著的中介效应。

其次，要建立各种渠道，传达和宣传企业文化，树立民主风格，吸引员工的广泛参与。有效将企业高层的可持续发展理念传达给员工，对于整个企业可持续发展文化的塑造有着显著的推动作用。这是激励企业员工，促进员工提高环境意识的有效步骤。根据凯瑟琳·A·雷默斯（Catherine A. Ramus，2002）的调查显示，当雇员确信企业已作出环境承诺时，雇员进行环境创新的可能性将从19%提高到50%；而当雇员理解到来自管理者环境传达行为时，雇员环境创新的可能性从28%提高到62%。这充

分说明传达和宣传企业可持续发展文化对员工积极参与环境管理与环境技术创新的突出作用。而企业民主风格的树立，更有利于促进员工亲自参与到企业可持续发展文化的塑造过程中来。在广州本田汽车有限公司，企业良好的民主氛围，极大地调动了一线员工在各自岗位上从事环境技术创新，全面提升了企业环境绩效。

第三，加强员工环境能力培养，组建环境管理队伍，奖励和承认员工的环境行为，并积极与员工分担环境责任。通过对员工进行定期环境能力培训，鼓励员工在职进修，加强员工间相互交流等方式来提高员工环境能力。同时，根据企业情况，组建环境管理队伍，实现环境管理专业化。当然，这些措施的实施都离不开企业给予这些活动更多的时间与资源分配，也就离不开企业管理层的支持。要适时对员工的环境行为进行奖励和承认，激励员工更多地参与环境创新。通过与员工分担环境责任，激发员工挖掘环境新思想，开发环境新技术，寻找环境治理新路径，从而取得更好的环境绩效。广州本田汽车有限公司每年举行员工创新年会，对员工创新进行评奖，以鼓励员工时刻践行创新精神。

第四，构建持续学习和创新机制。持续学习和创新是维持企业文化具有丰富内涵的长效机制，也是产生非线性相互作用，引发涨落与突变的最初驱动力。要培养员工不断吸收新知识、消化新技能及识别环境新风险的能力。同时，通过员工在学习过程中的非线性作用也可放大学习效果，促使员工其知识和能力的进一步提升，从而更好地解决工作岗位上即时发生的各类环境问题。所有这些行为与活动，都有利于提升企业环境管理系统的自组织能力，促进企业环境管理自组织机制的培育。

2. 强化组织与管理制度创新，构建制度创新动力子系统

除了强化企业组织思想塑造，提高组织成员意识外，建立企业环境管理自组织机制培育的组织基础和管理资源也非常重要。为强化组织变革与管理制度创新，构建企业内部制度创新动力子系统，需要从以下方面着手：

首先，有必要变革企业组织结构，以有利于自组织机制的培育。合理的组织结构是确保管理主客体之间相互协调、相互转化的骨架和载体，是企业管理自组织机制构建的组织基础。随着以知识为基础的新经济时代的到来，随着网络经济体系重组的加剧，传统的以集权为中心的企业管理组织结构已不能适应企业管理自组织的发展。企业组织结构由稳定型走向可塑型，向网络化、扁平化方向发展。网络化组织结构强调企业组织对环境的应变性、灵活性，改变了传统命令链结构对信息自上而下传递的集权领导方式，能够使信息自下而上，左右互传，这满足了自组织机制发展的需要。扁平化组织结构减少了管理层次，加大了管理幅度，裁减了冗员，使企业组织结构更加紧凑，组织运转更加灵活、敏捷，有效地提高了组织的效率和效能。变革和优化企业组织结构，加速信息在组织结构的传递，强化企业系统自组织能力。

其次，构建环境管理体系，以强化企业环境管理。企业环境管理体系能为企业提供一个更稳固的框架，强化了企业应对环境挑战的能力。为此，一方面，要明确企业环境方针与政策。开发企业环境管理方针与政策，为企业环境管理建立一个整体导向，并设定组织行动原则。企业应依据当前所颁布的环保法律、法规与政策的要求及未来环境保护的趋势，结合企业自身特点确定环境方针与政策，包括企业环境管理理念、对待环境保护的态度，环境管理在企业发展战略中的角色与地位，宣布企业履行环境责任的决心与承诺等。例如，日本爱普生 Epson 公司为自己设定的理念是“时刻与利益相关者一同关心地球环境、区域和国际社会的问题，为实现可持续发展的社会而努力”。马里奥·科拉（Mario G. Cora，2007）认为，企业的环境政策应该包括：①污染预防，废物最少化，自然资源消耗的减少；②恢复、改造、再使用，产品循环；③产品生命周期评估；④改善教育与培训；⑤支持契约者和供应者追随相类的程序。

另一方面，要制订企业环境管理计划与目标。成立企业最高经营决策者领导的具有决定企业环境方针、计划与目标、措施，对企业环境活动与环境业绩进行监督、评估确认等权利功能的企业环境委员会，并制订企业环境管理的年度计划与目标，以及中远期计划与目标。当然，要提出实施企业环境管理的具体措施并执行。图 7-6 显示了环境管理体系运行的基本

模式，它体现了体系不断动态升级的特征。当前，许多企业对环境管理体系标准认证有着片面的认识。本研究认为，企业通过环境管理体系标准认证仅仅是企业环境管理体系建设的一个开始，企业仍需要更好地消化、吸收，逐渐实现环境管理体系的外部嵌入向内生发展的转变。依据企业差异化特征与社会背景情境化考虑，企业环境管理标准体系并不适合在全世界范围内标准化推广。因此，企业在建设环境管理体系时，应以实实在在改善环境绩效为目标，因地制宜地构建适合自身的、动态优化的环境管理体系。

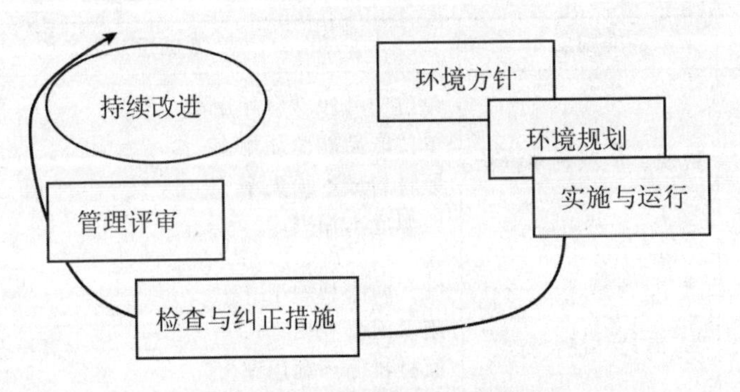

图 7-6　环境管理体系运行模式

资料来源：转引自宋华明：《实施 ISO14000，走可持续发展之路》，《中国标准化》，1999，1：24－25。

第三，健全企业环境绩效评价与环境会计制度，填写“环境报告书”。企业环境管理和环境技术创新其实应是一个不断试错的过程，因此有必要建立、健全企业环境绩效评价制度，才能不断修正和巩固企业环境管理体系，调整环境创新方向。构建企业环境绩效评价指标体系是健全企业环境绩效评价的关键（表 7-3 为企业环境绩效评价指标体系的一般框架），各企业应根据自身情况建立环境绩效评价指标体系。传统会计核算未将环境所带来的经济问题纳入会计理论与实践中，企业不会披露这些与环境问题相关的债务、支出与损失，同样也不会在企业财务报告中得反映。这些信息的不完整容易对报表使用者造成误解并影响他们的决策。环境会计制度将环境保护责任纳入到会计体系、会计责任之中，以弥补传统会计核算的缺陷。为此，企业需要加大对会计人员业务素质的培训，合理设置环境会计核算账户，强化环境会计信息的披露。环境报告书是反映企业及所属业务部门和生产单位在其生产经营活动中对环境影响，以及为了减轻和消除有害环境影响所进行的努力及其成果的书面报告。20 世纪 90 年代以来，发达国家逐步建立和完善环境报告书的相关法律法规，使环境报告书逐步制度化。我国企业建立环境报告书制度尚处于起步阶段，需要企业在积极向发达国家企业学习的同时，逐步建立该项制度（图 7-7，环境报告书的编制流程）。

表 7-3　企业环境绩效评价指标体系的一般框架

目标层	准则层	基础层
企业环境绩效评价指标体系	资源、能源效率指标	单位产品原材料耗用率 单位产品能源耗用率 原材料成本损失率 能源成本损失率
	循环特征指标	废气回收利用率 废水回收利用率 原材料循环利用率 能源循环利用率
	生态效率指标	最终废气排放量/净利润 最终废水排放量/净利润 最终固体废弃物排放量/净利润 废弃物治理设施投入/净利润

资料来源：转引自李虹、刘晓平：《企业环境绩效评价研究》，《天津经济》，2008，9：63－66。

3. 强化企业环境技术创新，构建技术创新动力子系统

技术不是万能，但技术创新仍然在环境管理中发挥着无法替代的作用。它在环境改善和资源有效利用这二者间起着突出作用，扮演核心角色。自 1991 年起，哈佛商学院波特教授就同环境与商业管理研究院合作，研究多个行业环境技术创新与环境法规间的相互关系。他们的研究数据表明，借助技术创新，既带来环境改善，又产生了显著的经济效益（环境技

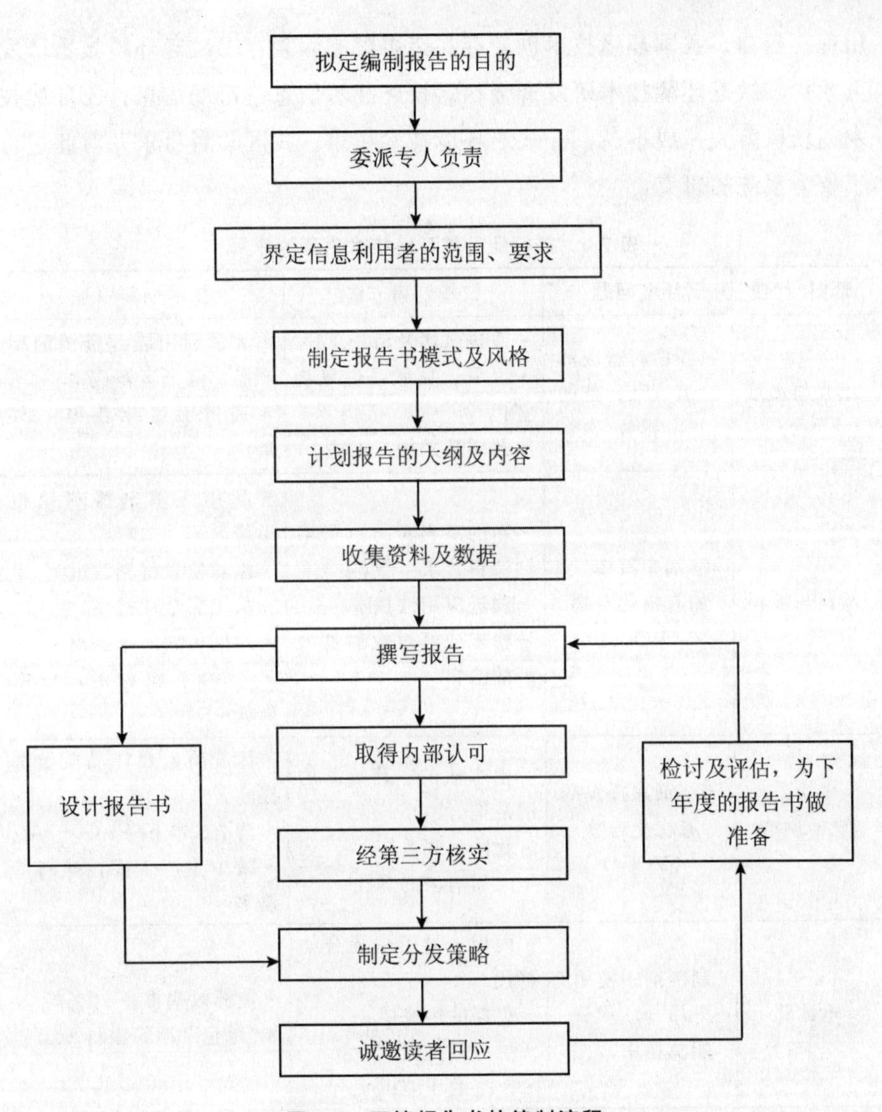

图 7-7　环境报告书的编制流程

资料来源：综合整理得到。

术创新的具体作用见表 7-4）。环境技术创新涉及企业产品的整个生命周期，既包括企业污染物排放后的末端治理技术创新，也包括生产过程中具体生产工艺技术的创新，还包括原材料生产技术的创新等。环境技术经历了末端技术、无废工艺、废弃物减量化、清洁技术与污染预防技术等发展历程。目前，我国环境技术创新存在诸多限制因素：①缺乏环境技术研发人才；②缺乏环境技术研发资金；③缺乏技术信息与市场信息；④环境技术创新风险大，成本高；⑤缺乏环境技术积累。我国学者吕永龙对此进行了较为系统的研究。

表 7-4　各行业具体环境技术创新的作用

部门/行业	环境问题	技术创新方法	技术创新效果
纸浆与造纸	氯漂白时造成的二氧（杂）芑的排放	·改进烘烤及清洗工序 ·以氧、臭氧或过氧物替代 ·封闭环式加工工序	·大量利用能源资源的副产品，降低运营成本 ·通过无氯化获得 25%溢价
漆料与涂料	溶剂中易挥发的有机化合物（VOCs）	·新的漆料配方（低溶性漆料、水生漆料） ·改进应用性技术 ·粉末或经过放射性处理的涂料	·利用无溶剂漆料获得溢价 ·涂料质量得到改进 ·员工安全性提高 ·涂层传导效率提高 ·节约了原材料，成本降低
电器制造	清洁剂易挥发的有机化合物（VOCs）	·半水成的、萜烯基的清洁剂 ·封闭环式系统 ·无需清洁的焊孔	·清洗质量及产品质量都提高 ·清洁成本下降 30%—80% ·减少生产工序，提高了效率
电冰箱	·制冷剂中使用弗里昂 ·能源耗用	·丙烷—异丁烷混合物替代 ·更厚的绝缘层 ·更好的垫圈 ·改进的压缩机	·能源效率提高 10% ·“绿色”冰箱溢价 10%
干电池	排放到垃圾场或空气中的各种重金属	·可重复充电的氢镍电池 ·可重复充电的锂电池	·成本不变效率提高 2 倍 ·获得价格竞争优势
印刷用油墨	油墨中的 VOCs	水基颜料	更高的效率、更明亮的色彩、更好的印刷性能

资料来源：转引自迈克尔·E. 波特、克莱斯·范·德尔·林德的论文：《绿色与竞争力：对峙的终结》。

为强化企业环境技术创新，需要采取以下措施：首先，企业高层要充分重视，给予人力、物力等相关支持。自《马斯基法》公布后，日本本田公司即刻把防止污染，实施环境战略作为公司发展的新契机，投入大量的人力、物力研究开发节能高效的发动机。整个研制过程本田公司共投资30亿日元，终于开发出恒压恒流（CVCC）复合涡流调整燃烧发动机。该发动机成为世界技术领先的环保型发动机，先后被丰田和福特等国际汽车巨头引进。本田公司开发新型环保发动机的成功与其公司总裁本田先生的高度重视有着直接关系。

其次，要重视发挥团队精神，鼓励员工的创新思维。企业要致力营造民主、平等的氛围，发扬团队合作精神，鼓励员工创新思维的发挥。发挥个性、鼓励创新、重视团队合作是广汽本田企业文化的核心。为鼓励创新，广汽本田汽车有限公司每年开展NGH（New Guangqi Honda）活动，鼓励全体员工进行各项技术创新。正是在公司团队通力合作，不断进行各项技术创新的支持下，广汽本田汽车有限公司在广州增城新工厂建设中，建成我国汽车行业中第一个实现“废水零排放”的绿色工厂。该水循环系统在工厂年生产12万辆汽车的前提下，能节约自来水量343 500m^3/年，按照广州市每户家庭37 m^3/月计算，该项目每年的节水量够773个广州家庭用一年。

第三，健全技术创新激励制度，完善员工学习与培训机制。企业环境技术的创新来源于人才，来源每一个企业员工。为此，要健全各项技术创新激励制度，完善员工学习与培育机制。五粮液集团为实施环境保护战略，成立专门科研队伍，并鼓励科研人员密切与外界科研单位、高等院校进行广泛的合作交流，以求优势互补，掌握世界最新先进成果及科研动态。为推动科研人员积极创新，集团专门制定了环境技术开发奖励实施办法，对环境技术创新实施奖励。科技进步与发展可以说一日千里，企业员工终身学习是必要的。只有完善员工学习与培训机制，才能塑造学习型企业，才能不断推陈出新。广汽本田汽车有限公司建有设施齐备的培训中心，持续地培育学习型班组和知识型员工队伍，不断提升员工综合素质。员工接受培训率达100%，人均培训学时达105小时/年以上，培训费占员工工资总额的3.9%，远高于国家要求的1.5—2.5%。这为广汽本田公司的员工不断技术创新提供了智力源泉。

依靠强化企业环境技术创新，构建企业内部技术创新动力子系统，将有利于加快培育企业环境管理自组织机制。

4. 实施环境战略，构建环境因素经济动力子系统

波特（2003）在《战略是什么》一文中指出，战略不是经营效率，而是探讨差异性问题。哈默（1998）也认为，企业战略就是要从事与竞争对手完全不同的业务或以完全不同的方式从事某种相同的业务。诺尼·沃利，布拉德利·怀特黑德（1994）认为，企业绿化不再构成经济运营的成本，相反，它成了持续创新、新的商机以及财富创造的催化剂。3M公司实施“污染防治支付”计划，取得显著的成效，环境因素成为其竞争优势之一。珠江啤酒集团公司实施清洁生产战略和循环经济战略，也收获了显著的环境与经济绩效，使其成为行业内环境治理的标兵。要构建环境因素经济动力子系统，就必须实施环境战略，依靠环境战略，实现企业环境管理的突变。

当前，企业可依托ISO14000标准认证，实施清洁生产环境战略。ISO14000系列标准是一体化的国际标准，它包括环境管理体系、环境审计、环境标志、生命周期分析等国际环境管理领域内的许多焦点问题，旨在指导各类组织取得和表现正确的环境行为。企业可依托ISO14000系列标准为平台，以认证为契机，实践清洁生产预防战略。通过该战略可强化企业环境管理体系建设，使之成为一个活的体系。实施清洁生产主要在于创造预防污染的意识，寻找污染与废气排放的源头，明确减排运动和提高资源利用效率，并确保策略的正确执行。

实施跨学科清洁生产，存在一系列可供选择的方法：一是要更好地安排物质与能源的利用，全面提高利用效率；二是要强化职员培训，更好的统筹安排，改善信息获取渠道和部门间交流；这是强化部门与员工相互合作的关键。三是要用更少危害的能源，并更好地被利用，或用能循环使用的材料替代原始的和辅助的材料；四是要改造产品工艺，以减少生产过程

对环境的较大影响；五是要改善生产过程，使污染与排气最小化；六是要内部循环，减少废物排放；七是要将废物引入外部循环网，即开发生态工业园。[①]

要真正实现清洁生产与企业环境管理体系的融合，最终实现环境管理体系的内生化，有必要在清洁生产的基础上继续采取以下措施：①要扩大参与员工的范围，使之覆盖所有员工；②进一步明确和描述企业各部门各岗位的环境责任；③要实现环境规划与经营战略、财政预算保持一致；④明确和描述环境方针与政策的执行程序；⑤要宣布和传达清晰而透明的环境承诺文件；⑥要扩大战略考虑的范围（如工厂规划、材料采购、产品生产、培训、纠错措施、环境记录、审计等等）；⑦建立和健全对企业重大项目和环境管理体系的评估。本研究认为，引入环境管理体系，进行环境管理体系的标准认证，只是企业环境管理机制建设的起步，实现环境管理体系由外生向内生的转变才是最重要的过程。

当然，不同的企业可以采取不同的环境战略，以构建环境因素经济动力子系统。宝钢自实施环境保护战略过程中抓住“六个领先”，即坚持环保目标领先；坚持环保教育领先；坚持环保装备领先；坚持环保技术领先；坚持环境治理领先；坚持环保成果领先。[②] 通过该环境战略的坚持，宝钢培育了其环境竞争优势，获得了环境、社会与经济绩优。

为进一步考核企业环境管理的经济效益，确认企业从事环境管理其实是一种投资，环境因素可成为企业核心竞争优势，需要健全企业环境会计制度。环境会计通过对环保投资和由此产生的经济效益进行定量测算、分析，以便管理者做出既有利于企业履行环境责任义务，又有助于企业获得所追求的财务业绩目标的决策（表 7-5 为环境会计实施的基本步骤）。通过环境会计制度的建立，能更好地挖掘企业从事环境管理的经济动力。在欧美国家，环境会计制度已形成多年，对企业强化环境管理产生了积极作

① 关于清洁生产的具体方法转引自 Johannes，Fresner. Clesner production as a means for effective environmental management [J]. Journal of Cleaner Production. 1998，6：171－179。

② 刘光明的《企业文化案例》（第三版）中第六篇关于环境文化与企业伦理收录了宝钢实施环保领先战略的典型案例。

用。亚洲的日本，在20世纪80年代后期开始实行环境会计制度，同样产生了显著效果。

表7-5 企业环境会计实施的基本步骤

步骤	产出
步骤一：目标界定	
界定目标	目标
步骤二：会计架构	
定义会计账户	会计账户
步骤三：建立清单	
记录资料	资料表
汇总资料	建立汇总清单
步骤四：冲击评估	
分类资料	冲击分类
信息特色化	建立指标
信息评估	生态平衡指数
步骤五：责任分配	
分配会计责任	建立详细的区域划分与目标资料
步骤六：绩效提升	
整合信息	建立环境管理体系
解释结果	界定环境管理弱势及改进策略
执行与控制	生态效益提升

资料来源：转引自李家军、吴玉菡：《环境会计视角下企业实施清洁生产的全成本分析》，《科技进步与对策》，2008，8：13－17。

此外，要协调企业内外环境，加强信息沟通，填写企业“环境报告书”，将产生积极的连锁反应，获取政府、金融机构、个人投资者、企业所在地居民等各个利益关系群体的广泛支持，从而为企业赢取良好社会声誉，促成其环境因素核心竞争优势的确立，进一步增强其培育企业环境管理自组织机制的经济动力。1989年挪威的海德鲁公司发布了全世界第一份企业环境报告书。当前，日本、英国的企业环境报告居于世界领先。日本内阁于2003年3月发布的《促进可持续社会建设主计划》中提出的目标是，到2010年，有50％以上的上市公司和30％以上的未上市、但雇员超过500人的企业应发布环境报告书。如此看来，企业填写“环境报告

书”应是大势所趋。

（四）本章小结

本章以前面的研究为基础，针对培育企业环境管理自组织机制的政策进行了研究。外部驱动因素涉及企业环境管理自组织机制培育的外部宏观环境和行业环境。政府部门、环境非政府组织和社会公众是培育适宜外部宏观环境的重要力量。为此，本研究分别就如何发挥这三个主体的作用提出了相应的政策建议。在培育企业环境管理自组织机制的外部行业环境中，本研究发现，企业所属行业、贸易市场与资本市场的外部驱动作用最为明显。因此，必须加强：①加强行业自律管理，促进行业环境管理升级；②完善绿色贸易制度，做大绿色市场；③健全制度，强化资本市场的绿色导向。

培育企业环境管理自组织机制需要适宜的外部环境，但内生动力的生成才是培育的根本，因此，构建企业内部各动力子系统是关键。首先，就塑造可持续发展企业文化，构建文化动力子系统，提出了相应的对策。其次，研究分析了强化组织变革与管理制度创新的策略，以构建制度创新动力子系统。第三，就如何强化企业环境技术创新，结合成功企业做法，提出了相应的建议，以促成技术创新动力子系统的构建。第四，环境因素成为企业竞争优势，是实现企业环境管理机制突变的关键，为此，本研究指出，应实施企业环境战略，以突破企业环境管理所存在的瓶颈，从而实现环境因素经济动力子系统的构建。

当外部适宜环境得以培育，内部动力子系统得以构建时，必然将促使企业环境管理自组织机制的创建和发展。当企业环境管理自组织机制得以培育时，也就实现了企业环境外部性问题的内化，也实现了企业环境、社会与经济绩优。当我国企业环境管理整体朝向自组织时，则环境问题的宏观困局也将得到破解。

八 结束语

环境是人类生存和发展的前提和保证，当前人类却面临着生态退化和环境污染的困局。企业是社会经济系统最为活跃的组分和细胞，但也是生态破坏和环境污染的主要制造者。环境宏观困局的破解需要立足微观主体企业，研究企业环境管理问题，寻找企业环境问题的解决之道自然成为人们关注的焦点。环境经济学一直将如何内化企业环境外部性问题，激励企业实施环境保护作为其研究重点，也针对企业环境管理以及影响企业环境管理的外部因素进行了理论与实证的研究。但似乎仍未找到内化企业环境外部性问题的基本路径，对于企业超“标准”执行环境管理，当前环境政策综合化趋势，以及环境政策实效性检验的结论差异等相关问题也缺乏令人信服的解释。因此，从新的理论视角，研究企业环境管理问题，是一项新的尝试。

本研究从非主流经济学出发，基于企业异质性和企业环境问题的复杂性和模糊性的特征，以演化经济学和现代系统科学为主要理论基础，运用自组织理论与方法，研究企业环境管理机制的运作机理，寻求内化企业环境外部性问题，实现企业环境、社会与经济绩优的基本路径，以破解环境问题的宏观困局。通过研究，得到以下一些基本结论：

首先，在综述梳理已有研究成果的基础上，从自组织理论这一新的视角，基于企业异质性及其环境问题复杂性与模糊性特征，对比分析了他组织与自组织状态下的企业环境管理机制，并得到一个基本结论：要成为一

个具有市场竞争力，能持续发展，并实现环境、社会与经济绩优的企业，就必须要培育企业环境管理自组织机制；而培育企业环境管理自组织机制是内化企业环境外部性问题，实现企业环境、社会与经济绩优的基本路径。自组织理论告诉我们，他组织是复杂系统的低级阶段，自组织则是复杂系统的高级阶段，他组织向自组织转换是复杂系统动态演化的基本过程，是一个连续统（continuum）。通过对案例企业环境管理机制由他组织向自组织转换过程的实证分析，较清楚地揭示了企业环境管理自组织机制创建的基本过程。

其次，针对当前存在的三个典型事实，尽管在研究中没有能全面、体系地给予深刻的探析，但本研究还是做出了不同以往的较新颖的解释。各国环境政策之所以趋同并综合化，究其原因，应归因于各国都存在处于不同环境管理自组织水平的企业，只有构建综合化的环境政策体系，才能作用于处于不同环境管理自组织水平的企业，才能提高政策效率。在环境政策综合体系内，能否相机抉择地运用各项政策工具，是各项环境政策工具有效发挥作用的关键，不同国家、不同地区相机抉择运用政策工具的能力以及政策本身的适应性决定了政策实施的有效性，这可较好地解释为何环境政策有效性检验结论不一。企业环境管理自组织机制的培育，在实现企业环境外部性问题内化的同时，也实现了企业环境、社会与经济绩优。因此，超越“标准”执行环境管理，是培育环境管理自组织机制企业的一种内在的必然追求。

第三，系统分析了企业环境管理自组织机制培育的内外驱动因素，并构建了企业环境管理自组织动力理论模型。该模型以竞争与协同作为自组织机制培育的源动力，以企业内部四大动力子系统为内部驱动力，融合严格政府管制、金融市场风险、投资者及供应链相关者、消费者与环境主义者、人力资本市场等外部驱动因素综合构建。企业内部四大动力子系统分别是：文化动力子系统，制度创新动力子系统，技术创新动力子系统和环境因素经济动力子系统。

第四，运用超循环与超系统理论进一步探讨了企业环境管理自组织机制的外部协同演化，并分析了其演化升级的实践路径。研究认为，生态工业园即是企业环境管理自组织系统的合作共生网，是企业环境管理自组织机制外部协同演化的主要实践方式。研究进一步认为，生态工业园的持续发展，需要强化园区系统自组织机制的培育与发展，才能真正释放园区系统各子系统的协同效应，实现企业共生与协同，有效内化各企业环境外部性问题，实现环境、社会与经济绩优。

第五，通过考察我国企业环境管理自组织机制培育的现状，本研究认为，我国整体企业环境管理自组织机制的培育远滞后于发达国家，特别是环境绩优国家。为此，本研究对我国企业环境管理自组织机制的培育进行了反思。首先，通过与环境绩优国家企业环境管理自组织机制的对比思考，本研究发现了我国生态退化与环境污染日益严重的根源所在，那就是我国企业环境管理整体趋势是背向自组织，朝向他组织，而环境绩优国家企业环境管理整体趋势是朝向自组织，背向他组织。其次，通过对我国企业环境管理自组织动力进行思考，研究认为，我国市场经济体制不完善，制约了竞争与协同这一培育企业环境管理自组织机制源动力的发挥；外部软驱动力是当前我国培育企业环境管理自组织机制的“短板”；我国大部分企业内部动力子系统难以构建，使得内生动力难以产生；生态与环境价值观的塑造是我国社会从政府到企业，再到公众都是最为迫切需要的，它有利于提升各社会主体的理性水平。再次，通过与环境库兹涅茨曲线（EKC）的对比思考，研究认为，通过培育企业环境管理自组织机制，实现企业环境管理整体朝向自组织，是可以跨越环境库兹涅茨曲线这一“高山”的。与环境经济学家跨越环境库兹涅茨曲线这一“高山”的主张相比，本研究的思路独辟蹊径。最后，对新的时期我国环境与发展战略转型进行了思考，它是我国培育企业环境管理自组织机制的时代背景。

第六，通过一个国内企业创建和发展环境管理自组织机制，不断内化企业环境外部性，实现环境、社会与经济绩优的典型案例分析，力证我国企业同样适应这一规律：培育企业环境管理自组织机制是内化企业环境外部性问题，实现企业环境、社会与经济绩优的基本路径。研究认为，通过积极培育企业环境管理自组织机制，形成我国企业环境管理整体朝向自组织的宏观局面，是可以破解我国环境问题这一宏观困局的。

以上为本研究的基本结论。同时，本研究仍存在诸多不足，有待今后进一步深入研究。

首先，运用自组织理论与方法系统研究企业环境管理机制，提出培育企业环境管理自组织机制是内化企业环境外部性问题，实现企业环境、社会与经济绩优的基本路径是本研究主要可能的创新之处，但就如何判断企业环境管理自组织机制实现创建和发展，本文仅仅给予了一个初步判断(本文的初步判断是：是否形成了以环境因素为核心的企业竞争优势)，没有给出较为全面而系统的判断依据。在今后的研究中，可通过较长时期跟踪典型案例，在理论模型的基础上，尝试从熵值检验和企业生态效率的视角，探讨并建立企业环境管理自组织水平的判定标准。企业环境管理自组织水平越高，则企业环境管理熵应越小，企业环境管理系统就越稳定，环境管理效果就越好。

其次，从自组织理论视角，系统研究企业环境管理机制立题较新，相关参考资料相对缺乏，使得本研究的研究体系与研究深度还有待完善。在今后的研究中，可继续挖掘演化经济学、复杂性经济学和现代系统科学的理论观点，继续完善本研究主题的研究体系，加强其深度研究，以更好地解释现实，指导实践。这需要更多的同行参与到该主题的研究中，形成团队，更好地推动该问题的研究。

第三，可以尝试从公共治理理论视角，研究我国环境公共治理模式的构建。当前我国环境治理模式为权威型政府主导模式，未能充分调动社会其他主体自主地参与到环境治理的行动中来。随着我国环境治理改革的进一步深入，应顺势当前环境问题客观发展趋势，以构建环境公共治理模式为我国今后的主要目标。如何培育其他社会主体，构建适合我国国情的环境公共治理模式，发挥社会主体自组织环境治理功能应成为下阶段研究的另一个方向。

参考文献

英文文献：

［1］Anthony Heyes，Neil Rickman. Regulatory dealing-revisiting the Harrington paradox［J］. Journal of Public Economics. 1999，72：361－378.

［2］Lynne M. Andersson，Thomas Bateman. Individual Environmental Initiative：Championing Natural Environmentai Issues in U. S. Business Organization Context［J］. Journal of Academy of-Management. 2000，43：548－570.

［3］A. R. Laplante，Y. Shu，J. Marois. Experimental characterization of a laboratory centrifugal separator［J］. Journal of Canadian Metallur gical Quarterly，1996，35：23－29.

［4］Afsah，Shakeb，Laplante，etc. *Voluntary pollution control programs in developing countries：The case of PROKASIH in Indonesia*［R］. Policy Research Department Working Paper，The world Bank，Washington DC，1995.

［5］Bing Zhang，Jun Bi，Zengwei Yuan etc. Why do firms engage in environmental management？An empirical study in China［J］. Journal of Cleaner Production. 2008，16：1036－1045.

［6］Bansal，Pratima，Kendall Roth. Why companies go green：A Model

of Ecological Responsiveness [J]. Academy of Management Journal, 2000, 43: 717—736.

[7] Bernard C. Patten. Network integration of ecological extremal principles: exergy, emergy, power, ascendancy, and indirect effects [J]. Journal of Ecological Modelling, 1995, 79: 75—84.

[8] Brian D. Fath, Sven E. Jorgensen, Bernard C. Patten, etc. Ecosystem growth and development [J]. Journal of BioSystem, 2004, 77: 213—228.

[9] Brian Beavis, Lan Dobbs. Firm behaviour under regulatory control of stochastic environmental wastes by probabilistic constraints [J]. Journal of Environmental Economics and Management, 1987, 14: 112—127.

[10] Casio, Joseph. *The ISO14000 Handbook* [M]. Fairfax Virginia: CEEM Information Service Press, 1996.

[11] Christmann, Taylor. Globalization and the environment: Determinants of firm self-regulation in China [J]. Journal of International Business Studies. 2001, 32: 439—458.

[12] Catherine A. Ramus. Encouraging innovative environmental actions: what companies and managers must do [J]. Journal of World Business, 2002, 37: 151—164.

[13] Cowe. Risk returns and responsibility. Association of British Insurers, 2004, 11, http://www.abi.org.uk.

[14] Chertow MR. Industrial symbiosis [J]. Journal of Encyclopaedia of energy. 2004, 3: 1—9.

[15] D. Kettle. Sharing Power: *Public Governance and Private Market* [M]. Washington, D.C: Brookings Institution. 1993.

[16] Daly H E. Allocation, distribution, and scale: towards an economics that is efficient, just, and sustainable [J]. Journal of Ecological Economics. 1992, 6: 185—193.

[17] Donaldson T, Dunfee T. Integrative social contract theory: a communication conception of economic ethics [J]. Journal of Economics and Philosophy. 1995, 11: 85—112.

[18] Darabaris. John. *Corporate environmental management* [M]. New York: CRC Press, 2008.

[19] Daniel W. Bromley. Environmental regulations and the problem of sustainability: Moving beyond "market failure" [J]. Journal of Ecological Economics. 2007, 63: 676—683.

[20] David Graham, Ngaire Woods. Making Corporate Self—Regulation Effective in Developing Countries [J]. Journal of World Development, 2006 (34): 868—883.

[21] David. Gibbs, Pauline. Deutz. Reflections on implementing industrial econogy througheco-industrial park development [J]. Journal of Cleaner Production, 2007, 15: 1683—1695.

[22] Dasgupta S. H, Hettige, Wheeler D. What Improves Environmental Compliance? Evidence from Mexican Industry [J]. Journal of Environmental Economics and Management, 2000, 43: 698—716.

[23] Dasgupta S, Laplante B, Nlandu M, Wang H. Inspection, pollution, and environmental performance: evidence from China [J]. Journal of Ecological Economics. 2001, 36: 487—498.

[24] Ehrenfeld J. Industrial ecology: a new field or only a metaphor [J]. Journal of Cleaner Production. 2004, (12): 825—831.

[25] Eriksson C. Can green consumerism replace environmental regulation? A differentiated-products example [J]. Journal of Resource and Energy Economics. 2004, 26: 281—293.

[26] Friedman M. The social responsibility of business is to increase its profits [J]. Journal of New York Times. 1970, 9: 13.

[27] Freeman R. *Strategic management: a stakeholder perspective* [M]. Englemood Cliffs, NJ: Prentice hall, 1984.

[28] Fischer, Schot. *Environmental Strategies for Industry* [M]. Wshington, D. C: Island Press, 1993.

[29] Florida, Richard, Atlas etc. What makes companies green? Organizational and geographic factors in the adoption of environmental practices [J]. Journal of Economic Geography. 2001, 77: 209－224.

[30] Fred Langeweg. The implementation of Agenda 21 'our commom failure'? [J]. Journal of The science of Total Environment, 1998, 218: 227－238.

[31] Granovetter, Mark. Economic action and social structure: the problem of embeddedness [J]. American Journal of Sociology, 1985, 9: 481－510.

[32] Hardin G. The tragedy of the commons [J]. Journal of Science. 1968, 162: 1234－1248.

[33] Henriques I, Sadorsky P. The determinants of an environmentally responsive firm: an empirical approach [J]. Journal of Environmental Economics and Management. 1996, 30: 381－395.

[34] Hamilton J T. Pollution as News: Media and Stock Market Reactions to the Toxics Release Inventory Data [J]. Journal of Environmental Economics and Management. 1995, 28: 98－113.

[35] Hillman, A. Corporate Political Strategy Formulation: A Model of Approach, Participation, and Strategy Decision [J]. Journal of Academy of Management Review. 1999, 24: 825－842.

[36] Hansen L G. *Environmental Regulation Through Voluntary Agreements, in C. Carraro and F. Leveque (eds) Voluntary Approachs in Environmental policy* [M]. Kluwer Academic Publising, Dordrecht, 1999.

[37] Haufler, V. A public role for the private sector: Industry self-regulation in a global economy [J]. Washington, DC: The Brookings

Institution Press，2001.

[38] Heinz，Peter，Wallner. Towards sustainable development of industry：networking，complexity and eco-clusters [J] . Journal of Cleaner Production. 1999，7：48—58.

[39] Hemamala Hettige，Mainul Huq，Sheoli Pargal，David Wheeler. Determinants of pollution abatement in developing countries：Evidence from South and Southeast Asia [J] . Journal of World development，1996，24：1891—1904.

[40] John F. Tomer，Thomas R. Sadler. Why we need A commitment approach to environmental policy [J] . Journal of Ecological Economics. 2007，62：627—636.

[41] Jorgensen S E. The growth rate of zooplankton at the edge of chaos：ecological models [J] . Journal of Theory Biology. 1995，175：13—21.

[42] Johannes，Fresner. Clesner production as a means for effective environmental management [J] . Journal of Cleaner Production. 1998，6：171—179.

[43] Jarrell，Gregg，Sam Peltzman. The impact of product recalls on the wealth of sellers [J] . Journal of Political Economics，1993，3：512—536.

[44] John Foster. The analytical foundations of evolutionary economica：From biological analogy to economic self-organization [J] . Journal of Structural Change and Economic Dynamics. 1997，8：427—451.

[45] Thon D. Harford. Self-reporting of pollution and the firm's behavior under imperfectly enforceable regulations [J] . Journal of Environmental Economics and Management，1987，14：293—303.

[46] Kauffman S. *The Origins of Order*：*Self-organization and Selection in Evolution* [M] . New York：Oxford University Press. 1993.

[47] Klassen，Mclauthlin. The Impact of Environmental Management on Firm Performance [J] . Journal of Management Science. 1996，42：

1199—1214.

[48] Kirsten U, Oldenburg, Kenneth, Geiser. Pollution prevention and industrial ecology [J]. Journal of Cleaner Production. 1997, 5: 103—108.

[49] KerstinTews, Per-olof Busch, Helge Jorgens. The diffusion of new environmental policy instruments [J]. European Journal of Political Research. 2003, 42: 569—600.

[50] Khanna, Madhu. Non-mandatory approaches to environmental protection [J]. Journal of Economic Surveys. 2001, 15: 291—324.

[51] Kauffman, Stuart. *At home in the Universe-The Search for the Laws of Self-Organization and Complexity* [M]. Oxford: Oxford University Press, 1995.

[52] Lippke, Oliver. Managing for multiple values: a proposal for the Pacific Northwest [J]. Journal of Forestry. 1993, 91: 14—18.

[53] Levy D. The Environmental practices and Performance of Transnational Corporations [J]. Journal of Transnational Corporations. 1995, 2: 44—67.

[54] Michae J. Lenox. The prospects for industry self—regulation of environmental externalities [J]. Working Paper, 2003, 10.

[55] Liane Gabora. Self-other organization: Why early life did not evolve through natural selection [J]. Journal of Theoretical Biology. 2006, 241: 443—450.

[56] Martin L. Weitzman. Is the Price System or Rationing More Effective in Getting a Commodity to Those Who Need it Most? [J]. The Bell Journal of Economics. 1977, 8: 517—524

[57] Mohan, Munasinghe. Is environmental degradation an inevitable consequence of economic growth: tunneling though the environmental Kuznets curve [J]. Journal of Ecological Economics. 1999, 29: 89—109.

[58] Minna Halme. Corporate Environmental Paradigms in Shift: Learning During the Course of Action at UPM-Kymmene [J]. Journal of Management Studies, 2002, 12, 1087—1109.

[59] Maxwell et al. *Voluntary Environmental Investment and Regulatory Flexibility. Working paper, Department of Business Economics and Pulic Policy* [M]. Kelly School of Business, Indian University, 1998.

[60] Moughalu, Michael I, et al. Hazardous waete lawsuits, stockholder returns, and deterrence [J]. Journal of Southern Economics, 1990: 357—370.

[61] Martin Janicke. Ecological modernization: new perspectives [J]. Journal of Cleaner Production. 2008, 16: 557—565

[62] Mario G. Cora. Environmental Management as a Tool for Value Creation [J]. Journal of Environmental Quality Management. 2007, 10: 59—70.

[63] Mary E. Deily, Wayne B. Gray. Enforcement of pollution regulations in a declining industry [J]. Journal of Environmental Economics and Management, 1991, 21: 260—274.

[64] Mpchael E. Porter, Class van der Linde. Toward a new conception of the environment-competitiveness relationship [J]. Journal of Economic Perspect. 1995, 9: 97—118.

[65] Nash J, Ehrenfeld J. R. *Factor that Shape EMS Outcomes in Firm, in Regulation from the Inside: can Environmental Management System Achieve Policy Goals* [M]. Washington DC: Resources for the Future, 2001.

[66] Alan Neale. *Organisational Learning in Contested Environments lessons from Brent Spar* [M]. Business strategy and Environment, 1997.

[67] Nadeau LW. EPA effectiveness at reducing the duration of plant-level

noncompliance [J] . Journal of Environmental Economics and Management. 1997, 34: 54—78.

[68] Oliver, Christine. Determinants of Interorganizational Relationships: Integration and Future Directions [J] . Journal of Academy of Management Review. 1990, 15: 241—265.

[69] Ostanza R, Wainger L, Folke C, et. Modeling complex economic systems: toward an evolutionary, dynamic understanding of people and nature [J] . Journal of Biological Science. 1993, 43: 545—555.

[70] Pigou A. *Economics of Welfare* (*4th edition*) [M] . London: Macmillan, 1932.

[71] Michael E. Porter. *Competitive Strategy: Techniques for Analyzing Industries and Competitors* [M] . New York: The Free Press, 1980.

[72] Michael E. Porter. American's Green Strategy [J] . Journal of Scientific American. 1991, 4: 168—169.

[73] Paola Manzini, Marco Mariotti. A bargaining model of voluntary environmental agreements [J] . Journal of Public Economics. 2003, 87: 2725—2736.

[74] Paul Lanoie, Benoit Laplante, Maite Roy. Can capital markets create incentives for pollution control [J] . Journal of Ecological Economics. 1998, 26: 31—41.

[75] C. S. Russell *Monitoring and Enforcement* [M] . In: Portney, P. R, Public Policies for Environmental Protection, Washington D. C.: Resources for the Future, 1990.

[76] Nigel Roome Developing Environmental Management StrategiesJ] . Journal of Business Strategy and the Environment, 1992, 1: 11—24.

[77] R. N. L. Andrews. Managing the Environment, Managing Ourselves: A History of American Environmental Policy [J] . New Haven: Yale

University Press. 1999.

[78] Ronaldo Seroa da Motta. Analyzing the environmental performance of the Brazilian industrial sector [J] . Journal of Ecological Economics，2006，57：269－281.

[79] Segerson，Miceli. Voluntary Environmental Agreements：Good or Bad News for Environmental Protection [J] . Journal of Environmental Economics and Management. 1998，36：109－130.

[80] Steger Uinich. Environmental management systems：Embrical evidence and further perspectives [J] . Journal of European Management. 2000，1891：23－27.

[81] Stapleton，Philip，Cooney，et al. *Environmental Management Systems：An Implementation Guide for Small and Medium-sized Organizations* [M] . Ann Arbor，Michigan，NSF International Ref Type：Report，1996.

[82] Spedding L S. Environmental Management for Business [J] . Jouhn Wiley & Sons，West Sussex，England，1996.

[83] S. Arora，S. Gangopadhyay. Towards a theoretical model of voluntary overcompliance [J] . Journal of Economics. Behav. Organ，1995，28：289－309.

[84] Spence，David B. The shadow of the rational polluter：rethinking the role of rational actor models in environmental law [J] . Journal of Califormia Law Review. 2001，7：1－57.

[85] S. Arora，T. N. Cason. An experiment in voluntary environmental regulation：Participation in EPA' 33/50 program [J] . Journal of Environmental Economic Management. 1995，28：271－286.

[86] S. Arora，T. N. Cason. Why do firms volunteer to exceed environmental regulation? Understanding participation in EPA's 33/50 program [J] . Journal of Land Economics. 1996，72：413－432.

[87] S. Dasgupta，H. Hettige，D. Wheeler. What improves environmental

compliance? Evidence from Mexican industry [J] . Journal of Environmental Economic Management. 2000, 39: 39—66.

[88] Stephen H. Linder, Mark E. McBride. Enforcement costs and regulatory reform: The agency and firm response [J] . Journal of Environmental Economics and Management, 1984, 11: 327—346.

[89] Tietenmadakis S B. Environmental and Natural Resource Economics [M] . New York: Harper-Collins Publisher Inc. 1992, 3rd edition.

[90] Tietenberg T. *Environmental and Natural Resource Economics* [M]. New York: Harper-Collins Publisher Inc. 1992, 3rd edition.

[91] Timmins, Mike. So You Really Think Industry is to Blame for pollution [J] . The British Journal of Administrative Management. 2000, 2: 20—21.

[92] Thomas. Sterr, Thomas. Ott. The industrial region as a promising unit for eco-industrial development-reflections, practical experience and establishment of innovative instruments to support industrial ecology [J] . Journal of Cleaner Production, 2004, 12: 947—965.

[93] Tomer, John F. The human firm in the natural environment: a socio-economic analysis of its behavior [J] . Journal of Ecological Economics. 1992, 6: 119—138.

[94] Ulrich Witt. Self-organization and economics-what is new? [J]. Journal of Structural Change and Economic Dynamics. 1997, 8: 489—507.

[95] Vachon S, Klassen DR. Green project partnership in the supply chain: the case of the package printing industry [J] . Journal of Cleaner Production. 2006, 14: 661—671.

[96] Wayne B. Gray, Mary E. Deily. Compliance and Enforcement: Air Pollution Regulation in the U. S steel industry [J] . Journal of Environmental Economics and Management, 1996, 31: 96—111.

[97] Wu, Haw-Jan, Dunn, Stuart. Greening organizations—2000 [J]. International Journal of Physical Distribution and Logistic Manage-

ment. 1997, 25: 20—38.

[98] Wilma Rose Q. Anton, George Deltas, Madhu Khanna. Incentives for environmental self-regulation and implications for environmental performance [J]. Journal of Environmental Economics and Management, 2004, 48: 632—654.

[99] Wen ZD, Chang TM. The exploration of green innovation organization in Taiwan [J]. Journal of Management Forum of Taiwan University. 1998, 8: 99—124.

[100] Viscusi, W. Kip, Wesley A. Magat, Joel Huber. Pricing environmental health risks: survey assessments of risk-risk and risk-dollar trade-offs for chronic bronchitis [J]. Journal of Environmental Economics and Management, 1991, 21: 32—51.

[101] Zhu QH, Sarkis J, Lai KH. Green e supply chain management: pressures, practices and performance within the Chinese automobile industry [J]. Journal of Cleaner Production. 2007, 15: 1041—1052.

中文文献：

[1] 安德森、唐纳德·利尔：《从相克到相生：经济与环保的共生策略》，改革出版社 1997 年版。

[2] 艾默里·洛文斯、亨特·洛文斯、保罗·霍肯：《自然资本主义的路径》，《企业与环境》，中国人民大学出版社 2004 年版。

[3] 毕俊生、慕颖、刘志鹏：《我国工业清洁生产现状与对策研究》，《节能与环保》，2009，3：13—15。

[4] 陈平：《文明分岔、经济混沌和演化经济动力学》，北京大学出版社 2004 年版。

[5] 陈平：《文明分岔、经济混沌和演化经济学》，经济科学出版社 2000 年版。

[6] 常修泽：《论资源环境产权制度及其在中国的现实启动点》，《经济前

沿》，2008，5：2—5。

[7] 曹国志、秦颖、程钧谟：《企业“绿色度”评价体系研究》，《华东经济管理》，2006，9：18—20。

[8] 常修泽：《建立完整的环境产权制度》，《学习月刊》，2007，9：17—18。

[9] 陈静生、蔡运龙、王学军：《人类—环境系统及其可持续性》，商务印书馆2007年版。

[10] 陈其荣：《自然哲学》，复旦大学出版社2004年版。

[11] 陈金波：《企业演化机制及其影响因素研究》，经济管理出版社2008年版。

[12] 曹景山：《自愿协议式环境管理模式研究》，大连理工大学2007年版。

[13] 蔡小军、张清娥、王启元：《论生态工业园悖论、成因及其解决之道》，《科技进步与对策》2007，3：41—45。

[14] 常跟应：《国外公众环保行为研究综述》，《科学·经济·社会》，2009，1：79—85。

[15] 陈红蕾：《广东外贸发展对环境的影响及其政策启示》，《开发研究》，2009，3：102—105。

[16] 成金华、谢雄标：《我国企业环境管理模式探讨》，《江汉论坛》，2004，2：47—50。

[17] 崔建霞：《我国环境教育研究的宏观透视》，《北京理工大学学报（社会科学版）》，2009，1：9—12。

[18] 崔树义：《公众环境意识：现状、问题与对策》，《理论学刊》，2002，4：86—89。

[19] 陈浩：《企业环境管理的理论与实证研究》，暨南大学，2006年版。

[20] 窦学成：《环境经济学范式研究》，中国环境科学出版社2004年版。

[21] 戴星翼：《走向绿色的发展》，复旦大学出版社1998年版。

[22] 董京泉：《结合论》，辽宁人民出版社2000年版。

[23] 丁毅：《贸易技术壁垒利弊分析》，《西华大学学报（哲学社会科学

版)》，2009，4：91—93。

[24] 杜小伟：《政府规制下企业环境责任缺失的成因、对策分析》，《广西财经学院学报》，2009，3：16—70。

[25] 樊根耀、郑瑶：《环境 NGO 及其制度机理》，《环境科学与管理》，2008，7：4—11。

[26] 傅京燕：《环境成本内部化与产业国际竞争力》，《中国工业经济》，2002，6：37—44。

[27] 冯·贝塔朗菲：《一般系统论：基础、发展和应用》，林康义、魏宏森译，清华大学出版社 1987 年版。

[28] 范阳东、梅林海：《论环境保护机制内化与企业自组织环境管理》，《生态经济（学术版)》，2009，5：66—69。

[29] 范阳东、梅林海：《论企业环境管理自组织发展的新视角》，《中国人口、资源与环境》，2009，4：19—22。

[30] 范阳东、梅林海：《环境政策综合化与企业环境管理自组织机制的培育》，《生态经济》，2010，1：129—133。

[31] 范阳东、梅林海：《可持续发展、超系统理论与循环经济》，《改革与战略》，2009，3：15—17。

[32] 冯之浚、刘燕华、周长益等：《我国循环经济生态工业园发展模式研究》，《新华文摘》，2008，13：23—29。

[34] 傅京燕：《OECD 国家的绿色税制改革及其启示》，《生态经济》，2005，5：46—49。

[35] 范天森、吴广宇：《我国环境教育的缺陷与解决路径分析》，《洛阳师范学院学报》，2009，1：174—177。

[36] 谷国锋：《区域经济发展动力系统的构建与运行机制研究》，《地理科学》，2008，3：320—324。

[37] 郭莉、Lawrence Malesu、胡筱敏：《产业共生的“技术创新悖论”——兼论我国生态工业园的效率改进》，《科学学与科学技术管理》，2008，10：58—63。

[38] 葛俊杰、毕军：《利益均衡视角下环境保护模式创新—社区环境圆桌

会议的理论与实践》,《江海学刊》,2009,3:222—228。

[39] 郭艳红、刘永振:《从自组织理论看加入WTO后中国企业人力资源管理》,《系统辨证学学报》,2003,3:56—59。

[40] 郭小平:《风险沟通中环境NGO的媒介呈现及其民主意涵——以怒江建坝之争的报道为例》,《武汉理工大学学报》,2008,5:771—776。

[41] 郭瑞雁:《中国环境NGO发展历程和环境治理潜能研究》,《山西高等学校社会科学学报》,2009,4:44—47。

[42] 郭锦:《绿色壁垒对我国企业的影响和对策》,《内蒙古科技与经济》,2009,2:19—21。

[43] 郭山庄:《日本的环境信息公开制度》,《世界环境》,2008,5;28—29。

[44] 黄莺:《全球环境安全问题综述》,《国际资料信息》,2004,(7):1—8。

[45] 胡斌、章仁俊:《企业生态系统的动态演化机制研究》,《世界标准化与质量管理》,2008,8:4—8。

[46] 黄爱宝:《透明政府构建与政府环境信息公开》,《学海》,2009,5:90—95。

[47] 郝瑞彬、范金玲:《我国政府环境信息公开问题研究》,《唐山师范学院学报》,2007,1:58—60。

[48] 胡日东:《我国绿色消费的现状、问题及对策》,《福州党校学报》,2004,2:56—59。

[49] 贾根良:《演化经济学——经济学革命的策源地》,山西人民出版社2004年版。

[50] 杰弗里·M·霍奇逊:《演化与制度:论演化经济学和经济学的演化》,任荣华、张林、洪福海等译,中国人民大学2003年版。

[51] 加勒特·哈丁:《生活在极限之—生态学、经济学和人口学》,戴星翼、张真译,上海上海译文出版社1999年版。

[52] 鞠芳辉、谭福河:《企业的绿色责任与绿色战略》,浙江大学出版社

2008 年版。

[53] 孔晓明：《环境信息公开制度立法探析》，《学术交流》，2008，4：31—34。

[54] 李桂花：《自组织经济理论：和谐理性与循环累积增长》，上海社会科学学院出版社 2007 年版。

[55] 李鸣：《生态文明背景下我国企业环境管理机制的定位与创新》，《企业经济》，2009.6：34—37。

[56] 李训贵：《环境与可持续发展》，高等教育出版社 2004 年版。

[57] 李虹、刘晓平：《企业环境绩效评价研究》，《天津经济》，2008，9：63—66。

[58] 李勇进、陈文江、常跟应：《中国环境政策演变和循环经济发展对实现生态现代化的启示》，《中国人口、资源与环境》，2008，5：12—18。

[59] 李艳芳：《论公众参与环境影响评价中的信息公开制度》，《江海学刊》，2004，1：126。

[60] 厉以宁、章铮：《环境经济学》，中国计划出版社 1995 年版。

[61] 伦纳德·奥托兰诺：《环境管理与影响评价》，郭怀成，梅凤乔译，化学工业出版社 2003 年版。

[62] 蓝虹：《环境产权经济学》，中国人民大学出版社 2005 年版。

[63] 吕健华：《环境与可持续发展：加拿大清洁生产的经验及启示》，《新远见》，2008，8：44—52。

[64] 梁明：《从“自组织”角度看和谐企业管理组织的构建》，《山西青年管理干部学院学报》，2007，3：62—63。

[65] 刘俊海：《公司的社会责任》，法律出版社 1999 年版。

[66] 刘帮成、余宇新：《企业国际竞争力的新要素：环境管理》，《科技进步与对策》，2001，5：78—80。

[67] 刘红、唐元虎：《外部性的经济分析与对策——评科斯与庇古思路的效果一致性》，《南开经济研究》，2001，1：45—48。

[68] 刘刚：《企业的异质性假设——对企业本质和行为的演化经济学解

释》，中国人民大学出版社 2005 年版。

[69] 刘纯友、陈卫：《公开环境信息引燃企业“变色仗”》，《绿色视野》，2005，5：24—27。

[70] 刘翠英、闫忠昌：《关于建立和完善企业的环境管理—日本环境治理的启示》，《日本问题研究》，2002，2：22—26。

[71] 刘丽梅：《旅游企业环境意识的调查研究—以内蒙古草原旅游发展为例》，《世界地理研究》，2008，2：166—174。

[72] 刘炜、陈景新：《我国发展循环经济的制约因素与战略举措》，《特区经济》，2009，1：230—232。

[73] 刘敏婵、孙岩：《国外环境 NGO 的发展对我国的启示》，《环境保护》，2009，1B：71—73。

[74] 刘敏婵：《制约中国民间环境 NGO 公共参与能力的因素分析》，《兰州学刊》，2008，9：69—72。

[75] 刘主光：《环境标志制度对我国纺织品服装出口企业的影响》，《东南亚纵横》，2009，7：76—79。

[76] 刘伯雅：《我国发展绿色消费存在的问题及对策分析——基于绿色消费模型的视角》，《当代经济科学》，2009，1：115—160。

[77] 龙均云：《论我国绿色消费模式的构建与培育》，《湖南工业大学学报(社会科学版)》，2009，3：10—12。

[78] 罗丽艳：《绿色市场发育现状及其快速发展》，《环境保护》，1999，3：35—38。

[79] 吕绿绮：《论强化我国企业社会责任与环境责任》，《成都大学学报(社科版)》，2007，2：10—12。

[80] 廖红、[美] 克里斯·朗革：《美国环境管理的历史与发展》，中国环境科学出版社 2006 年版。

[81] 马中：《环境价值的取向、构成与量化》，环境保护》，1993，7：10—12。

[82] 欧洲环境局：《环境税的实施和效果》，中国环境科学出版社，2000。

[83] 彭海珍、任荣明：《中小企业实施环境管理体系的激励因素和障碍》，

《上海管理科学》，2003，1：27—28。

[84] 彭海珍：《影响企业绿色行为的因素分析》，《暨南学报》，2007，2：53—58。

[85] 彭海珍、任荣明：《环境政策工具与企业竞争优势》，《中国工业经济》，2003，7：75—82。

[86] 彭海珍、任荣明：《环境管制与企业战略反应》，《财经论丛》，2004，4：82—86。

[87] 彭海珍、任荣明：《所有制结构与环境业绩》，《中国管理科学》，2004，3：136—140。

[88] 彭海珍：《环境战略影响企业国际竞争力的途径和内部条件分析》，《软科学》，2006，5：126—130。

[89] 彭海珍：《中国环境政策体系改革的思路探讨》，《科学管理研究》，2006，1：26—29。

[90] 彭分文：《环保 NGO：公众参与环境友好型社会建设的生力军》，《湖南行政学院学报》，2009，1：23—24

[91] 潘书宏、钟桂荣：《试论政府环境信息主动公开制度的完善》，《福建教育学院学报》，2007，4：103—106。

[92] 乔治·恩德勒：《面向行动的经济伦理学》，上海社会科学出版社 2002 年版。

[93] 秦颖、武春友、孔令玉：《企业环境战略理论产生与发展的脉络研究》，《中国软科学》，2004，11：105—109。

[94] 秦颖、武春友、翟鲁宁：《企业环境绩效与经济绩效关系的理论研究与模型构建》，《系统工程理论与实践》，2004，8：111—117。

[95] 秦颖、曹景山、武春友：《企业环境管理综合效应影响因素的实证研究》，《工业工程与管理》，2008，1：105—111。

[96] 秦颖、徐光：《环境政策工具的变迁及其发展趋势探讨》，《改革与战略》，2007，12：51—55。

[97] 秦颖：《企业环境管理的驱动力研究》，《大连理工大学》，2006，6。

[98] 钱冬、李希昆、杨晓梅：《政府失灵与环境制度改革—对淮河现象的

反思》，《昆明理工大学学报（社会科学版）》，2006，3：26—29。

[99] 任志宏、赵细康：《公共治理新模式与环境治理方式的创新》，《学术研究》，2006，9：92—98.

[100] 沈华嵩：《经济系统的自组织理论—现代科学与经济学方法论》，中国社会科学出版社 1991 年版。

[101] 盛昭翰、蒋德鹏：《演化经济学》，上海三联出版社 2002 年版。

[102] 宋胜洲：《基于知识的演化经济学——对机遇理性的主流经济学的挑战》，上海世纪出版社 2008 年版。

[103] 盛洪：《外部性问题和制度创新》，《管理世界》，1995，2：195—201。

[104] 盛洪：《环境保护、可持续发展与政府政策》，《生态经济》，1999，6：10—12。

[105] 沈满洪：《论环境经济手段》，《经济研究》，1997，10：54—61。

[106] 沈满洪：《论环境问题的制度根源》，《浙江大学学报》，2000，3：57—65。

[107] 沈满洪：《发展循环经济需要解决四个关键问题》，《环境》，2006，6：10。

[108] 宋欣洲：《环保公众参与的“三高一低”》，《资源与人居环境》，2008，2（上）：41—44。

[109] 司林胜：《中国企业环境管理现状与建议》，《企业活力》，2002，10：16—18。

[110] 孙亚梅、吕永龙、王铁宇等：《基于专利的企业环境技术创新研究》，《环境工程学报》，2008，3：428—432。

[111] Shelia Bonini、Jieh Greeney、Lenny Mendonca 著：《威胁 CEO 的社会问题》，汤潇洵译，《中国企业家》，2008，Z1：138—140。

[112] 石秀选、吴同：《论当前我国环境 NGO 存在的问题和完善的对策》，《南方论刊》，2009，4：35—37。

[113] 宋丕丞：《制造企业绿色采购的五要素支持体系研究》，《中国集体经济》，2009，3（下）：59—60。

[114] 宋超英、丁瑞、张翰赟：《培育企业清洁生产需求的对策研究》，《改革与战略》，2009，1：57—59。

[115] 安德森、唐纳德·利尔：《从相克到相生：经济与环保的共生策略》，萧代基译，巨流图书公司1995年版。

[116] 托马斯·思德纳：《环境与自然资源管理的政策工具》，上海人民出版社2005年版。

[117] 汤·常修泽：《建立“资源环境产权制度”的必要性及基本内容》，《当代社科视野》，2008.10：56。

[118] 滕有正、刘钟龄等：《环境经济探索：机制与政策》，内蒙古大学出版社2001年版。

[119] 唐佳丽、林高平、刘颖昊等：《生命周期评价在企业环境管理中的应用》，《环境科学与管理》，2008，3：5—7。

[120] 王家德、陈建孟：《当代环境管理体系建构》，中国环境科学出版社2005年版。

[121] 王曦：《建设生态文明需要以立法克服资源环境管理中的“政府失灵”》，《中州学刊》，2008，2：79—80。

[122] 王爱兰：《论企业环境成本补偿机制运行中的影响因素》，《贵州师范大学学报》，2007，4：81—84。

[123] 武春友、秦颖、曹秀玲：《环境价值与企业竞争力的经济学分析及对策初探》，《中国人口·资源与环境》，2004，1：113—117。

[124] 王京芳、周浩、曾又其：《企业环境管理整合性架构研究》，《科技进步与对策》，2008，12：147—150。

[125] 王家德、陈建孟：《当代环境管理体系构建》，中国环境科学出版社2005年版。

[126] 王立新：《环境管理创新与可持续发展》，中国环境科学出版社2005年版。

[127] 吴继霞：《当代环境管理的理念建构》，中国人民大学出版社2003年版。

[128] 吴彤：《自组织方法论研究》，清华大学出版社2001年版。

[129] 王兵、吴延瑞、颜鹏飞：《节能减排、环境效率与中国：环境全要素生产率增长》，《后危机时代的改革与发展研讨会暨第四届亚洲区域合作与创新论坛》，2009，12：15—34。

[130] 吴鹏举、郭光普、孔正红等：《基于系统自组织的产业生态系统演化与培育》，《自然杂志》，2008，6：354—358。

[131] 王兆华：《循环经济：区域产业共生网络——生态工业园发展的理论与实践》，经济科学出版社2007年版。

[132] 武春友、邓华、段宁：《 产业生态系统稳定性研究述评》，《中国人口、资源与环境》，2005，5：20—25。

[133] 王旎、李倦生：《推进两型社会建设环境保护公众参与的对策建议—基于1998—2008年调查数据的比较分析》，《环境保护》，2009，3B：45—48。

[134] 王民、王元楣：《国际视野下的中国环境教育立法探讨》，《环境教育》，2009，4：37—41。

[135] 吴丽娟、金红艳：《中国环境意识发展的组织性障碍与对策》，《大连民族学院学报》，2008，2：120—122。

[136] 王君安：《环境NGO对公众参与的促进行为》，《中国环境管理干部学院学报》，2007，2：22—25。

[137] 吴丽娟：《寻找生态文明建设的精神核心——当代环境意识研究的理论发展与回顾》，《党政干部学刊》，2008，3：59—60。

[138] 武青艳：《影响我国公众环境意识水平提高的因素分析》，《沈阳建筑工程学院学报（社会科学版）》，2003，1：22—25。

[139] 王秀兰、李闯农：《中外环境信息公开制度比较》，《法制与社会（下）》，2008，10：182—184。

[140] 温孝卿：《略论我国绿色市场的培育与发展》，《商业研究》，2001，6：55—56。

[141] 徐嵩龄：《产权化是环境管理网链中的重要环节》，《河北经贸大学学报》，1999，2：28—31。

[142] 夏光：《环境政策创新：环境政策的经济分析》，中国环境科学出版

社 2002 年版。

[143] 薛求知、侯丽敏、韩冰洁：《跨国公司环保责任行为与消费者响应》，《山西财经大学报》，2008，1：68—74。

[144] 薛求知、高广阔：《跨国公司生态态度和绿色管理行为的实证分析——以上海部分跨国公司为例》，《管理世界》，2004，6：106—112.

[145] 徐文杰、姚烈洪：《企业环境管理体系中的绿色营销分析》，《企业活力》，2009，7：45—48。

[146] 徐大伟：《企业绿色合作的机制分析与案例研究》，北京大学出版社 2008 年版。

[147] 熊永兰、张志强：《开展全面环境质量评估，促进环境管理与环境改善》，《科学对社会的影响》，2008，3：10—14。

[148] 夏志红：《从社会排斥的视角分析中国公众环境权益的缺失》，《中国人口、资源与环境》，2008，2：49—54。

[149] 肖晓春、段丽：《中国环境信息公开制度的现状及其完善》，《社科纵横》，2007，7：80—82。

[150] 约翰·福斯特、J·斯坦利·梅特卡夫：《演化经济学前沿：竞争、自组织与创新政策》，贾根良、刘刚译，高等教育出版社 2005 年版。

[151] 姚从容：《公共环境物品供给的经济分析》，经济科学出版社 2005 年版。

[152] 杨瑞龙：《外部效应与产权安排》，《经济学家》，1995，5：52—59。

[153] 杨东宁、周长辉：《企业环境绩效与经济绩效的动态关系模型》，《中国工业经济》，2004，4：43—50。

[154] 叶文虎、张勇：《环境管理学》，高等教育出版社 2006 年版。

[155] 阎兆万：《产业与环境——基于可持续发展的产业环保化研究》，经济科学出版社 2007 年版。

[156] 颜泽贤、范冬萍、张华夏：《系统科学导论——复杂性探索》，人民大学出版社 2006 年版。

[157] 姚慧丽、冯俊文:《基于耗散结构分析的企业并购双向效应》,《商业时代》,2004,27:30－31。

[158] 杨德锋、杨建华:《利益相关者压力、管理认知与环境战略—企业对环境问题积极反应的驱动研究》,2009 年广东省社科学术年会"我省生态发展区建设研究"研讨会,2009。

[159] 姚慧丽:《基于自组织与熵理论的企业扩张机理与相关决策研究》,《南京理工大学》,2007,6。

[160] E·库拉著:《环境经济学思想史》,谢扬举译,上海人民出版社 2007 年版。

[161] 约翰·福斯特等著:《演化经济学前沿——竞争、自组织与创新政策》,贾根良、刘刚译,高等教育出版社 2005 年版。

[162] 杨冠政:《环境伦理—环境教育的终极目标》,《环境教育》,2004,3:12－15。

[163] 杨书臣:《日本当前企业环境管理的特点、措施及政府的对策》,《日本研究》,2003,2:21－25。

[164] 杨沛霆:《中国企业要强化危机意识了》,《中外管理》,2008,5:5。

[165] 鄢斌:《公民环境意识的变迁与环境法的制度调整》,《法学杂志》,2007,3;129－131。

[166] 张五常:《经济解释》,商务印书馆 2001 年版。

[167] 郑亚南:《自愿性环境管理理论与实践研究》,武汉理工大学 2004 年版。

[168] 张嫚:《经济发展与环境保护的共生策略》,《财经问题研究》,2001,5:74－80。

[169] 张嫚:《环境规制与企业行为间的关联机制研究》,《财经问题研究》,2005,4:34－39。

[170] 赵细康:《环境政策对技术创新的影响》,《中国地质大学学报》,2004,1:24－28。

[171] 周新、高彤:《关于中国企业环境管理体制的调研》,《环境保护》,

2001，1：12—14。

[172] 张秀敏：《企业环境管理体系及其改进研究》，《科学经济社会》，2008，3：54—56。

[173] 郑季良：《企业环境管理系统与可持续发展》，《昆明理工大学学报》，2004，4：26—29。

[174] 张坤民：《当代环境管理要义之一——环境管理的基本概念》，《环境保护》，1999，5：7—9。

[175] 张帆：《环境与自然资源经济学》，上海人民出版社1998年版。

[176] 朱达：《能源—环境的经济分析与政策研究》，中国环境科学出版社2000年版。

[177] 朱庚申：《环境管理学》，中国环境科学出版社2001年版。

[178] 张锡辉：《可持续发展方法论：生态膜与自组织》，《世界环境》，2000，2：14—16。

[179] 周英豪、何九思：《我国绿色市场的形成与发展》，《宁夏农学院学报》，2002，1：43—46。

[180] 张锦高、杜春丽：《我国钢铁企业清洁生产的现状分析与对策建议》，《湖北社会科学》，2006，1：89—92。

[181] 赵爱华、刘兆明：《绿色市场的发育及归因分析》，《胜利油田师范专科学校学报》，2000，3：46—47。

[182] 张容海：《我国实施政府绿色采购制度探析》，《辽宁经济》，2009，1：40。

后 记

盛夏本该是忙碌而收获的季节，但华夏大地却遭遇大自然的疯狂报复：东北三省正遭遇 1998 年以来最大的洪水，灾情非常严重；华南地区持续强降雨，致使京广线广东境内全线中断，广州火车站列车全部停运；华东地区持续高温干旱，遭遇特重干旱灾情。各种警报都已经拉响，各地灾情都在滚动播报。大雨敲打着窗户玻璃，不知疲倦。我靠着窗户，也在敲打着电脑的键盘。雨水所溅起的窗花一朵一朵，一时清晰，一时模糊，犹如我此刻的心情，时而惶恐，时而宁静。我惶恐当前我国社会生态与环境的突出问题带给我国民众的疾苦与灾难。唯有本书的完成而让我稍感欣慰，心情有所平静。本书的出版，对我本人而言，至少是我个人为我国生态环境问题的担忧而作出的一点努力。

人类是自然的产物，自然是人类生存与发展的环境。保护自然，保护环境，就是保护人类，保护自己。道理如此简单，但为何自然和环境总是会遭受人类无情的破坏呢？这的确需要人类作出深刻反省。个人的行为出现问题，往往是因为个人的思想有了问题。提升人类的理性，树立正确的思想，才是真正解决行为毛病的根本。理性的提升，表现为人类行为的自主性与自然和环境的和谐。而组织或系统的行为自主，即为组织或系统的自组织性。组织或系统的自组织性越强，其自我提升与自我适应的能力也越强，由这样的组织或系统组成的社会，自然其文明程度就越高。我以为，判断一个国家或一个社会的文明程度，也可依据这个国家或这个社会的自组织水平高低。研究自组织问题，并将自组织理论应用于各个领域，也许会有出人意料的发现，自组织理论和方法依据其特点，已经在一些复杂的、交叉的领域得到了较为广泛的应用。

本研究的主题遴选，确实是在广泛阅读国内外文献的基础上完成的。在研究内容的整个撰写过程中，离不开导师的耐心指导，在此要深深地感谢我的博士生导师梅林海教授。梅老师以宽松的学习环境，缓解了我紧张的学习压力；在我困惑、无助、迷茫时，总能伸出手来帮助我，指引我。毕业三年来，梅老师仍然一如既往地指导、关心和帮助我，让我深怀感激，难以言表。在暨南大学经济学院的三年学习中，也有幸得到了诸多老师的教诲，他们是李郁芳教授、吴江教授、杜金珉教授、陈雪梅教授、刘金山教授、王廷惠教授、杨英教授、王兵教授、彭国华教授、刘景章副教授等。特别感谢李郁芳教授、吴江教授、陈雪梅教授、刘金山教授、龚唯平教授、王廷惠教授，以及南华理工大学田秋生教授等提出的诸多建设性意见。同时，也特别感谢经济学院经济系罗映绿老师，经济学院研管办欧阳翠红老师，以及暨南大学团委成品兴老师所提供的帮助与支持。当然，也需要感谢同窗三载，彼此勉励、相互学习的诸多同学们，我会一直记着大家的。此外，我也要感谢我的硕士生导师湖南大学经贸学院王良健教授和师母侯文莉老师一直以来对我的鼓励与关心。

回首过去，家一直是支撑我向前的动力，也是我最温暖的港湾。感谢我的家人为我所付出的一切努力，让我身怀愧疚的同时，不忘继续努力向前。深深怀念我伟大、纯朴的父亲。通过研究组织或系统的自组织性问题，也让我深刻明白，维系一个家庭的稳定与和谐，就是要用每个家庭成员最真诚的“爱”来不断培育家庭这个组织的自组织特性。我的家，“爱”正浓，我深爱着我的家人！

其实，从超系统理论来看，广州医科大学就是一个超级系统。它由多个院系和附属医院等次级系统组成，将每个教职员工及其家庭紧紧联系在一块，我就属于这个超级系统中的一员。到今年，我成为广医人已经整整十年。我的点滴成长都离不开学校的帮助与支持。感谢学校诸多领导和同事最真诚的关怀与帮助，也感谢卫生管理学院这个日益壮大的集体。本书是在本人博士论文的基础上修改完成的，特别感谢广州医科大学卫生管理学院刘俊荣院长的精神鼓励与出版资助，也感谢梅老师不惜笔墨为本书写序。感谢教育部人文社科青年基金项目（项目批准号：09YJC790060）和广州医科大学青年骨干教师项目对本专著研究的支助。本专著为广州市医学伦理学重点基地研究成果之一。另外，感谢本书编辑的辛勤劳动。虽竭尽己之全力，无奈于本人实际水平，本书仍存诸多拙劣之处，其研究也较为肤浅，特恳请大家批评指正！

于广州南苑居所

2013 年 8 月 20 日